CAD/CAM/CAE 高手成长之路丛书

SOLIDWORKS 电气设计实例详解（微视频版）

主　编　王　冰
副主编　徐少亮　胡其登
参　编　窦　强　杨　强
　　　　慕慧栋　卢杨林

机 械 工 业 出 版 社

SOLIDWORKS Electrical 作为一款专业电气设计软件，主要用于工程设计，那么就要求使用人员从工程设计的角度来学习和掌握这款软件。本书系统地介绍了这款软件的基础功能，并结合实际的案例项目介绍了其在项目实战过程中的功能应用，通过对这些实际项目的介绍和说明，将这款软件中的一些功能和设计方法贯穿其中，以便于读者可以更加深入地理解专业电气设计软件。

本书概括性强，细节描述清晰，从文章内容到软件截图，再到操作视频，可以多方位地帮助读者学习并掌握 SOLIDWORKS Electrical，既可以作为学习 SOLIDWORKS Electrical 的入门教程，也可以作为企业设计工作中的指导书。

图书在版编目（CIP）数据

SOLIDWORKS 电气设计实例详解：微视频版/王冰主编.
—北京：机械工业出版社，2019. 3(2022. 1 重印)
（CAD/CAM/CAE 高手成长之路丛书）
ISBN 978 - 7 - 111 - 62073 - 0

Ⅰ. ①S…　Ⅱ. ①王…　Ⅲ. ①电气设备 - 计算机辅助设计 - 应用软件　Ⅳ. ①TM02 - 39

中国版本图书馆 CIP 数据核字（2019）第 033419 号

机械工业出版社（北京市百万庄大街 22 号　邮政编码 100037）
策划编辑：宋亚东　张雁茹　责任编辑：张雁茹
责任校对：李锦莉　刘丽华　责任印制：常天培
固安县铭成印刷有限公司印刷
2022 年 1 月第 1 版 · 第 3 次印刷
184mm × 260mm · 15 印张 · 389 千字
3 501—4 000 册
标准书号：ISBN 978 - 7 - 111 - 62073 - 0
定价：59. 80 元

前　言

随着工业4.0、互联网时代及中国制造2025的到来，大数据、云平台和人工智能已成为这个时代的热门话题，这将助力企业快速完成工业自动化进程，为企业发展决策提供强大的数据支撑。自动化水平越高，行业分工将会越细，专业的事将由专业的人使用专业的工具来完成。合作实现创新，加强部门之间的设计协作及数据交互，缩短产品研发及上市周期，将是企业实现快速、稳定发展的当务之急。在工业自动化设备高度集成及复杂控制的发展历程中，传统CAD工具和设计思路已不能满足当前的设计需要。CAE（Computer Aided Engineering，计算机辅助工程）设计思路响应时代发展，成为当今电气行业设计的主导思路。CAE利用计算机对产品设计、工程分析、数据管理、物理仿真及工艺生产过程进行辅助设计和管理，并利用计算机强大的数据处理能力，完成电气工程中的各种数据分析及统计。随着企业PLM（Product Lifecycle Management，产品生命周期管理）系统的全面推广和应用，电气CAE标准化集成解决方案帮助企业从设计到生产提供全方位标准化设计流程，解决部门之间信息孤岛，实现真正的无纸化办公。

SOLIDWORKS Electrical（SWE）作为一款专业电气设计软件，与SOLIDWORKS机械三维设计软件无缝集成，实现机电一体化协同设计。SOLIDWORKS作为一款专业的三维设计软件，以其简单容易上手的特点已成为三维设计领域一款家喻户晓的设计工具。SOLIDWORKS Electrical满足CAE设计思路，在不同标准的要求下，软件自带有不同的标准模板，以其简洁的操作界面和灵活的设计方式赢得了企业的信赖。在企业实现机电一体化协同设计的进程中，SOLIDWORKS Electrical实现了真正意义上的跨部门、跨专业协同设计，专业设计人员使用专业工具，电气与机械共享同一数据库，实现数据双向实时交互和项目数据的快速搜索。

《SOLIDWORKS电气设计实例详解（微视频版）》以SOLIDWORKS Electrical软件为基础，系统地介绍了这款软件的基础功能。全书主要从三个方面进行了讲解，分别是基础数据准备、案例实战设计功能应用和电气设计方法介绍。第1章主要介绍项目设计的前期准备和基础数据的重要性；第2章通过机床电路设计项目，从宏观上介绍项目的设计流程；第3章通过某整流柜设计项目，主要介绍印制电路板（PCB）在电气设计项目中的应用；第4章通过打包机项目，主要介绍PLC设计和机电一体化协同设计；第5章通过消防风机项目，主要介绍基础数据的创建；第6章通过某大型控制系统项目，主要介绍项目结构的规划及宏管理；第7章通过高低压开关柜项目，主要介绍自动生成原理图设计；第8章为电气设计方法概述。

本书有两个主要特色：一个是结合设计项目来介绍软件的应用；另一个是将实际的设计操作都录制了视频，并且以二维码的形式供大家边学习边看视频，更加形象、更加具体地将设计过程和操作提供给大家。希望可以通过这种方式帮助大家尽快掌握这种设计工具。

本书以让读者学有所依、学有所用为宗旨，采用行业的典型项目，用以例带点的方式进行各个功能的介绍，并通过实际的项目将各个功能点进行串联讲解，完成实战项目的设计及软件功能的介绍，希望对大家使用 SOLIDWORKS Electrical 软件进行设计能有很好的帮助。

读者可以从网络平台下载本教程的配套练习文件及视频，具体方法是：微信扫描封底的“机械工人之家”微信公众号，关注后输入“SWE”即可获取下载地址。读者也可用微信扫描书中章节处的二维码（如第 3 页、第 4 页、第 5 页等），关注“沐江电气”公众号后，在线观看视频。

本书由上海沐江计算机技术有限公司的王冰担任主编，由上海沐江计算机技术有限公司的徐少亮和 DS SOLIDWORKS 公司的技术总监胡其登担任副主编，DS SOLIDWORKS 公司的产品经理窦强和电气技术经理杨强，上海沐江计算机技术有限公司的慕慧栋和卢杨林参加编写，在此感谢各位编者的努力！

由于编者水平有限，书中难免存在疏漏和不足之处，恳请广大读者给予批评和指正！

编　者

目　　录

第1章　基础知识

在电气设计过程中，通常在图框绘图区设计项目原理，在图框标题栏处显示项目及图纸信息，添加电气符号以表达设计原理，通过报表评估项目原理图设计，所以将符号、图框、报表称为“电气制图三要素”。要在 SOLIDWORKS Electrical 软件中完成整个原理设计，还需要新建电线样式库，在电线样式属性中规范电线的电气属性和布线参数，实现真正意义上的实体化设计。这里将符号、部件库、图框和电线样式库称为基础数据。企业如果积累了丰富而完善的基础数据，对产品的研发和设计将起到事半功倍的效果。

1.1　基础数据的构建

1.1.1　新建各类符号

“符号”是项目原理图设计的基础元素，在 SOLIDWORKS Electrical【数据库】/【符号管理器】/【分类】选项卡下，可以看到符号的多种分类，在新建或查找符号时要首先选择符号的分类（图 1-1）。

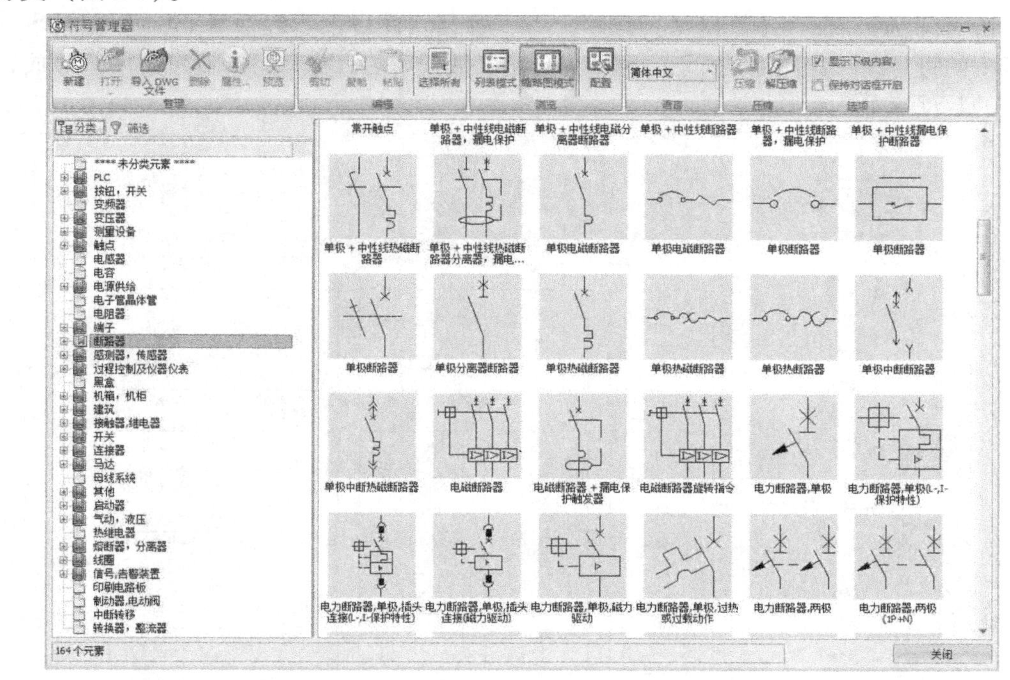

图 1-1　符号的分类

单击【筛选】/【符号类型】，可以看到软件自带了 15 种不同的符号类型（图 1-2），常用到的符号类型主要包括多用途符号、布线方框图符号及接线图符号。在新建或查找符号时可选择不同的符号类型。

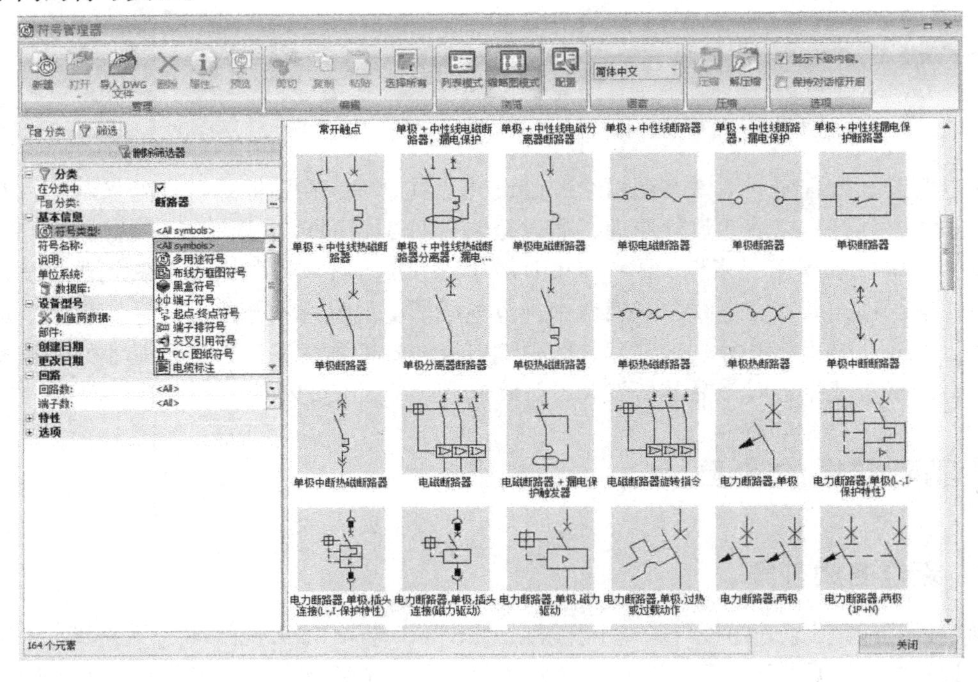

图 1-2　符号类型

单击【筛选】，查看【数据库】选项，可以看到软件自带了包括 ANSI、IEC、JIS 等不同标准下的符号库，如图 1-3 所示。用户可自定义数据库的名称，将企业自制的符号放置在自定义的数据库中。

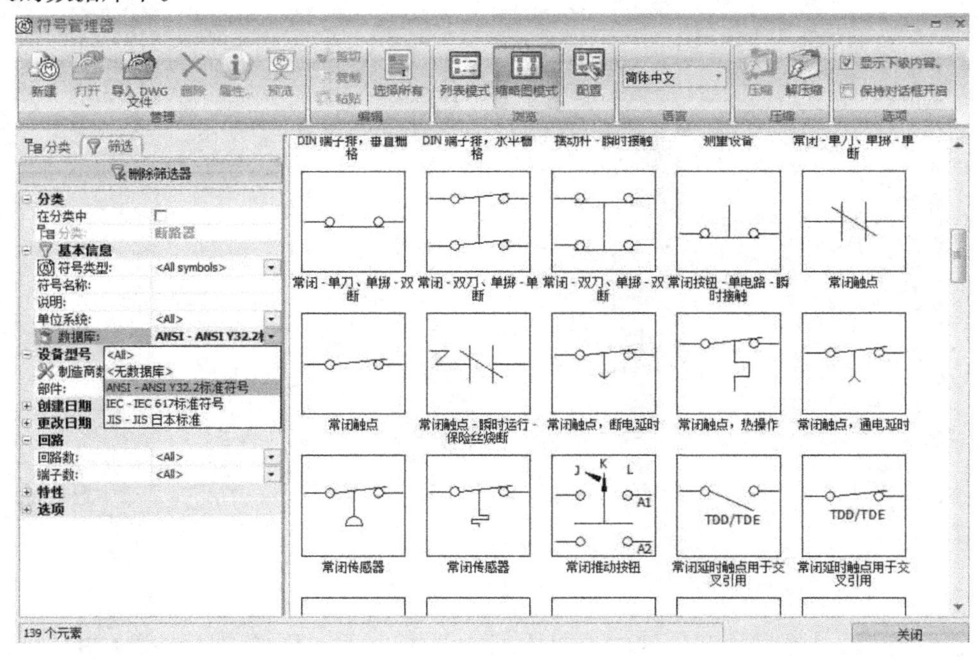

图 1-3　软件自带符号库

关于 SOLIDWORKS Electrical 不同分类下的符号查看及不同类型符号和数据库的选择功能，请扫描二维码观看操作视频。

1-1-1　符号筛选

1.1.2　部件库图示关联

部件库是专业电气设计软件的核心数据，只有给符号选择了部件库型号并赋予了电气属性，才能最终实现实体化设计及机电一体化协同设计。单击【数据库】/【设备型号管理器】，根据不同的分类可查看各类部件型号的属性，如图 1-4 所示。

图 1-4　设备型号列表

双击选中的某部件型号，弹出【设备型号属性】界面，在【图示】选项中可以关联该部件型号对应的布线方框图符号、原理图符号、3D 部件符号、2D 布局图符号、接线图符号及印刷电路板[⊖]文件（图 1-5）。

部件库的【图示】关联非常重要，完善的部件库型号除了相应的电气参数及回路端子号信息之外，更关键的是关联的【图示】信息。在采用“面向对象”的原理设计过程中，选择不同类型的图纸，软件将自动放置已关联的符号及模型，这能使设计效率大幅提高。

⊖　国家标准规定的名称为“印制电路板”。——编者著

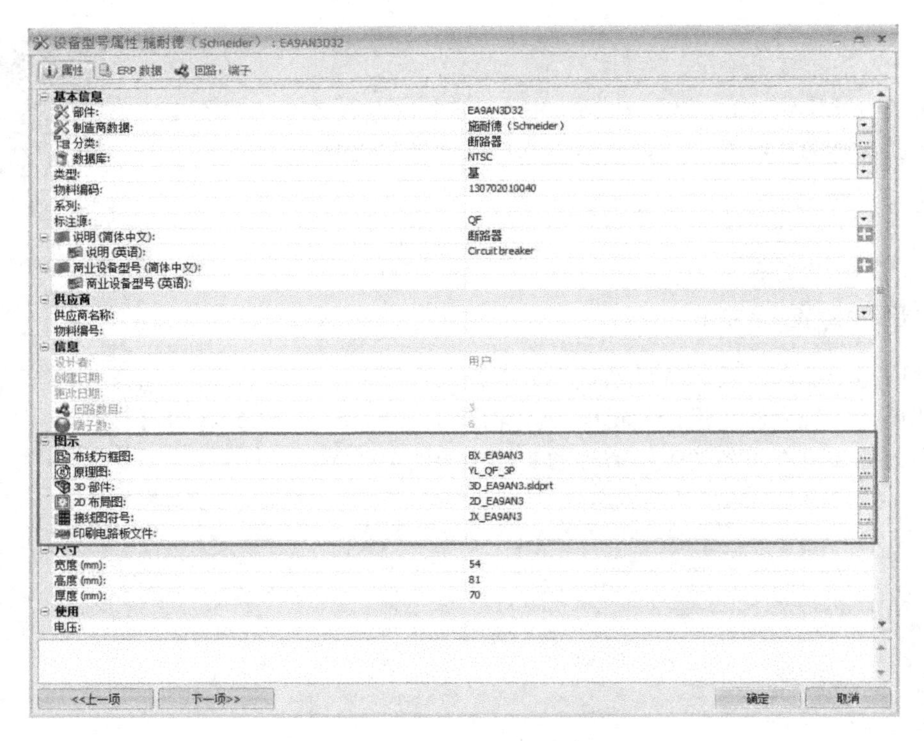

图 1-5　部件图示关联

关于 SOLIDWORKS Electrical 部件库分类选择及【图示】关联功能，请扫描二维码观看操作视频。

1-1-2　部件属性

1.1.3　基础数据构建注意事项

1. 有关符号

在新建符号时，首先要选择符号的分类和符号类型，将新建的符号放置在自己新建的数据库中，便于原理设计时快速查找。符号的新建需要建立统一的标准和规范，包括分类的选择、数据库的定义、栅格间距的设置、相邻回路间距的设置、标注的添加、字体的规范及插入点的定义。尤其要注意捕捉和栅格的间距设置，在 SOLIDWORKS Electrical 软件自带的 IEC 符号库中，所有电气符号的捕捉栅格间距都按 5×5 绘制，如图 1-6 所示。

如果企业想沿用软件自带的符号库，在自定义符号时必须遵照 5×5 的捕捉栅格间距规范进行新建，否则在绘制电线时将无法快速对齐连接到符号连接点上。关于符号的新建，在后面的章节中将详细介绍。

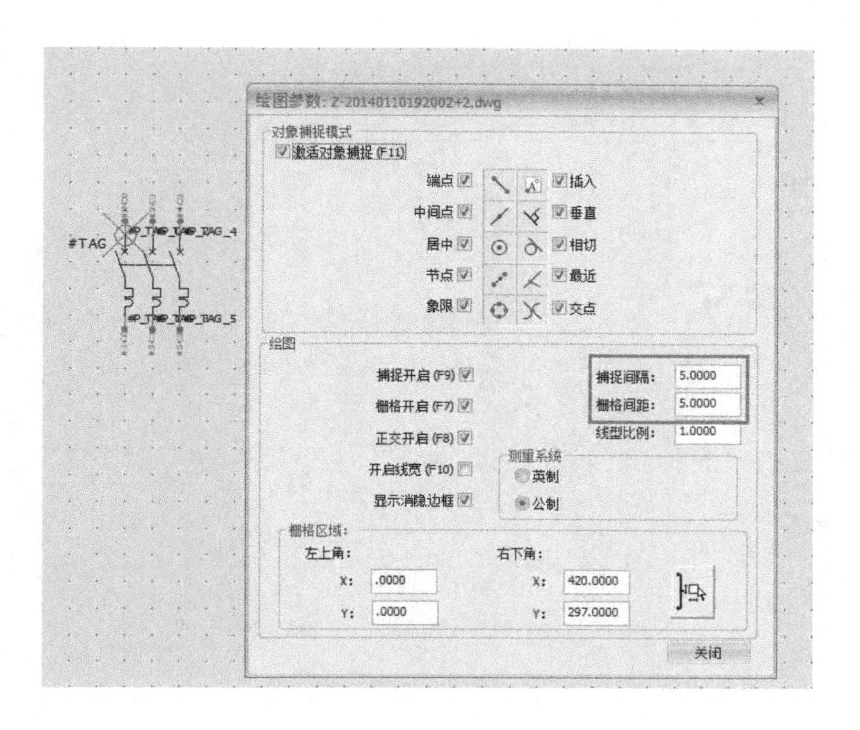

图 1-6　符号栅格捕捉间距

关于 SOLIDWORKS Electrical 新建符号的注意事项，请扫描二维码观看操作视频。

1-1-3a　新建符号注意事项

2. 有关部件库

部件库的新建同样需要建立统一的标准和规范，包括与部件符号分类的统一、部件型号的规范、部件类型的规范、数据库的定义、【图示】的关联、电气参数的添加以及回路与端子号的新建。部件库是项目设计的关键数据之一，在部件库属性下的【基本信息】选项中必须填写【部件】和【制造商数据】信息，否则软件有报错提示，无法完成操作，如图 1-7 所示。

注意，部件库中所有部件的型号都是唯一存在的，不能重复，否则将自动覆盖旧数据。

部件库中的【图示】关联将给后期原理设计及 3D 布局带来效率的提升，完整的部件库必须关联所对应的【图示】数据。【尺寸】选项中的宽度、高度、厚度数据必须填写，尺寸数据将智能驱动 2D 布局图符号的大小。【回路，端子】选项卡中要添加部件的【回路】和【端子】信息，如图 1-8 所示。

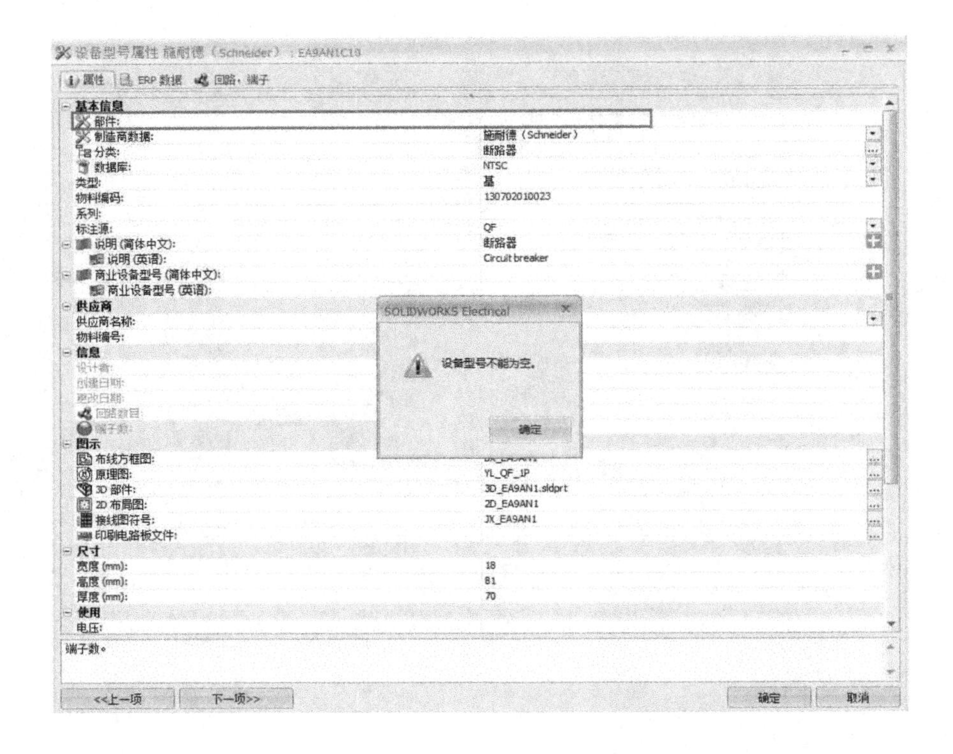

图 1-7　部件型号缺失提示

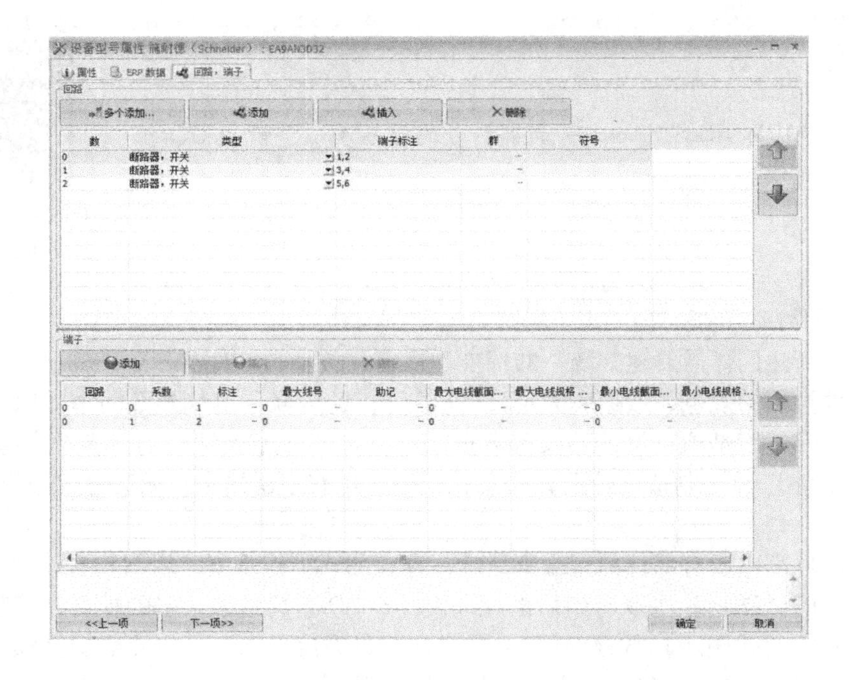

图 1-8　回路与端子信息

注意，在选型时设备的“回路类型”必须与符号的“回路类型”保持一致，否则在选择符号的类型时会出现红色回路，提示回路的类型不匹配（图1-9），在3D布线时将无法完成布线。

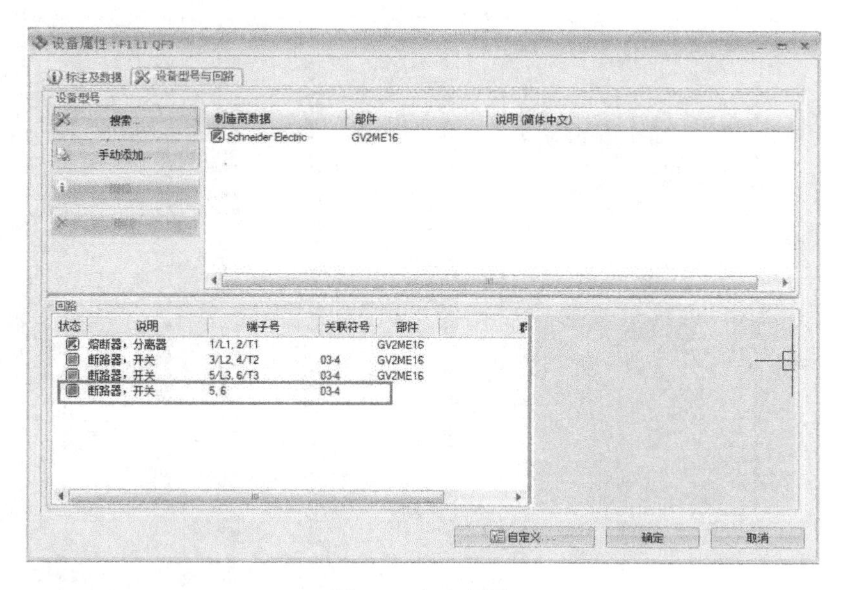

图1-9　红色回路

关于SOLIDWORKS Electrical新建部件的注意事项，请扫描二维码观看操作视频。

1-1-3b　新建部件注意事项

1.1.4　建立电线样式库

在SOLIDWORKS Electrical软件中，电气符号之间需要通过绘制电线进行连接，通常在项目设计开始时，在菜单【工程】/【配置】/【电线样式管理器】中定义【群】和常用线型，如图1-10所示。

在【群】属性中，可以定义群的名称、电线编号的起始值及多线编号的规则，如图1-11所示。

如图1-12所示，在【电线样式】/【电线样式】选项中，可以定义电线的名称，电线名称的格式需要统一规范。

在【基本信息】选项中，可以定义原理图中电线的类型、颜色、线型、线宽及电线编号格式。编号分为电位和电线编号，选择不同的编号规则，电线的编号将显示不同的格式。

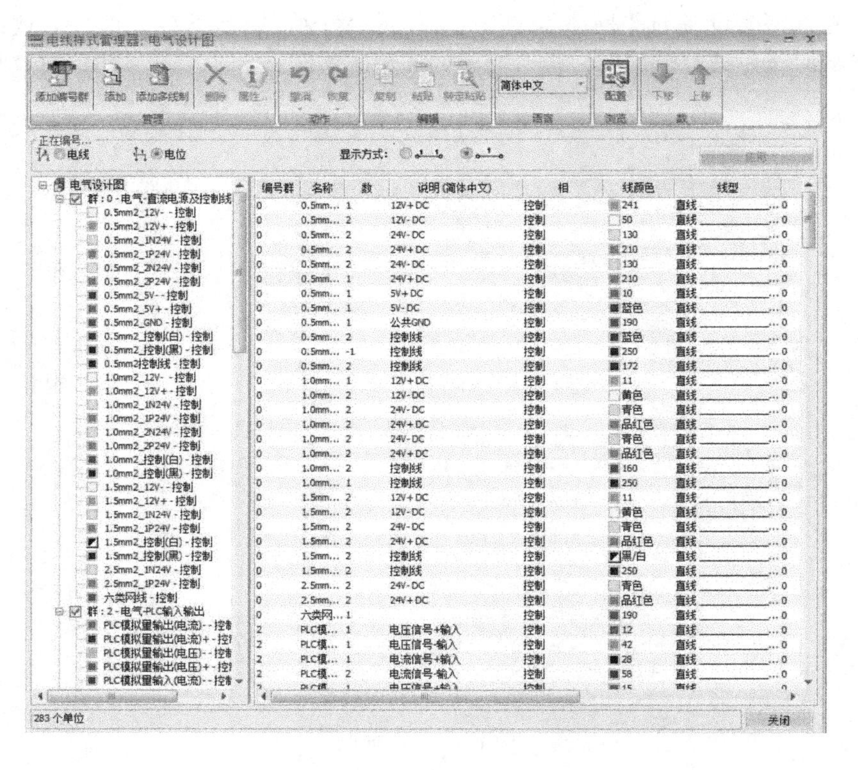

图 1-10　群和线型的定义

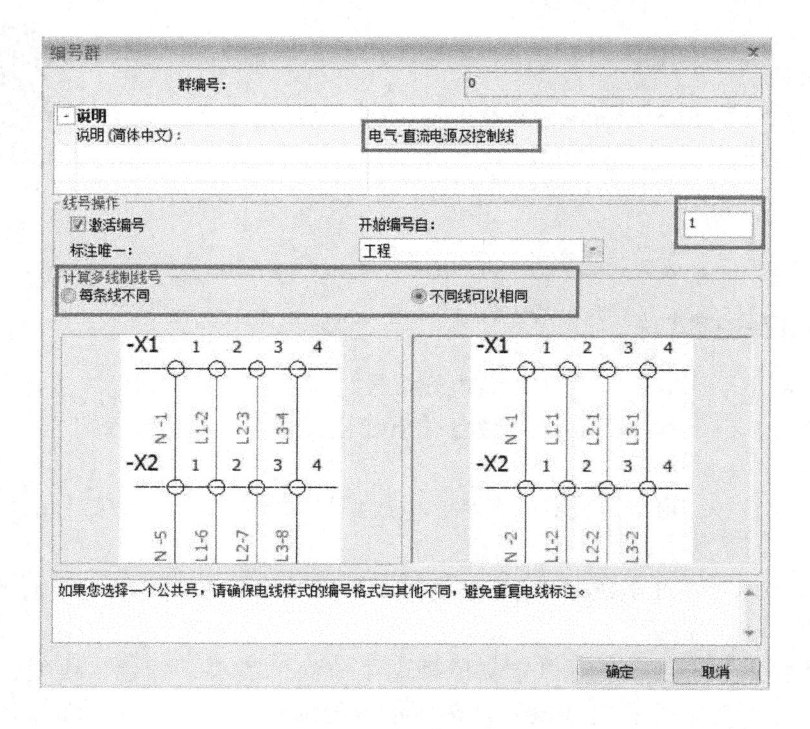

图 1-11　群属性的设置

【布线】选项中的数据主要跟3D布线有关，设置3D布线直径的大小、截面积及颜色。这里需要注意的是，由于3D线径只与直径有关，与截面积无关，因而在3D布线时必须填写直径数据。每根电线都可对应相应型号的电缆，这里的电线可作为单芯电缆处理，选择相应型号的电缆后，软件会自动将电缆型号中的直径、截面积、颜色及说明信息更新到电线属性中。

其他选项的内容主要与电线报表有关，企业可自定义相关参数，如图1-12所示。

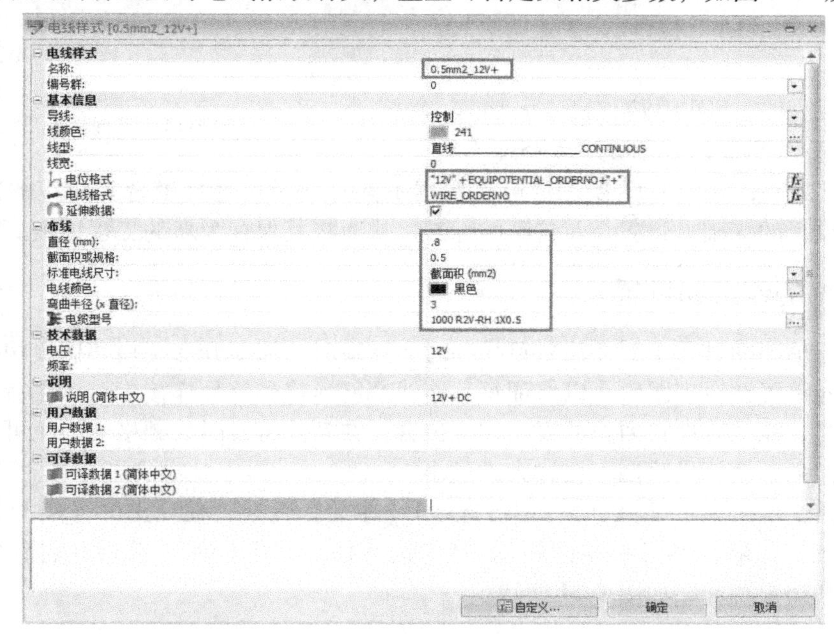

图1-12　电线样式属性

关于SOLIDWORKS Electrical电线样式库的重要性，请扫描二维码观看操作视频。

1-1-4　电线样式库的重要性

1.2　相关概念

1.2.1　模板的作用

为了规范企业图纸的标准化设计，保证每位设计者在快速完成项目设计后，项目图纸都符合相应的设计规范及标准，就需要企业有统一的项目模板进行规范。在项目模板中，可以设置基于某种标准的规则和预定义的数据，指定模板包括主数据内容及各种预定义配置、层管理信息及报表模板等。使用项目模板设计项目，设计者不用担心主数据是否符合标准，图纸是否设计规范等问题，软件会自动按照模板设定的标准对原理图进行规范。关于项目报表，只需在模板中定义完成之后一键便可自动生成，如此将会帮助工程师大幅度提高设计效率。

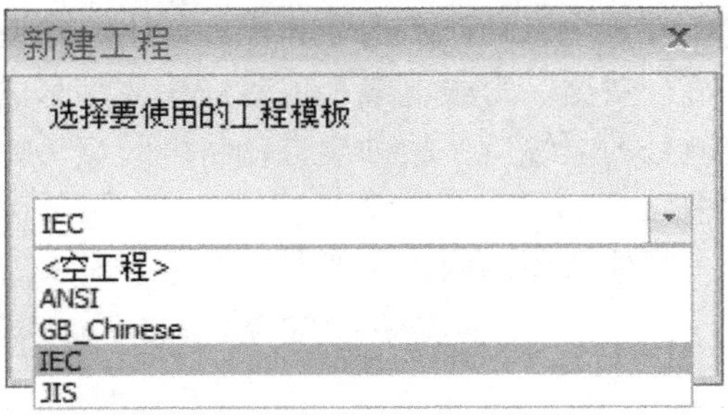

新建工程
选择要使用的工程模板
IEC
<空工程>
ANSI
GB_Chinese
IEC
JIS

图 1-13　工程模板

在新建工程时，SOLIDWORKS Electrical 软件默认 4 种工程模板，分别是：ANSI、GB_Chinese、IEC、JIS，如图 1-13 所示。可以根据不同行业及设计标准选择相应的模板，企业也可以在此模板的基础上建立企业自己的标准，从而将其保存为新的工程模板。

1.2.2　栅格的作用和设置

在设计原理图的过程中，在放置符号和对齐连线时，需要开启栅格和捕捉功能。此功能可快速将符号放置在原理图中，以保证每条连线都能连接到符号连接点上，在后期进行回路移动或复制时，能准确地将回路放置在相应位置。在新建符号时，栅格的间距可以作为符号图形绘制的参考，使符号绘制不会过大或过小。

设置栅格：单击菜单【浏览】/【图纸选项】/【参数】命令，在弹出的【绘图参数】对话框中设置【捕捉间隔】和【栅格间距】，并勾选【捕捉开启】和【栅格开启】复选框，开启栅格显示和捕捉功能，如图 1-14 所示。

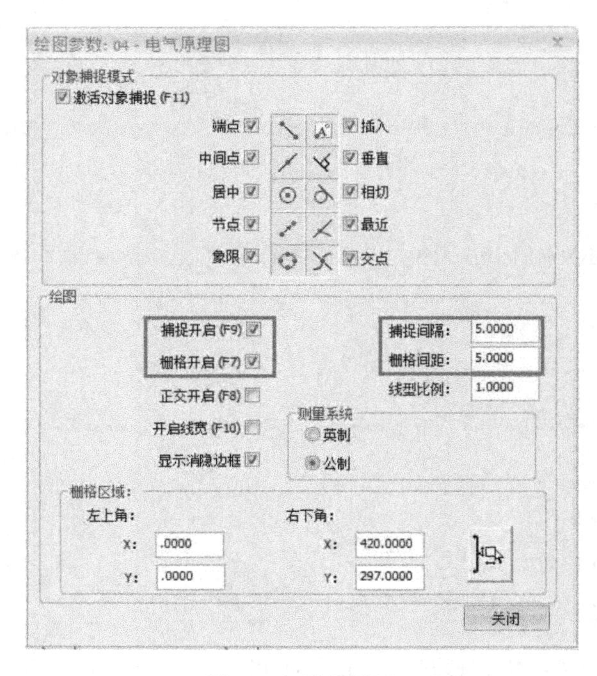

图 1-14　栅格设置

关于 SOLIDWORKS Electrical 栅格设置及快速开启捕捉、对象捕捉等功能，请扫描二维码观看操作视频。

1-2-2 栅格设置

1.2.3 设备的分类

在 1.1.1 节中讲到新建各类符号时，SOLIDWORKS Electrical 自带 34 项主分类，每一项分类都对应不同的设备标识符源字母、3D 部件模型、2D 布局图符号及接线图符号。当在不同类型的图纸中插入设备部件时，若设备部件库没有关联该设备的图示信息，软件会根据该设备的分类自动插入默认的 3D 部件、2D 布局图符号和接线图符号。当然，用户可以自定义设备标识源字母，重新关联每个分类对应的 3D 模型、2D 布局图符号和接线图符号，通过【数据库】/【设备分类】选项设置，如图 1-15 所示。

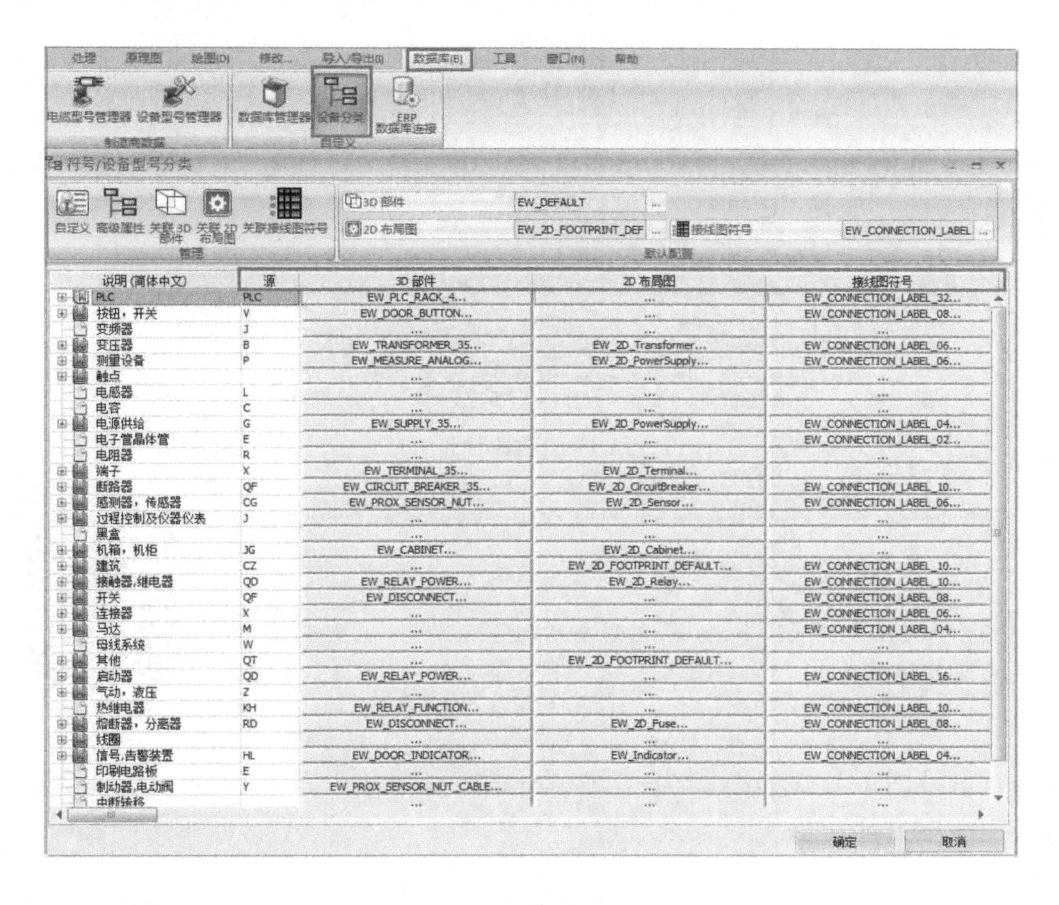

图 1-15 设备的分类

关于 SOLIDWORKS Electrical 设备分类的相关设置，请扫描二维码观看操作视频。

1-2-3 设备分类设置

1.2.4 图形及其工具

SOLIDWORKS Electrical【绘图】菜单包含类似 CAD 的图形编辑功能，主要用于对项目主数据的符号图形进行绘制、修改以及图框标题栏的绘制。绘图工具主要包括线、多段线、弧、圆、矩形等图形绘制，以及文本、图片、超链接的插入和尺寸标注功能，如图 1-16 所示。

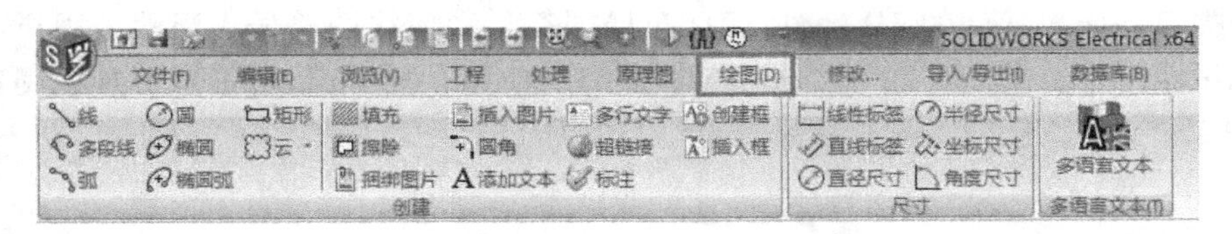

图 1-16 【绘图】菜单

SOLIDWORKS Electrical【修改】菜单下包含对图形的编辑功能，主要包括属性、阵列、移动、复制多项、修剪、延伸等，如图 1-17 所示。

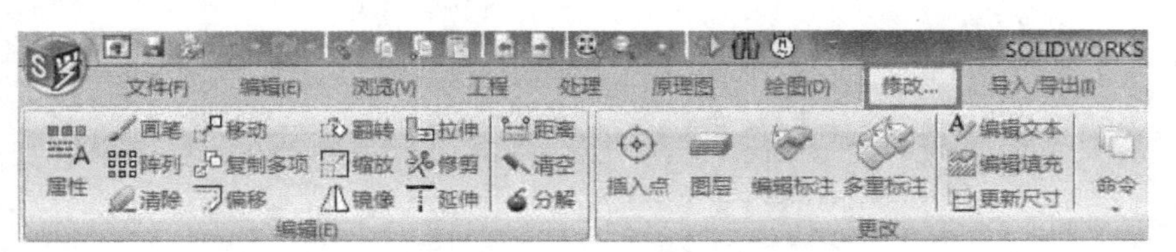

图 1-17 【修改】菜单

关于 SOLIDWORKS Electrical 图形绘制及修改功能，请扫描二维码观看操作视频。

1-2-4 图形绘制及修改

1.2.5 图纸上的信息

在图纸上，除了符号及电线之外，还包括图框行、列号及标题栏信息，如图 1-18 所示。

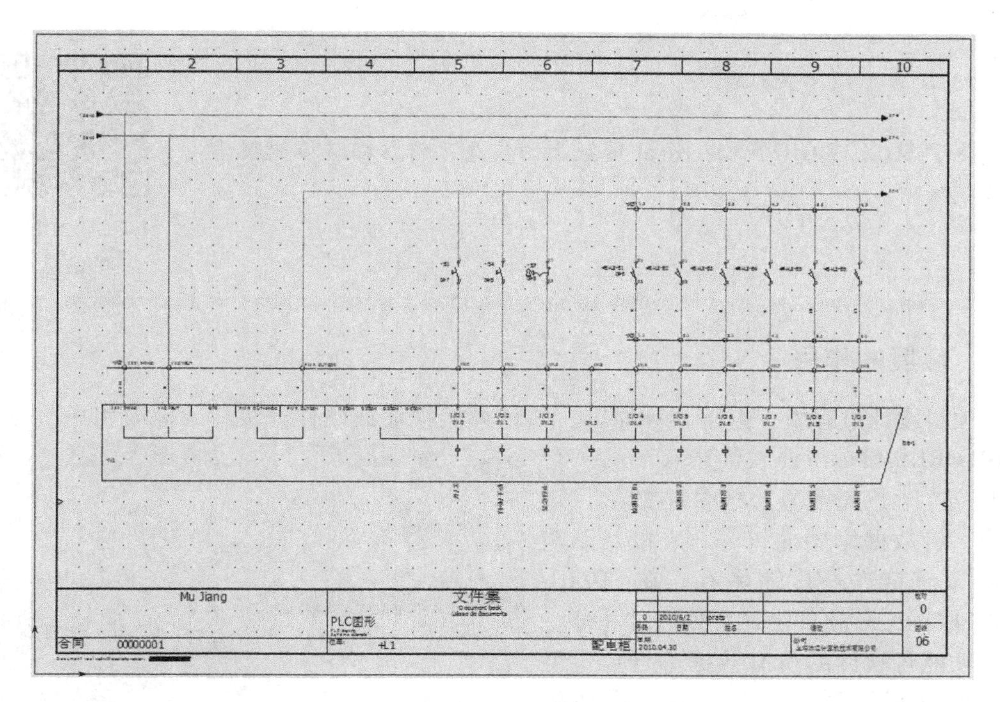

图 1-18 图纸信息

图框标题栏的信息随着打开项目和图纸的不同发生着变化。图框标题栏包括图纸的修改记录、校对审核日期、项目名称、图纸名称、图纸功能、位置、总页数及当前页数等内容，如图 1-19 所示。

Mu Jiang	文件集	0	2010/6/2	prats		0
	PLC图形	号码	日期	姓名	修改	图纸
合同 00000001	+L1 配电柜	2010.04.30			上海沐江计算机技术有限公司	06

图 1-19 图框标题栏

每个公司的图框标题栏信息都不一样，添加和修改相应的项目属性或图纸属性可以更改图框标题栏的信息显示情况，在后面章节再介绍图框编辑。图框的行号和列号可自动显示设备映像触点关联参考以及【起点终点箭头】的关联参考，对设备在图纸中的定位将更加准确，如图 1-20 所示。

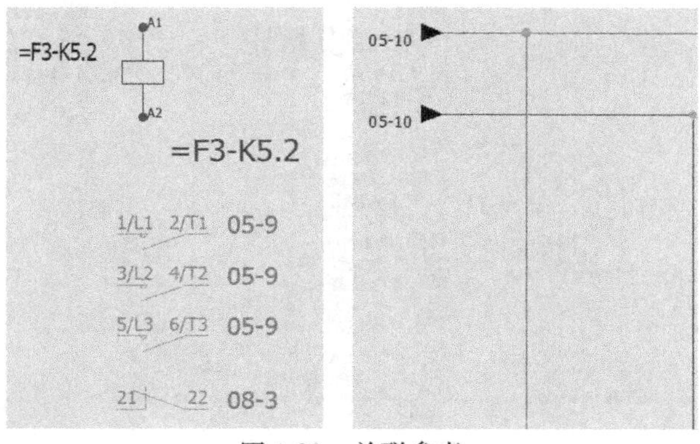

图 1-20 关联参考

关于 SOLIDWORKS Electrical 图纸上的信息，请扫描二维码观看操作视频。

1-2-5　图纸上的信息

1.2.6　环境的作用

在项目设计过程中，由于某种原因，如计算机损坏或硬件升级等，需要将电气项目及 SOLIDWORKS Electrical 软件搬移到另一台主机上，这时首先需要将软件中的项目进行压缩，将数据库中的符号、宏以及制造商数据等信息进行压缩另存。在 SOLIDWORKS Electrical 软件中，可先通过【环境压缩】功能将软件的所有数据进行打包另存，类似计算机系统备份一样，再通过【环境解压缩】功能完成数据的恢复。

在【环境压缩】操作之前，要先关闭所有已打开的工程项目，再单击【文件】/【环境压缩】命令，如图 1-21 所示。

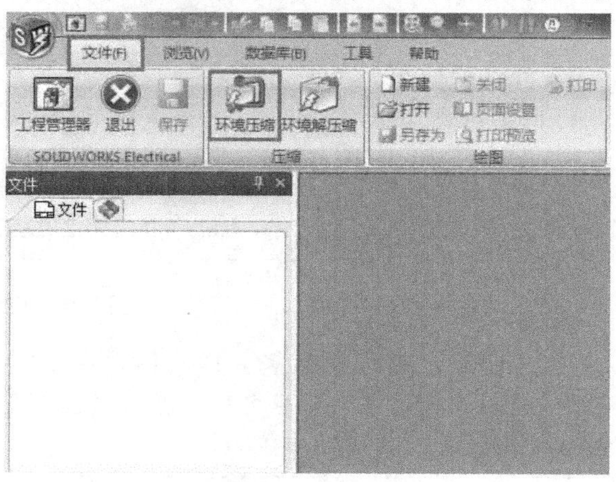

图 1-21　环境压缩命令

在弹出的【压缩：环境】界面，单击【向后】按钮，勾选相应数据选项后，再单击【向后】按钮完成软件数据备份，如图 1-22 所示。

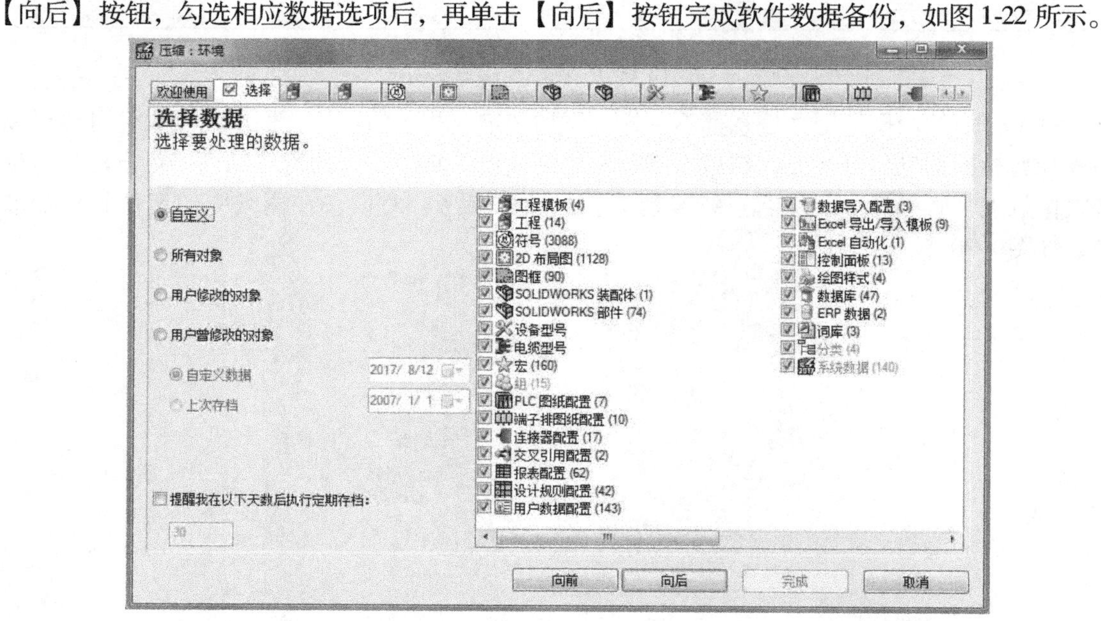

图 1-22　选择数据

【环境解压缩】功能与【环境压缩】功能属于相对功能，它们可以完成所有数据的恢复，包括工程项目、模板、数据库文件及软件配置信息等。

关于 SOLIDWORKS Electrical 环境压缩与环境解压缩功能，请扫描二维码观看操作视频。

1-2-6 环境压缩与解压缩

1.3 总结

本章重点介绍了基础数据的构建。符号、部件、线型作为项目设计的基础数据，只有拥有了准确、完善的基数数据，才能使专业设计软件发挥它的作用，快速提升项目设计的效率。

在新建工程时，要选择工程模板，工程模板包含行业标准及企业规范等信息。企业所有设计人员使用同一工程模板，能保证项目设计更符合标准，有利于建立企业标准化。

【绘图】工具主要完成图形及线条的绘制，不具有电气属性，符号和图框的外形绘制在符号和图框编辑器中完成。

【环境压缩】功能和【环境解压缩】功能属于相对功能，可以用来进行数据的移动。

第 2 章　某型号机床电路的设计

项目概述

本项目中的某型号机床共有 3 台电机（本书软件中为“电机”，具体应为电动机），其中 M1 为主电机，由转换开关 SA5 选择主轴的旋转方向，停车时采用电磁离合器制动。M2 为工作进给电机，它驱动工作台上下、左右、前后 6 个方向的进给运动和快速运动。快速移动通过电磁离合器接通快速传动链来实现。M3 为冷却泵电机。

2.1　原理图的绘制

新建项目，执行菜单命令【文件】/【工程管理器】，如图 2-1 所示。

在弹出的【工程管理器】界面中单击【新建】按钮，弹出【新建工程】对话框，单击下拉列表框右侧的下拉按钮，选择【IEC】模板，如图 2-2 所示。

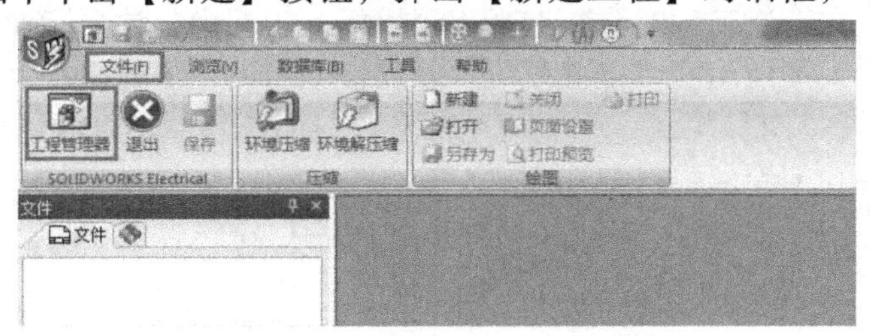

图 2-1　工程管理器命令

单击【确定】按钮，在弹出的【工程语言】对话框中，单击下拉列表框右侧的下拉按钮，选择【简体中文】语言，如图 2-3 所示。

单击【确定】按钮，软件自动弹出【工程】属性界面，在【名称】文本框中填写项目的名称，如“某型号机床电路设计”。由于该界面中【统计数据...】、【工程配置...】、【自定义...】功能按钮都为灰色，因而这里只添加项目的名称，其他选项信息在项目新建完成后再填写，如图 2-4 所示。

项目名称填写完成后，单击【确定】按钮，软件自动将 IEC 模板的相关配置及项目文件写入数据库中，并连接和更新数据库，如图 2-5 所示。

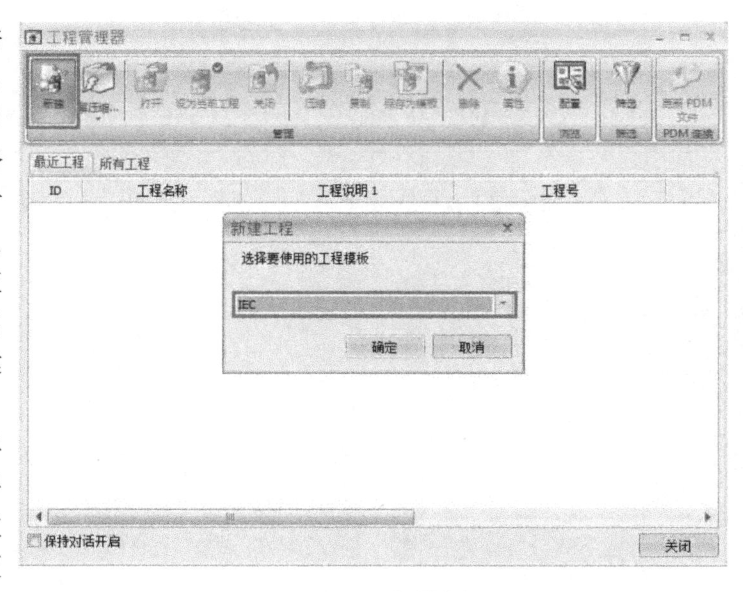

图 2-2　选择模板

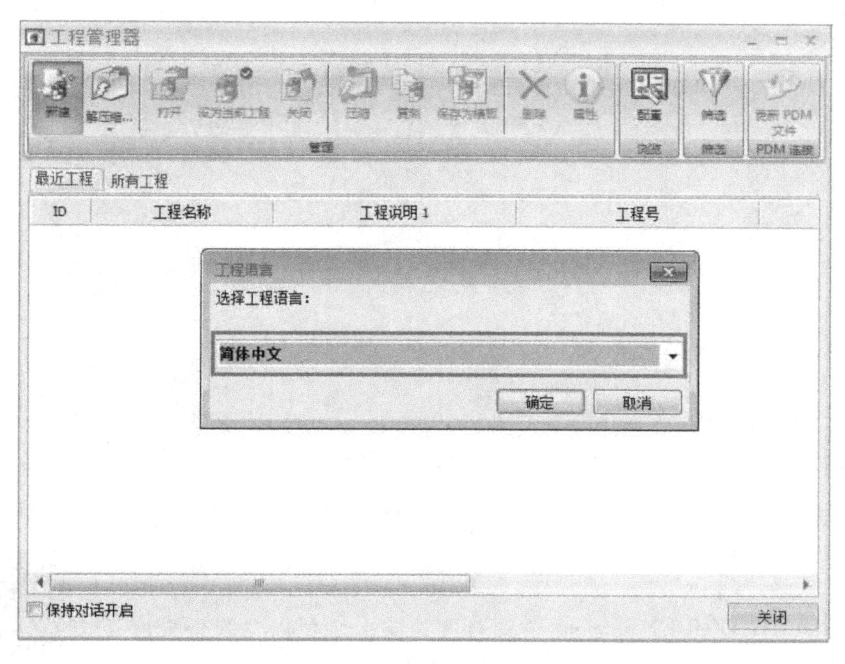

图 2-3　工程语言的选择

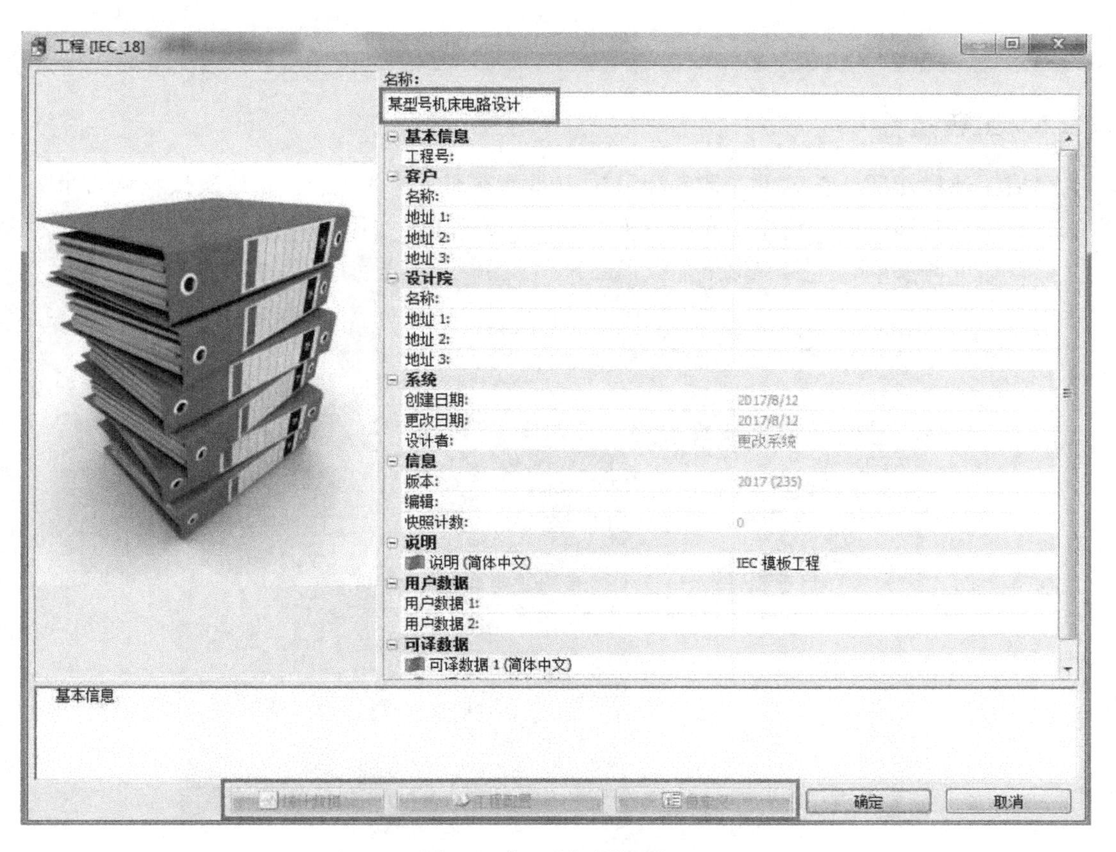

图 2-4　【工程】属性界面

图 2-5　连接和升级数据库

关于 SOLIDWORKS Electrical 项目新建功能，请扫描二维码观看操作视频。

2-1　项目新建

2.1.1　工程属性

完成上述操作后，在软件左侧的项目树中即可看到新建的项目。IEC 模板默认自带 4 张图纸，分别是封面、图纸清单、布线方框图和电气原理图，如图 2-6 所示。

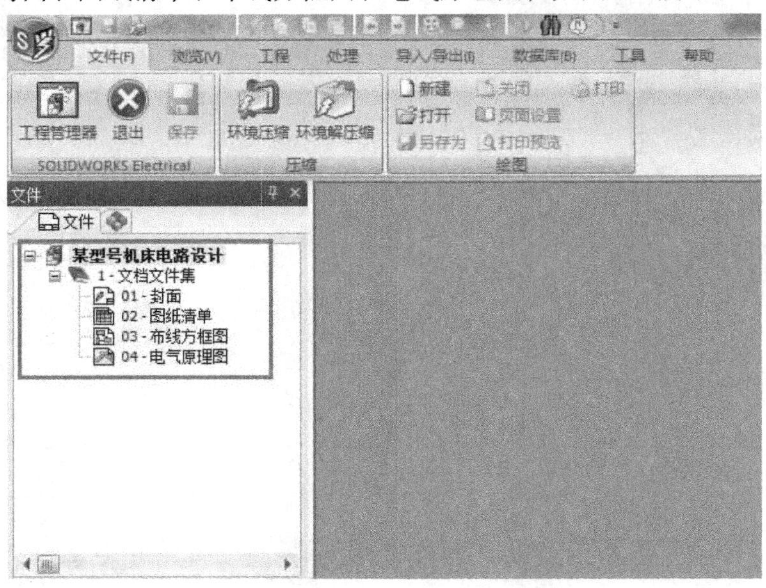

图 2-6　IEC 模板图纸

右击项目的名称，在弹出的快捷菜单中选择【工程属性】，如图 2-7 所示。

弹出【工程［项目名称］】对话框，在【基本信息】栏的工程号选项中填写项目工程的编号，在【客户】栏填写客户的名称及地址。如果项目需要设计院出图或审核，在【设计院】栏填写设计院的名称及地址。如果项目不需要设计院出图或审核，设计方可填写自己公司的名称及地址。在【说明】栏填写项目的描述信息。在此【工程［项目名称］】对话框中，【统计数据 ...】【工程配置 ...】【自定义 ...】功能按钮均为激活状态，如图 2-8 所示。

在【系统】栏中，如果要修改项目的日期，右击【更改日期】/【编辑日期】，通过右侧的下拉按钮选择要修改的日期，如图 2-9 所示。

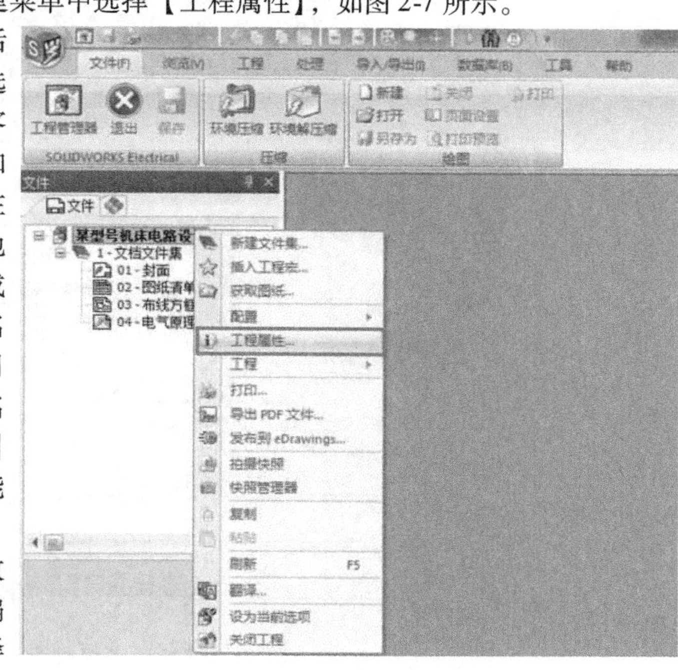

图 2-7　选择工程属性

图 2-8　工程属性信息

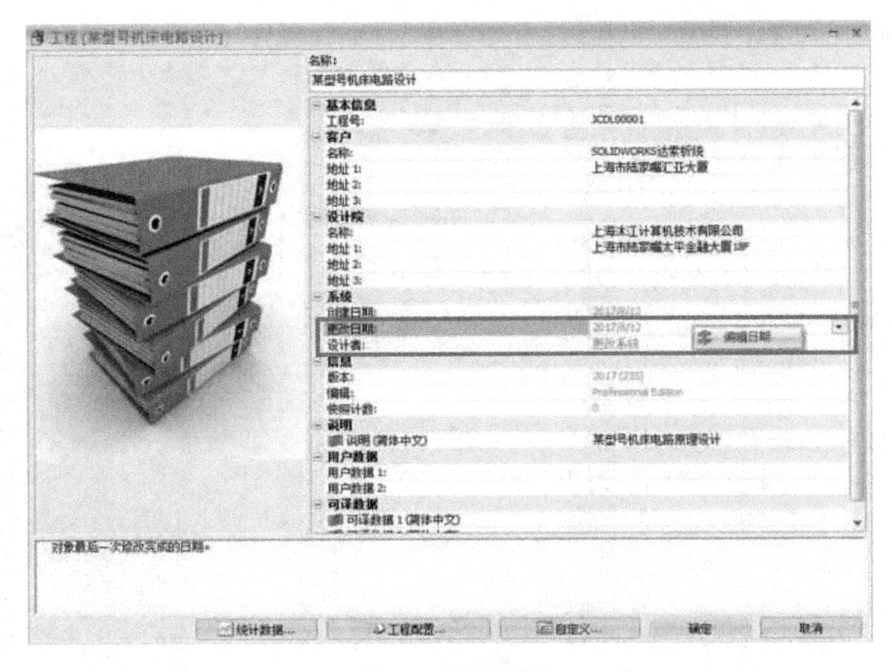

图 2-9　更改日期

在【工程［项目名称］】对话框中，【用户数据】栏通常用来代替工程属性中没有的功能选项。例如，项目设计者和审核人，工程属性中的“设计者”不能修改，可以使用用户数据 1 代替设计者，用户数据 2 代替审核人。单击【自定义 . . . 】按钮，如图 2-10 所示。

图 2-10　自定义用户数据

在弹出的【用户数据自定义：［项目名称］】对话框中，分别单击【用户数据 1】和【用户数据 2】，在右侧的【数据属性】/【简体中文】选项中填写设计者和审核人，如图 2-11 所示。

图 2-11　修改用户数据（名称）

修改完成后单击【确定】按钮，在工程属性的用户数据栏中，显示修改后的设计者和审核人名称，如图 2-12 所示。

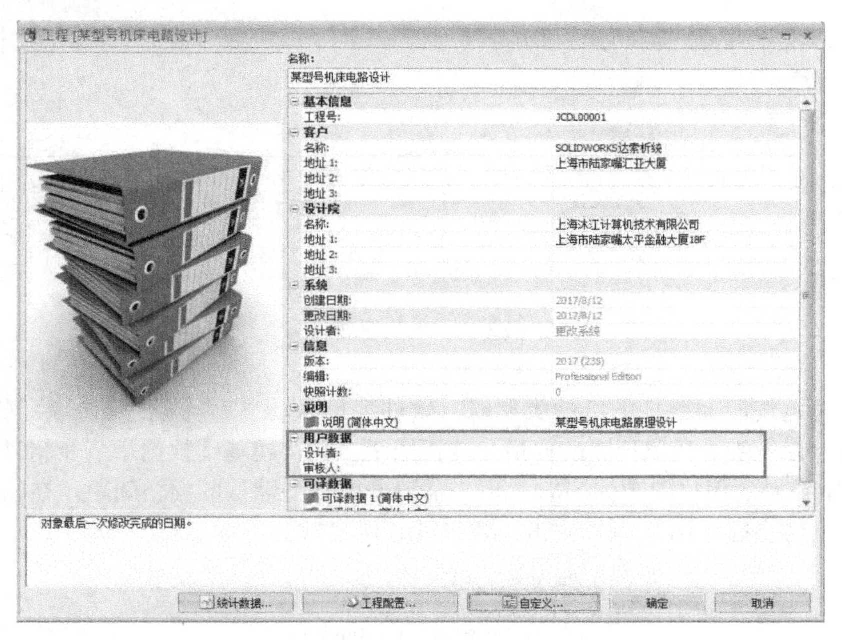

图 2-12　修改后的用户数据

工程属性信息填写和修改完成后，单击【确定】按钮。

关于 SOLIDWORKS Electrical 工程属性设置，请扫描二维码观看操作视频。

2-1-1 工程属性设置

2.1.2 电线的绘制

在左侧项目树中，双击项目的名称打开【04-电气原理图】文件，此时绘图区显示模板自带的 10 列图框及栅格显示，图框标题栏自动显示工程及图纸属性的相关信息，如图 2-13 所示。

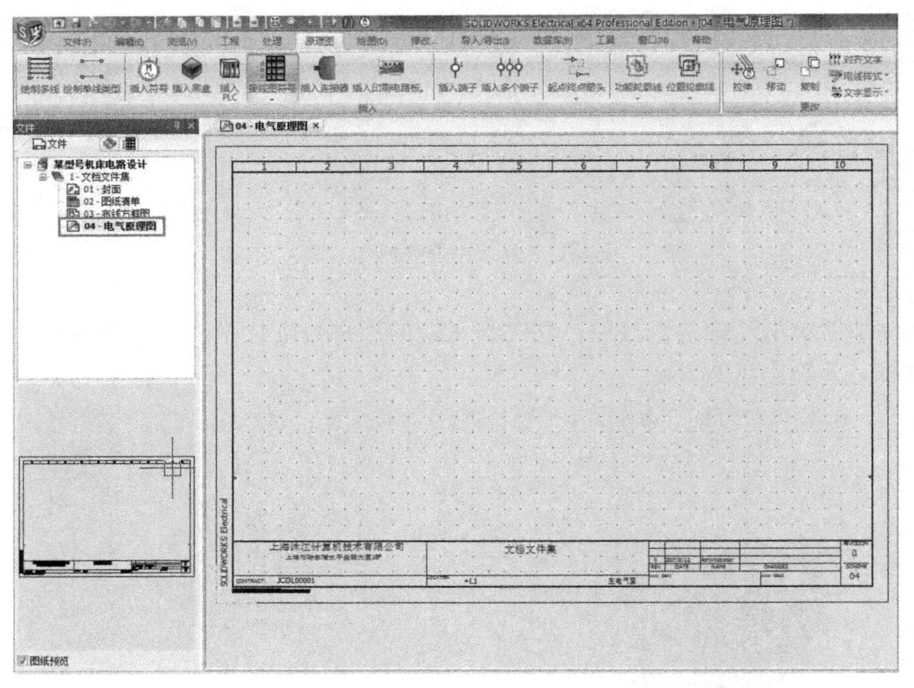

图 2-13 电气原理图

当打开【电气原理图】图纸的类型时，软件菜单自动显示【原理图】绘制功能。在图纸绘制之前，首先要设置原理图的栅格与捕捉间距。在构建基础数据章节介绍过软件自带的 IEC 符号库中符号的栅格间距为 5mm，所以需要修改软件默认的栅格间距。在软件右下角的任一绘图选项功能处（图 2-14）右击，弹出【绘图参数】界面。

栅格 (F7) | 正交 (F8) | 捕捉 (F9) | LWT (F10) | OSNAP (F11)

图 2-14 栅格与捕捉间距设置

修改【捕捉间隔】和【栅格间距】为 5，并勾选【捕捉开启】和【栅格开启】复选框，如图 2-15 所示。设置栅格完成后，单击【关闭】按钮。

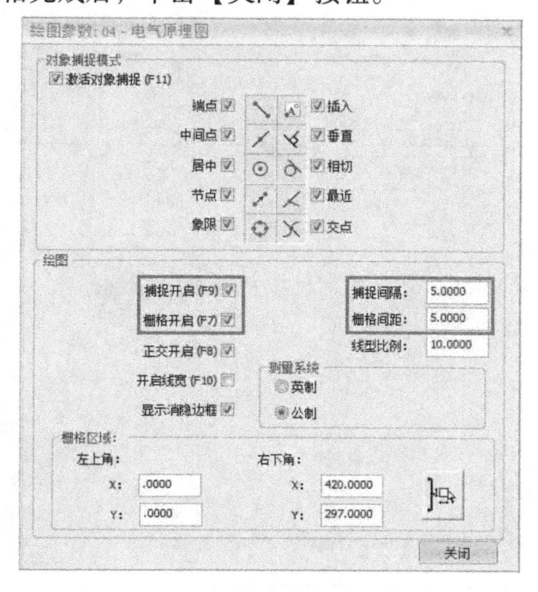

图 2-15　绘制参数设置

单击【原理图】/【绘制多线】命令，在左侧的【电线】选择面板中单击▭按钮，如图 2-16 所示。

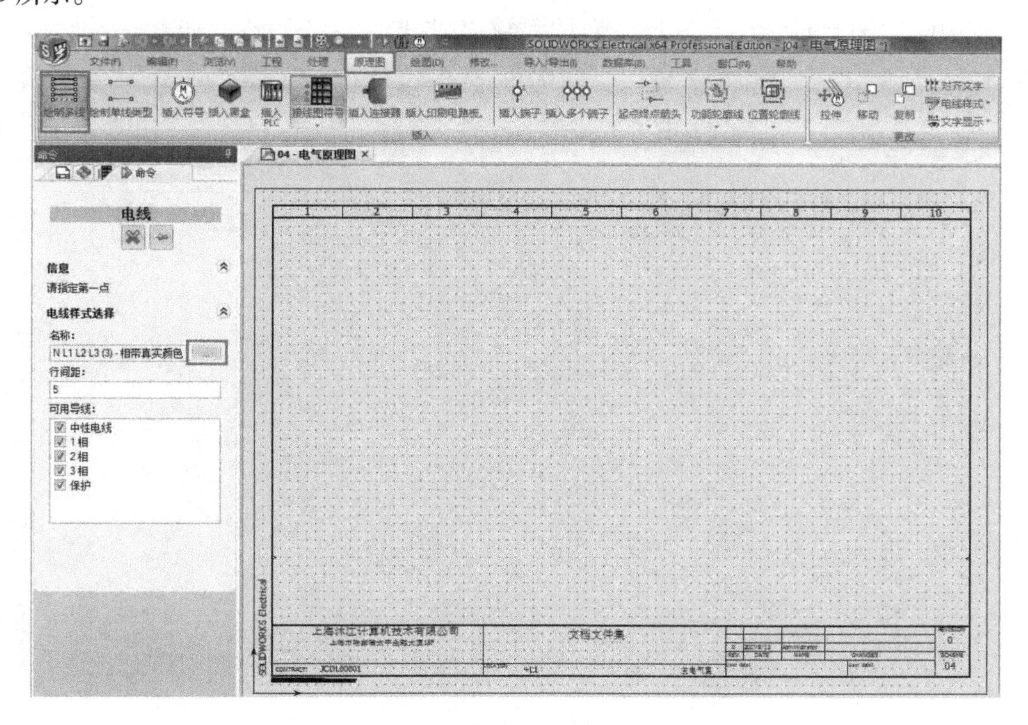

图 2-16　【绘制多线】命令

弹出【电线样式选择器】对话框，选择【NL1L2L3】多线样式，单击【选择】按钮，如图 2-17 所示。

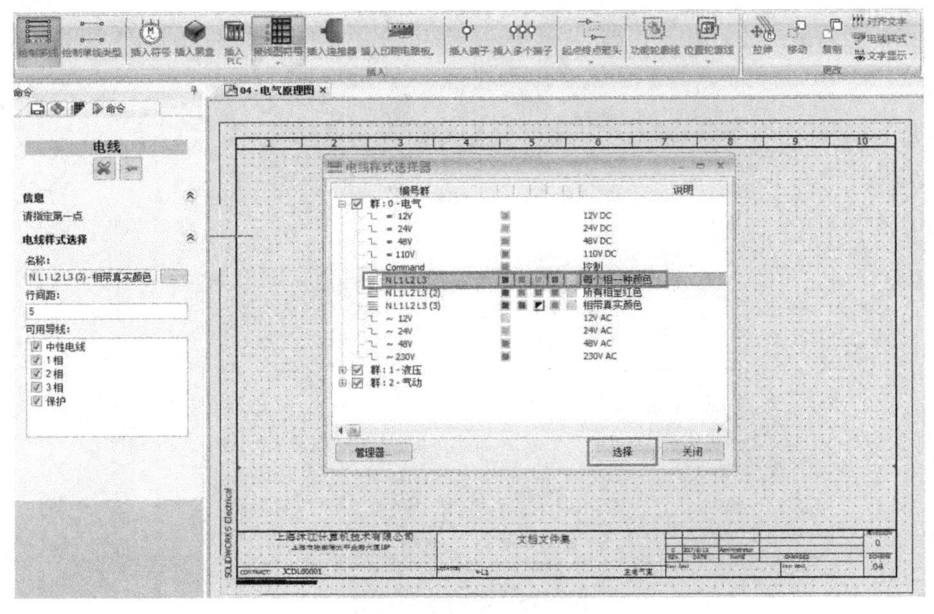

图 2-17　选择电线样式

选择电线样式完成后，将光标放置在绘图区，单击鼠标左键向右水平绘制主回路多线，在绘制过程中按空格键可切换多线相序，单击后再右击终止多线绘制命令，如图 2-18 所示。

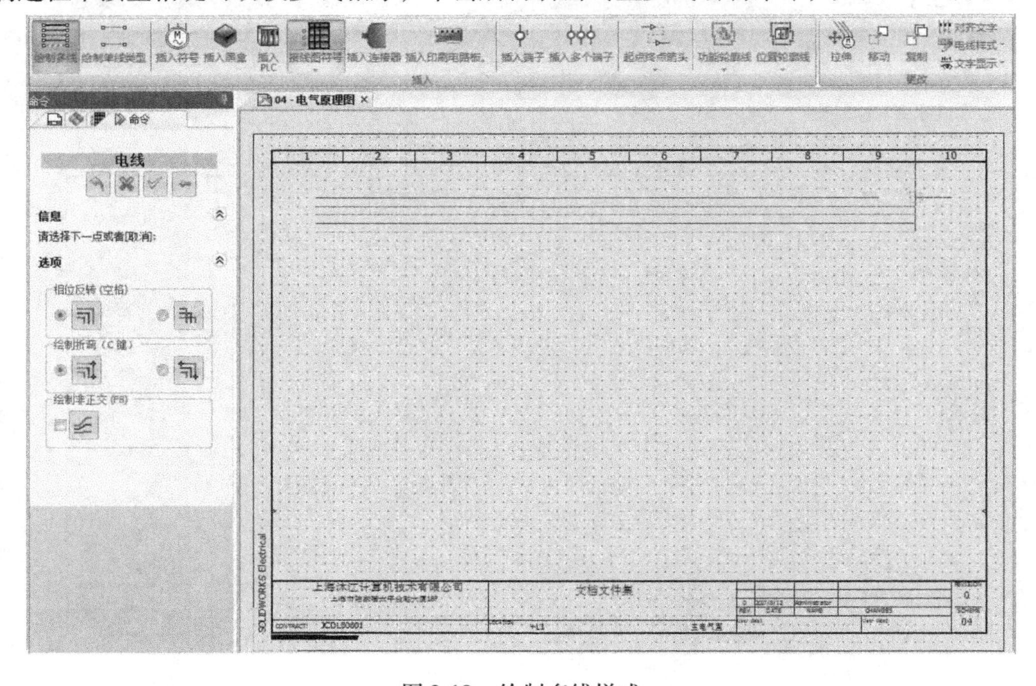

图 2-18　绘制多线样式

关于 SOLIDWORKS Electrical 电线的绘制，请扫描二维码观看操作视频。

2-1-2　电线的绘制

2.1.3　主回路的设计

完成多线的绘制后，在项目树中选中“04-主回路原理图”修改图纸名称：在软件右侧的【属性】面板中单击按钮可激活编辑模式，在【说明（简体中文）】栏中填写“主回路原理图”，如图 2-19 所示。

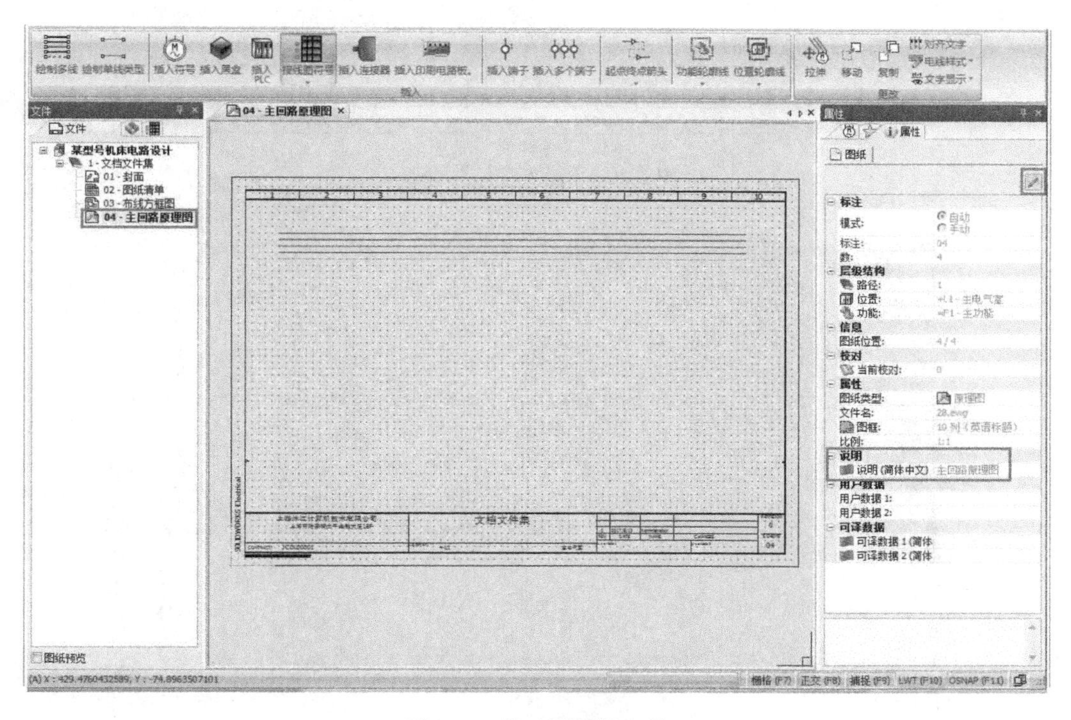

图 2-19　修改图纸的名称

在主回路原理图中，单击【原理图】/【插入符号】命令，绘制机床的主回路。在左侧的【插入符号】面板中，单击【其他符号...】按钮，如图 2-20 所示。

弹出【符号选择器】对话框，选择缩略图模式，在【熔断器，分离器】分类中选择【三极熔断器】符号，单击【选择】按钮，如图 2-21 所示。

将熔断器符号放置在多线的左端，按空格键调整符号的方向，软件自动弹出【符号属性】对话框并显示符号标注源字母及编号，在【说明（简体中文）】栏填写“进线熔断器”，如图 2-22 所示。

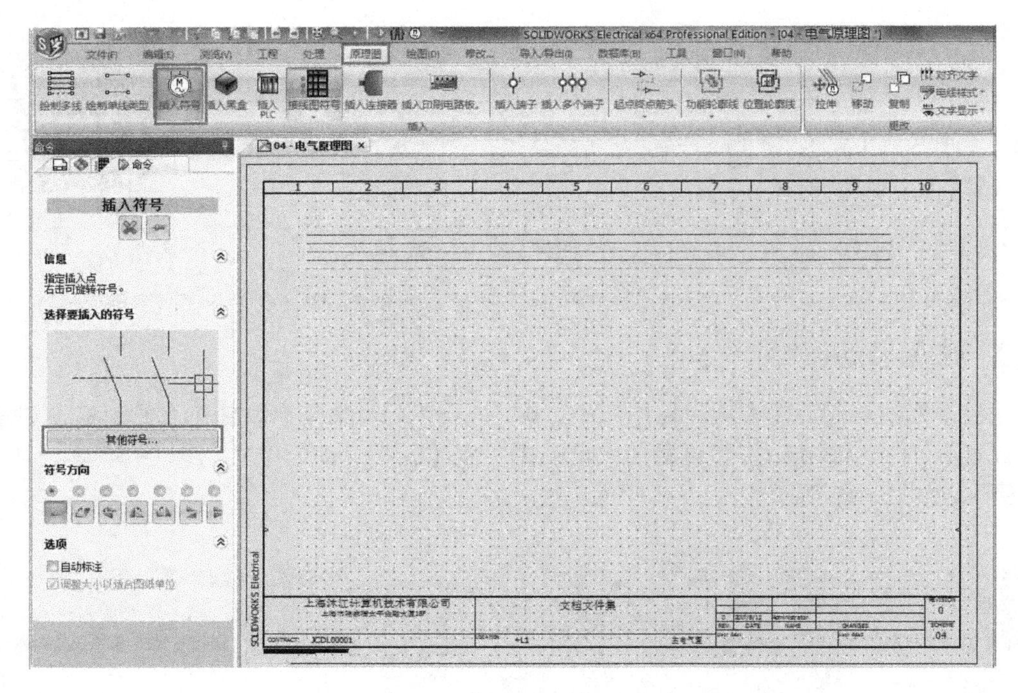

图 2-20 【插入符号】命令

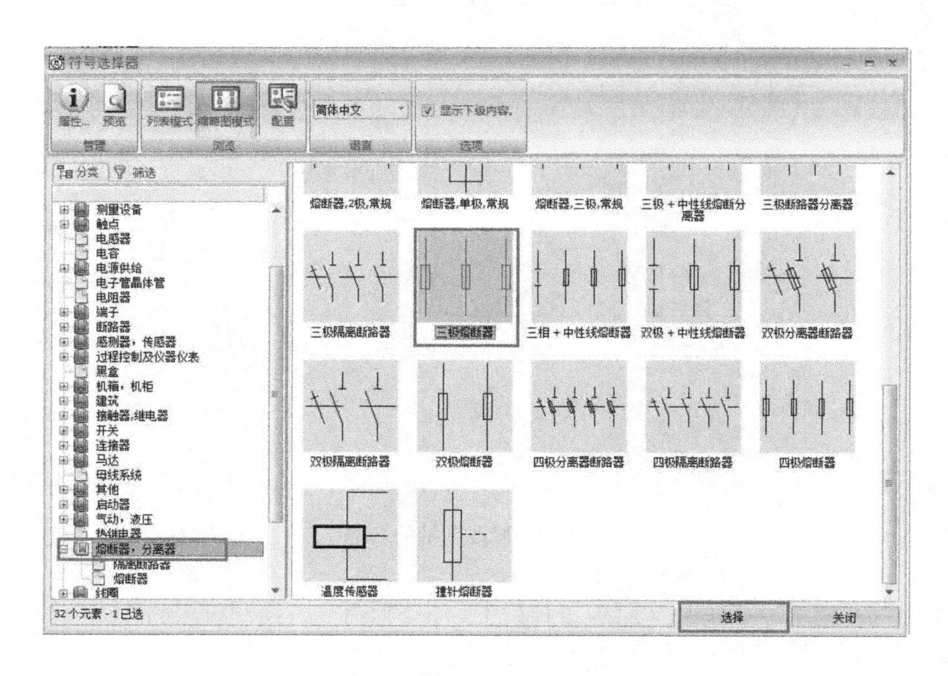

图 2-21 熔断器符号的选择

单击【确定】，完成熔断器符号的插入。按照同样的方式执行【插入符号】命令，依次插入“断路器”“接触器”“热继电器”“电机”等符号，完成主电机 M1 和进给电机 M2 的主回路绘制。M1 电机上端的 SA1 设备为转换开关，主要完成主轴电机 M1 的方向旋转。在冷却泵电机 M3 的正反转电路中，反转接触器输出端的相序变换要注意线型连接的变换，如图 2-23 所示。

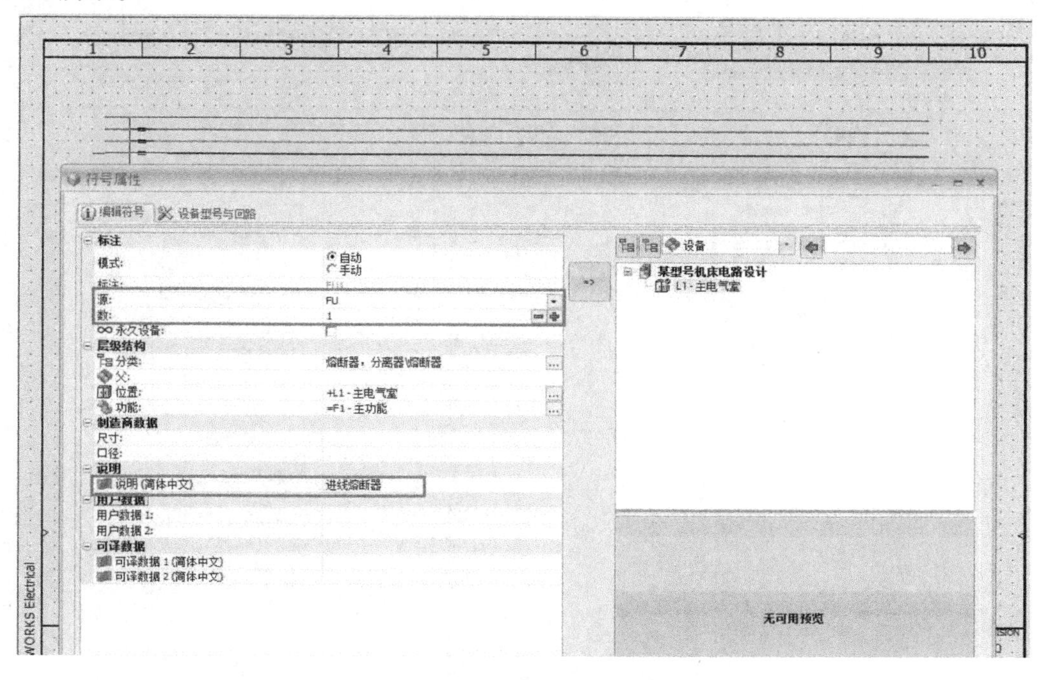

图 2-22　修改熔断器符号属性

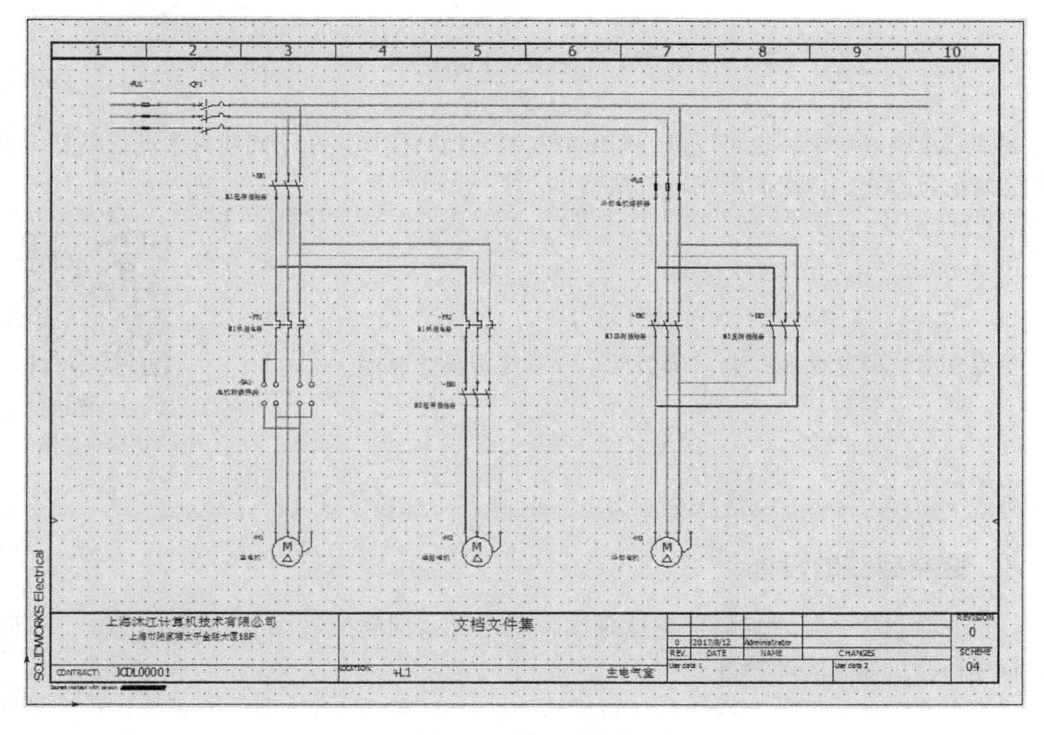

图 2-23　主回路设计

【符号属性】对话框中的说明文字在“设备列表”中会自动显示在设备标注的右侧，在后期 2D 或 3D 安装布局时，有利于不同功能设备的识别和插入，所以在插入符号时设计人员一定要填写，如图 2-24 所示。

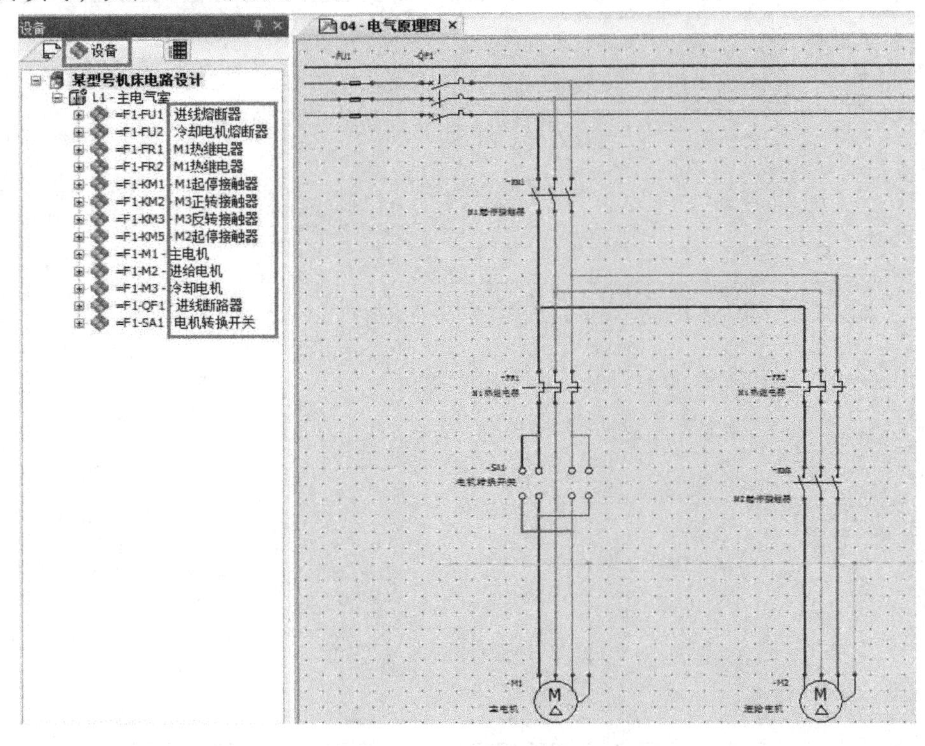

图 2-24　设备列表中的说明文字

在图纸绘制过程中，也可以进行图纸的复制和粘贴操作，在不同项目中进行粘贴，也可以将电路定义为宏，以宏的形式进行粘贴。

关于图纸的复制和粘贴，请扫描二维码观看操作视频。

2-1-3　图纸的复制与粘贴

2.1.4　控制回路的设计

（1）在项目树中新建控制回路原理图，右击【主回路原理图】，执行【新建】/【原理图】快捷命令，如图 2-25 所示。

（2）新建命令完成后，软件自动新建 05 号图纸。修改 05 号图纸的名称为：控制回路原理图。在控制回路原理图中执行【原理图】/【绘制多线】命令，在【电线】面板中勾选

【1 相】和【中性电线】复选框进行电线的绘制，如图 2-26 所示。

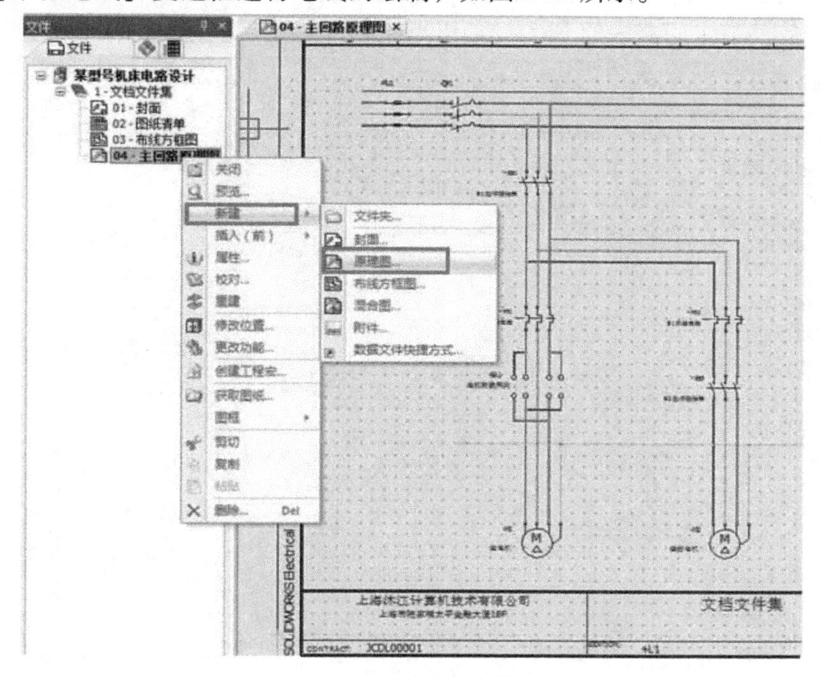

图 2-25　新建原理图

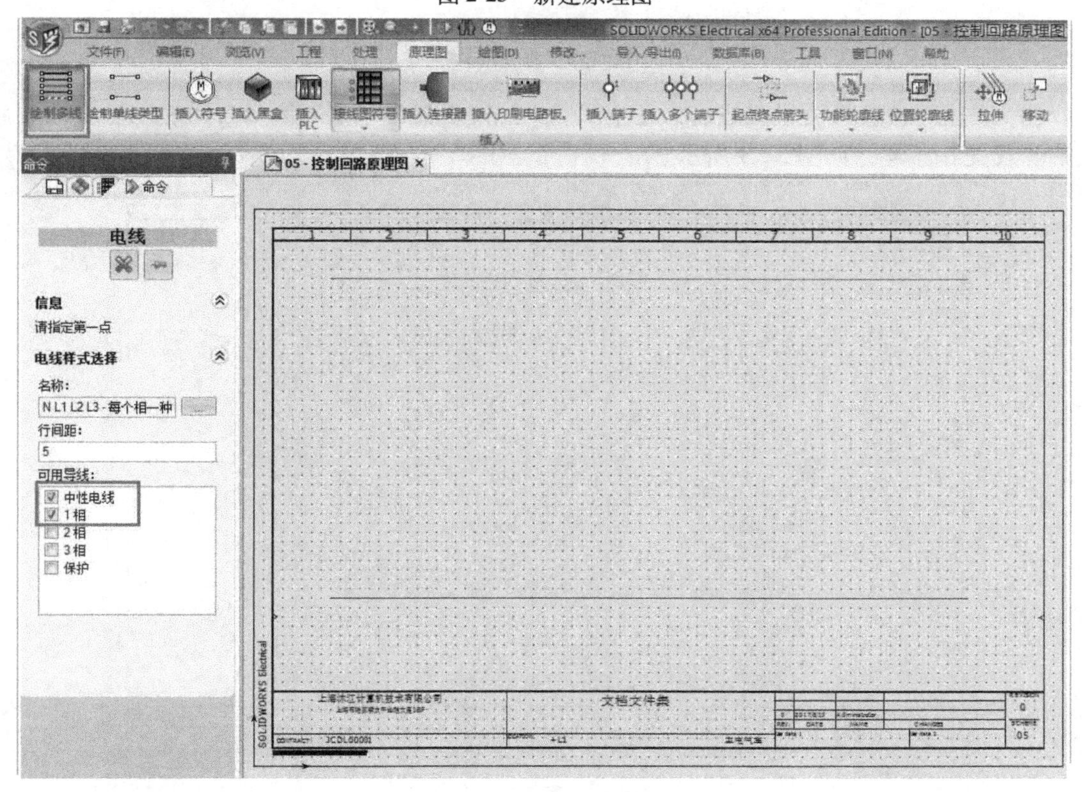

图 2-26　控制回路电线的绘制

（3）执行【原理图】/【插入符号】命令，插入“热继触点”符号，在弹出的【符号属性】对话框中使其与主回路中的FR1设备进行关联，如图2-27所示。

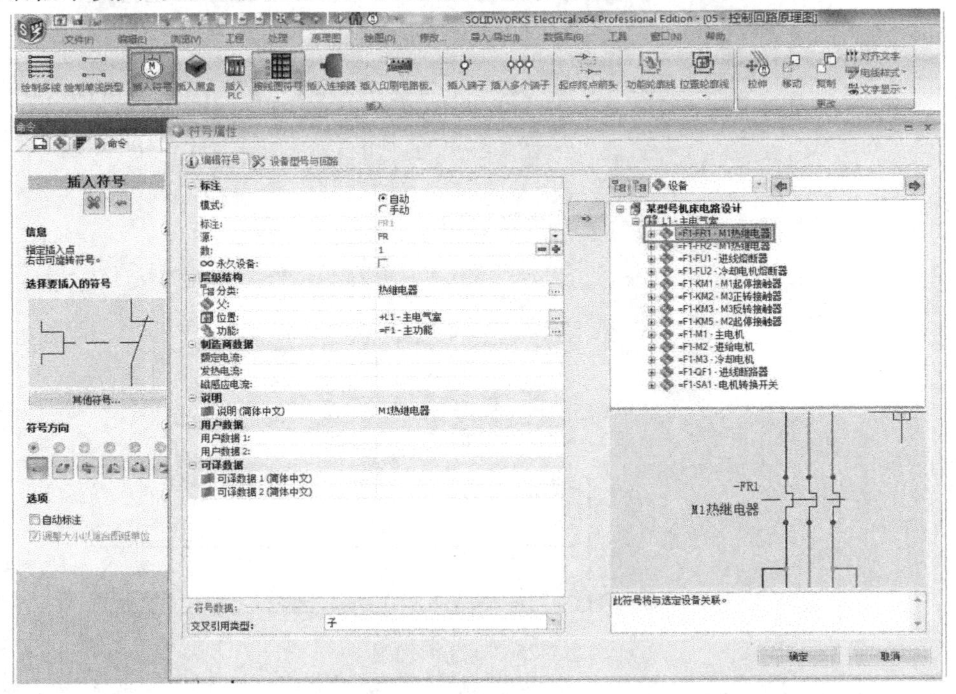

图2-27　触点关联

（4）“热继触点”关联完成后，在主回路中热继电器设备的左侧会自动显示已关联的触点映像及交互参考，如图2-28所示。

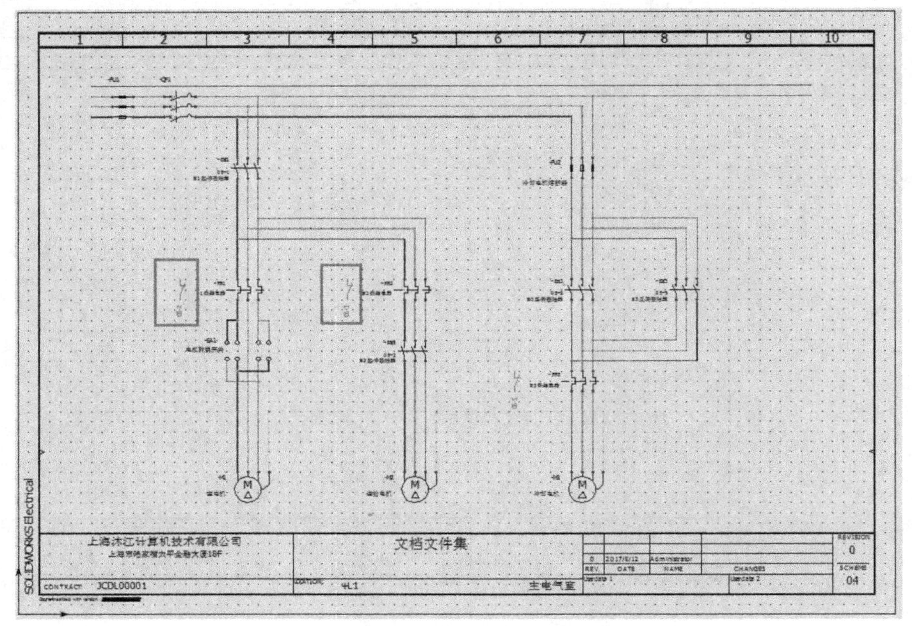

图2-28　热继电器映像触点显示

（5）按照同样的方式依次插入接触器的“辅助触点”和“线圈”符号，并与主回路设备进行关联，同时插入其他“按钮”和“开关”等符号。当“线圈”与“触点”进行关联后，在“线圈”的下方会自动显示已关联的触点映像及交互参考，如图 2-29 所示。

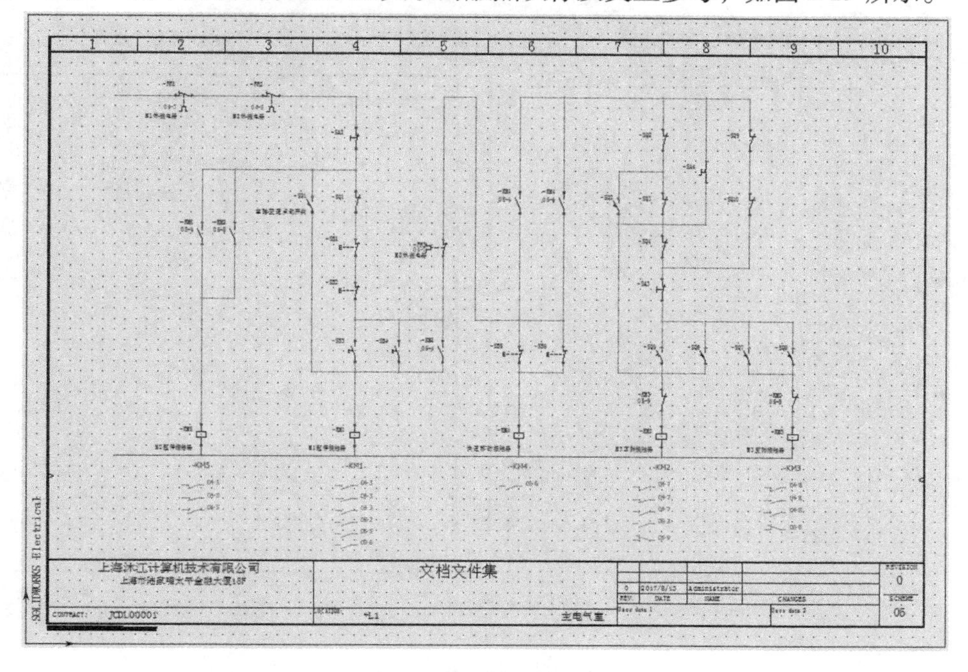

图 2-29　控制回路设计

关于 SOLIDWORKS Electrical 控制回路设计，请扫描二维码观看操作视频。

2-1-4a　控制回路设计

（6）完成控制原理图的设计之后，执行菜单命令【起点终点箭头】，打开【起点-终点管理器】对话框，执行命令【插入单个】，将主回路的【1 相】和【中性线】与控制回路的【1 相】和【中性线】进行连接，如图 2-30 所示。

注意，在使用【起点终点箭头】功能时，两条要连接的电线必须是同一属性的电线，不能因为颜色相同就进行转移，否则软件不能捕捉到要转移的电线上。

关于 SOLIDWORKS Electrical 起点终点箭头功能，请扫描二维码观看操作视频。

2-1-4b　起始终点设计

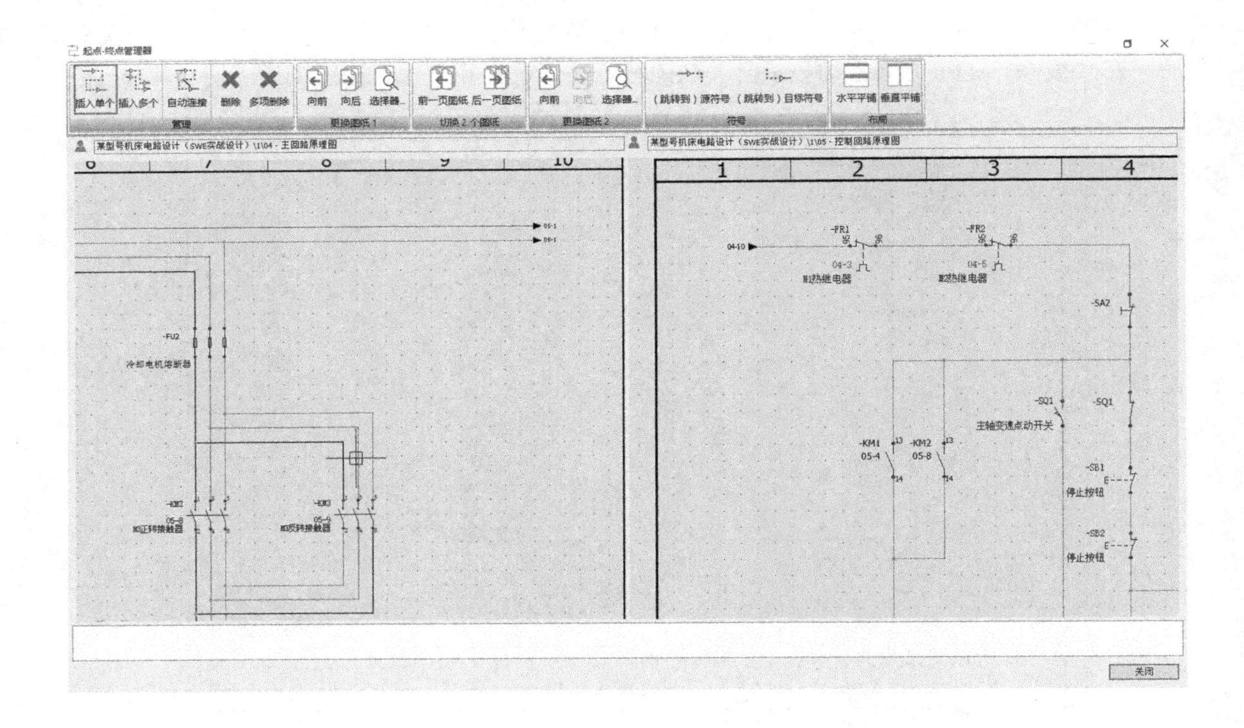

图 2-30　起点终点箭头

2.2　电气工程设计

2.2.1　设备选型

在原理图设计过程中，要插入一个符号，在【符号属性】对话框的【设备型号与回路】选项卡中单击【搜索】按钮，打开【设备型号与回路】对话框，在制造商数据库中查找与符号回路匹配的设备型号，单击按钮进行添加，如图 2-31 所示。

设备型号选择完成后，在【设备型号与回路】选项卡中便可看到已添加的设备的型号。如果某些设备含有附件或由多个设备组成，在设备选型时可选择附件型号和多个设备型号，如继电器的主设备和底座设备，如图 2-32 所示。

通常情况下，由于部件库不全，在查找设备的型号时不能及时地查找到想要的设备型号，因而在项目原理图的设计完成后，可以统一进行选型。在原理图中可将设备型号相同的设备全部选中进行批量选型，如将主回路中 3 个热继电器选中并右击，然后单击【设备】/【分配设备型号...】，如图 2-33 所示。

在实际项目设计过程中，由于项目中相同型号的设备分布在不同的原理图中，通过在原理图中选中符号进行批量选型效率有点低，这时通常在“设备”列表中将多个设备选中，右击选择【分配设备型号】命令进行批量选型，如图 2-34 所示。

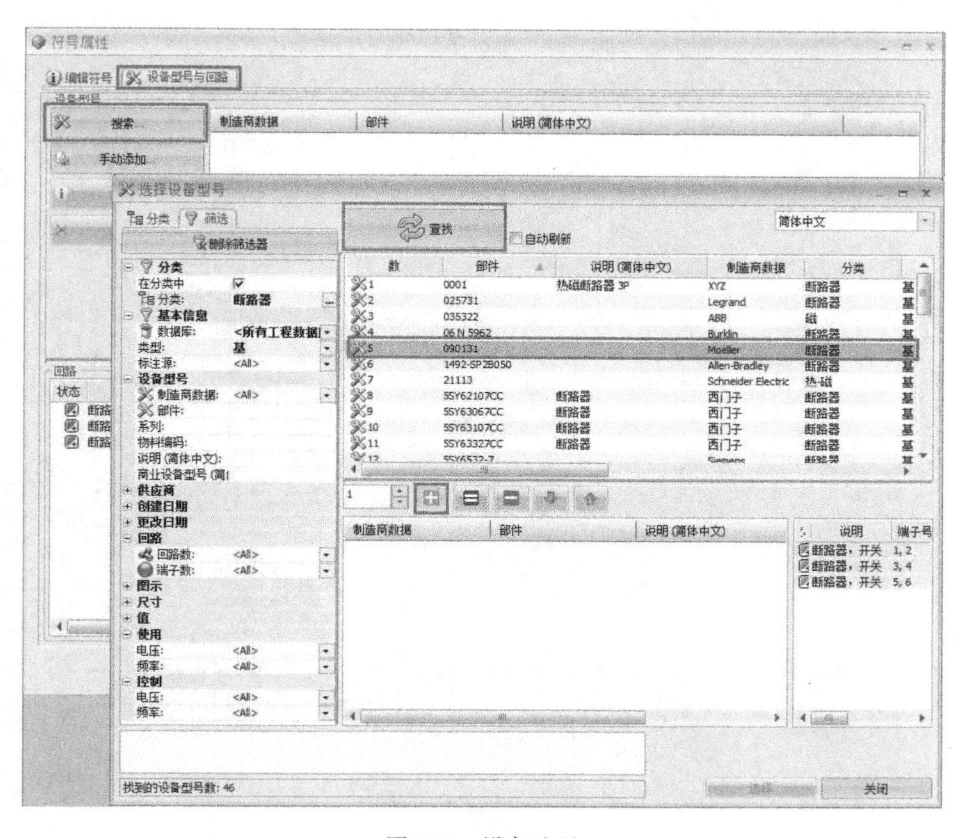

图 2-31　设备选型

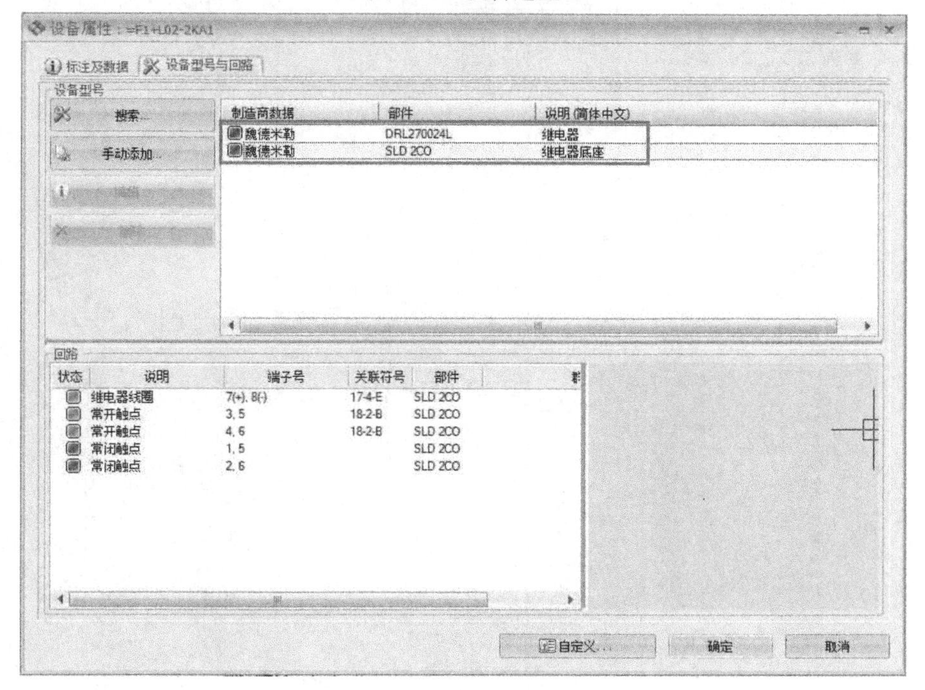

图 2-32　添加多个设备型号

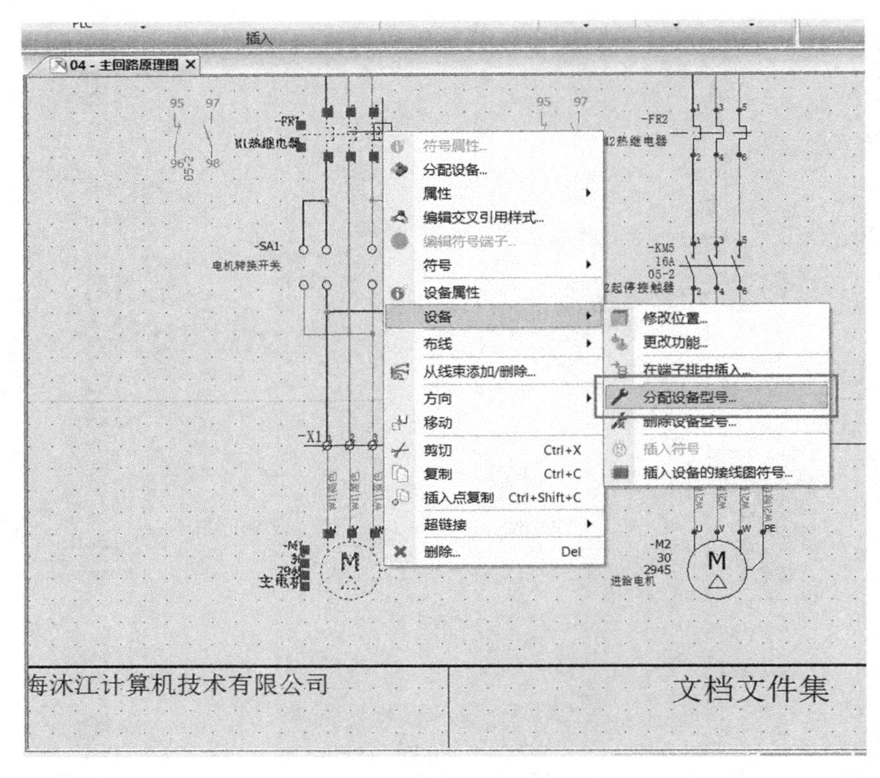

图 2-33　原理图中批量选型

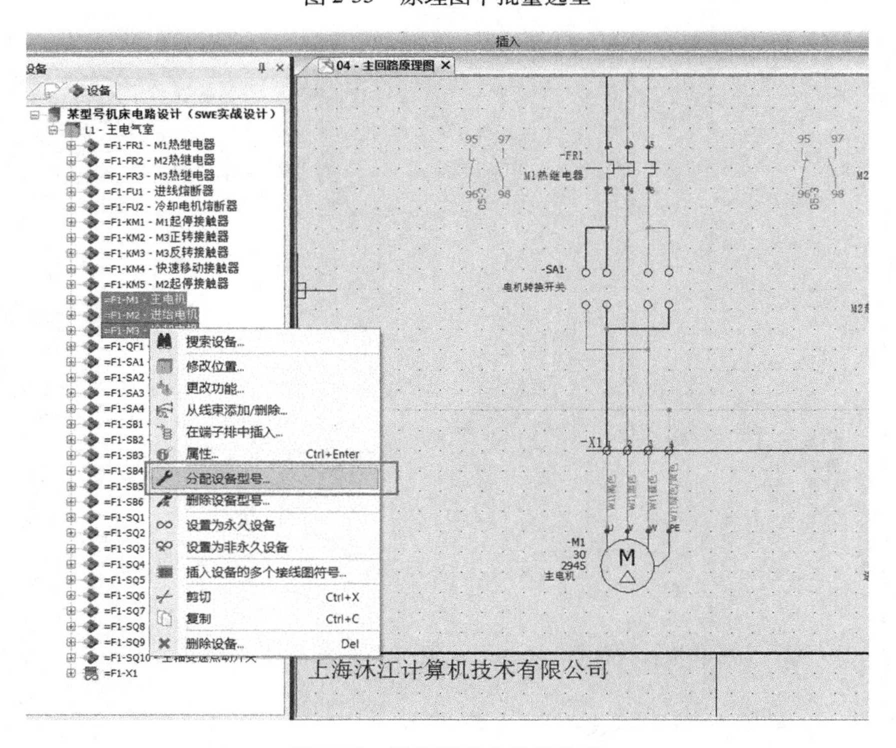

图 2-34　设备列表中批量选型

关于 SOLIDWORKS Electrical 软件的设备选型功能，请扫描二维码观看操作视频。

2-2-1　设备选型

2.2.2　端子的设计

在原理图的设计过程中，端子的插入分为【单个端子插入】和【多个端子插入】两种。项目中由于端子的数量比较多，通常在【端子排编辑器】中进行批量预设和分配型号。

端子通常在项目原理图的设计完成后，统一进行添加，在机床主回路中电机与柜内设备的连接处需要添加端子。主回路电机端子在同一张原理图中，为了快速插入端子，可以通过单击【原理图】/【插入多个端子】，在左侧【端子符号】选项卡中单击【其他符号】选择端子符号，选择完成后将光标放置在 M1 电机的左侧向右拖曳出一条线，单击鼠标左键在端子上方出现“红色三角符号”，上下移动光标调整“端子方向”，如图 2-35 所示。

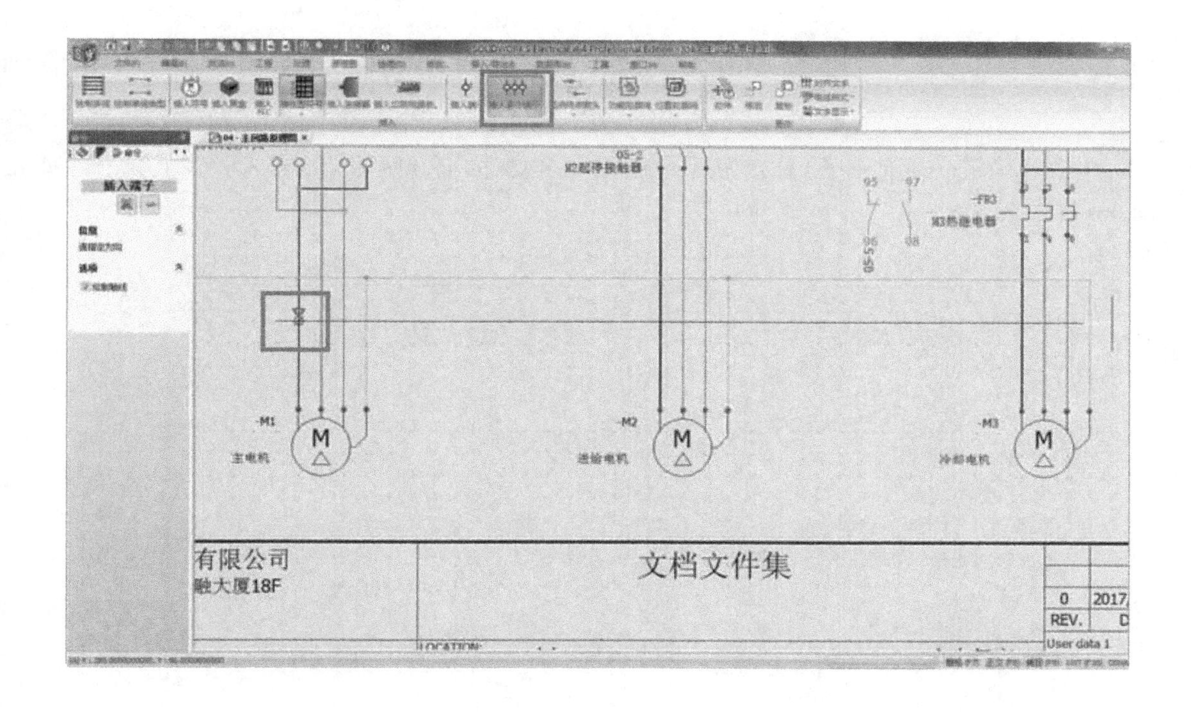

图 2-35　端子的方向

调整完端子的方向后，单击鼠标左键，弹出【端子符号属性】对话框，这里对端子先不进行选型，单击【确定（所有端子）】按钮，如图 2-36 所示。

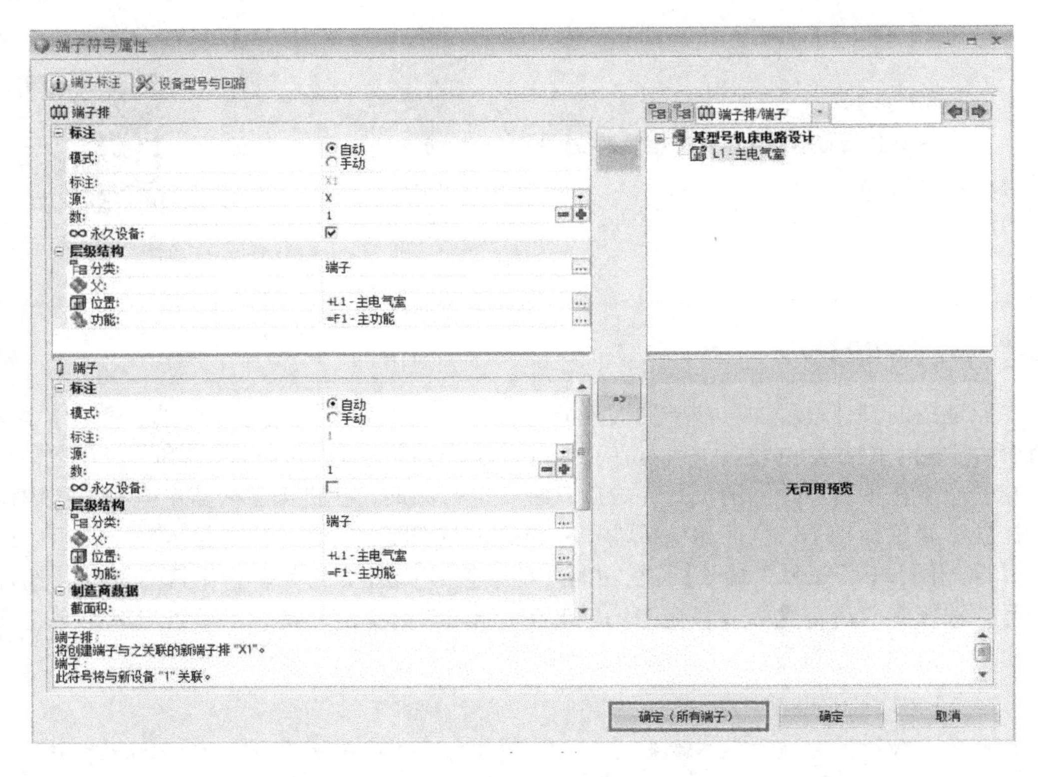

图 2-36　端子符号属性

单击【确定（所有端子）】按钮后，在主回路电机的上方便批量地插入了多个端子，如图 2-37 所示。

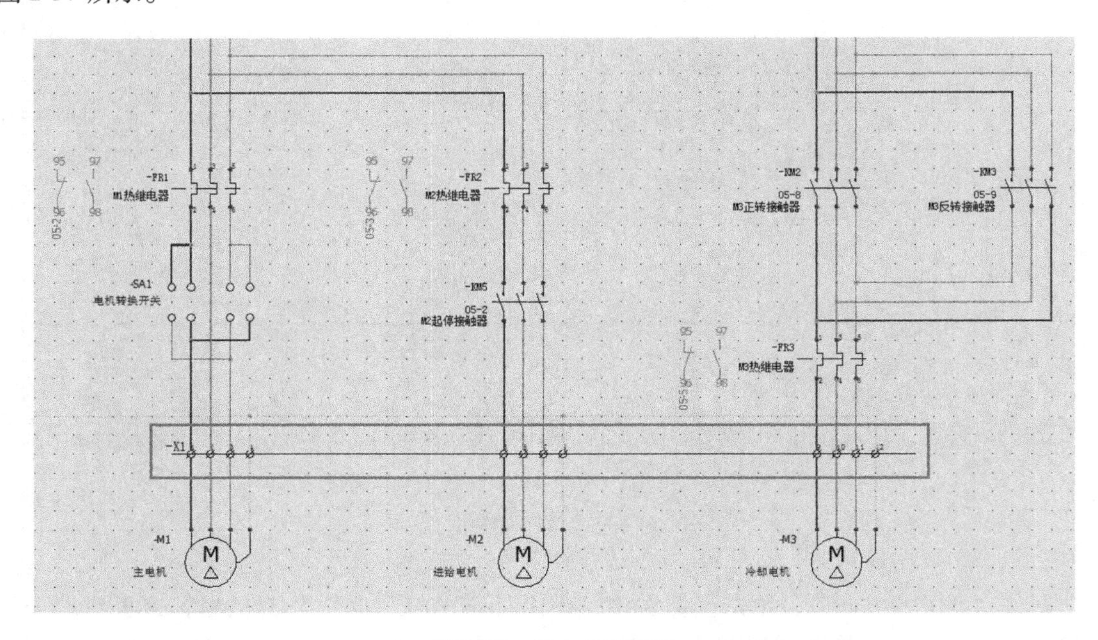

图 2-37　插入多个端子

关于 SOLIDWORKS Electrical 插入多个端子功能，请扫描二维码观看操作视频。

2-2-2a　插入端子

选中 X1 端子进行标注，右击端子选择【编辑端子排“X1”...】命令，如图 2-38 所示。

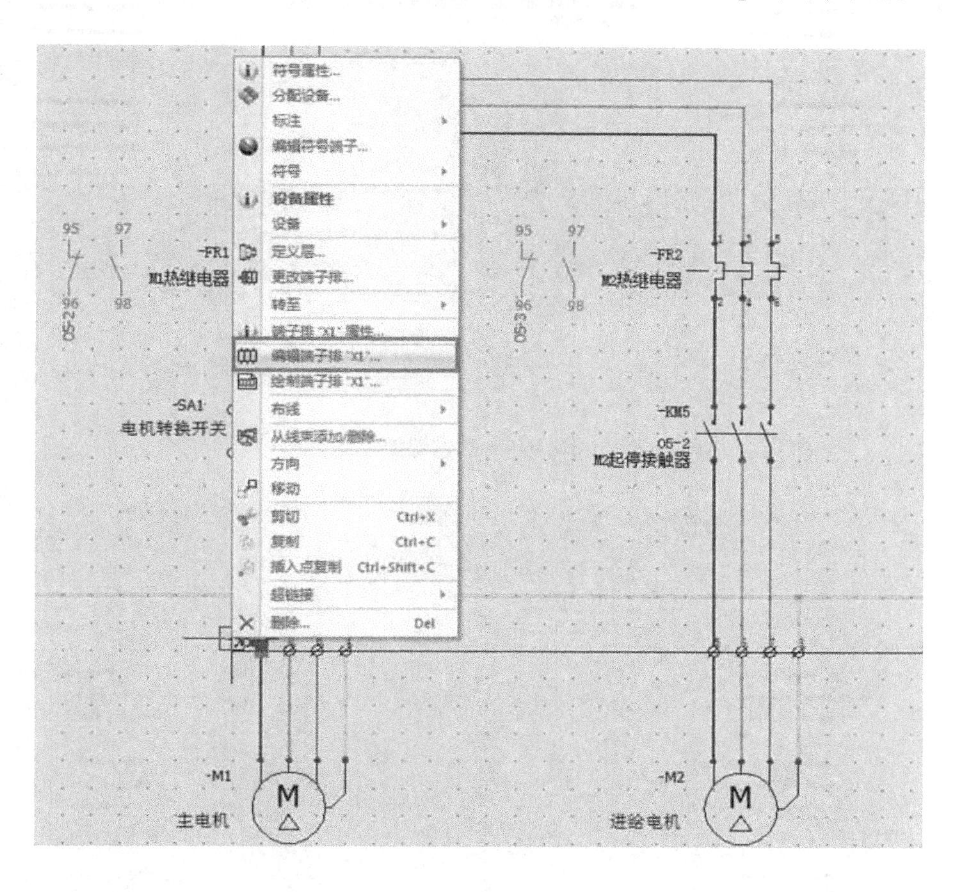

图 2-38　编辑端子排命令

弹出【端子排编辑器】对话框，显示当前 X1 端子排中所有的端子及连接关系。执行【插入多个端子】命令，在弹出的对话框中填写插入端子的数量，可批量在 X1 端子排中添加多个端子，如图 2-39 所示。单击【确定】按钮，完成端子的批量添加。

端子的选型，首先在【端子排编辑器】对话框中单击【全选】按钮，然后单击【设备型号】下的【分配设备型号 ...】命令，可批量完成端子排中所有端子的选型，如图 2-40 所示。

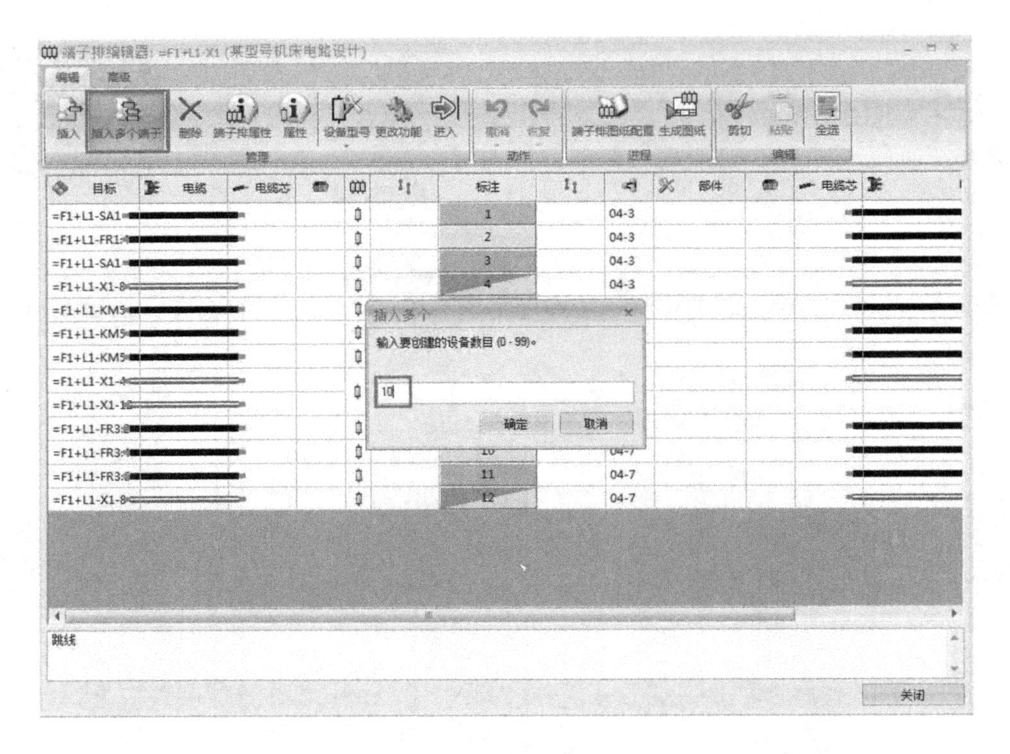

图 2-39　预设端子

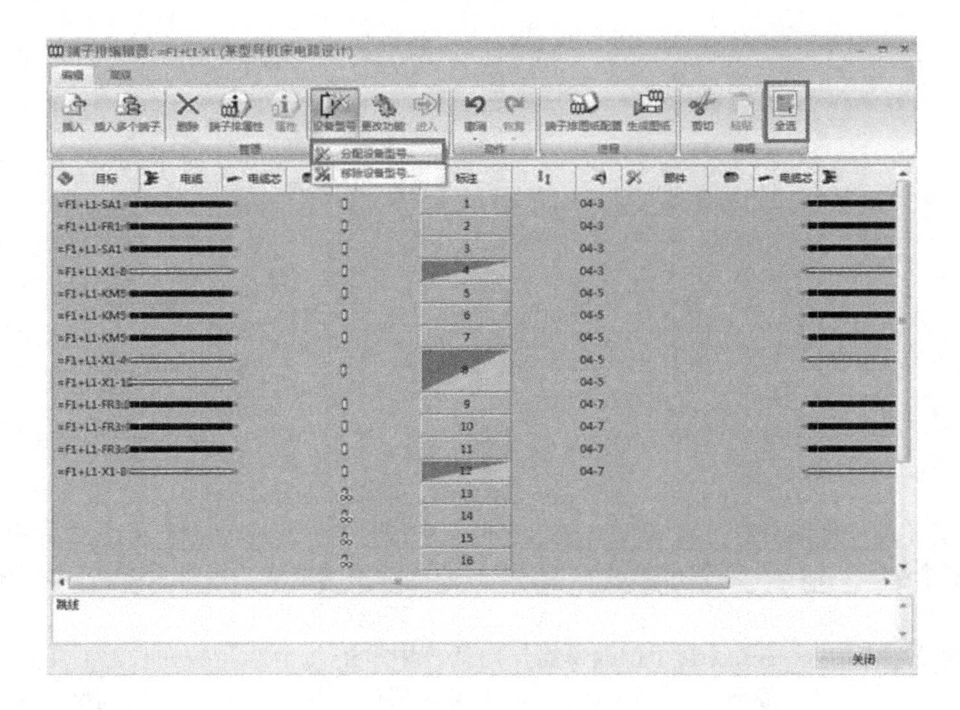

图 2-40　端子的批量选型

关于 SOLIDWORKS Electrical 在端子排编辑中的预设端子和批量选型功能，请扫描二维码观看操作视频。

2-2-2b　端子排的编辑与选型

2.2.3　电线电缆选型

在主回路原理图中，端子与电机之间通常使用电缆进行连接，在 SOLIDWORKS Electrical 中将电缆作为设备对待，需要进行选型。单击鼠标左键从下往上选中 M1 电机与端子之间的电线，右击选择【关联电缆芯...】命令，如图 2-41 所示。

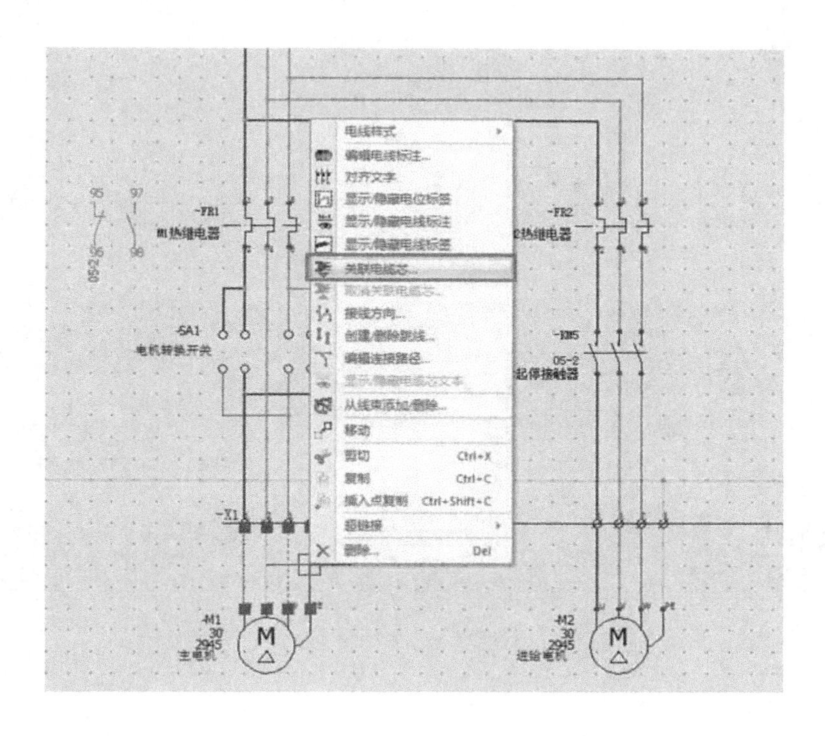

图 2-41　【关联电缆芯...】命令

在弹出的【关联电缆芯】对话框中，单击【新电缆】按钮，在弹出的【选择电缆型号】对话框中选择一个带接地的四芯电缆，如图 2-42 所示。

添加完新电缆后，可批量或单个选中电缆芯与选中的电线进行一一对应，执行【关联电缆芯...】命令，完成电缆芯的关联，如图 2-43 所示。

完成电缆芯关联后，单击【确定】按钮，原理图中原有的电线颜色变成了橙色，并显示电缆标注和缆芯的信息，如图 2-44 所示。

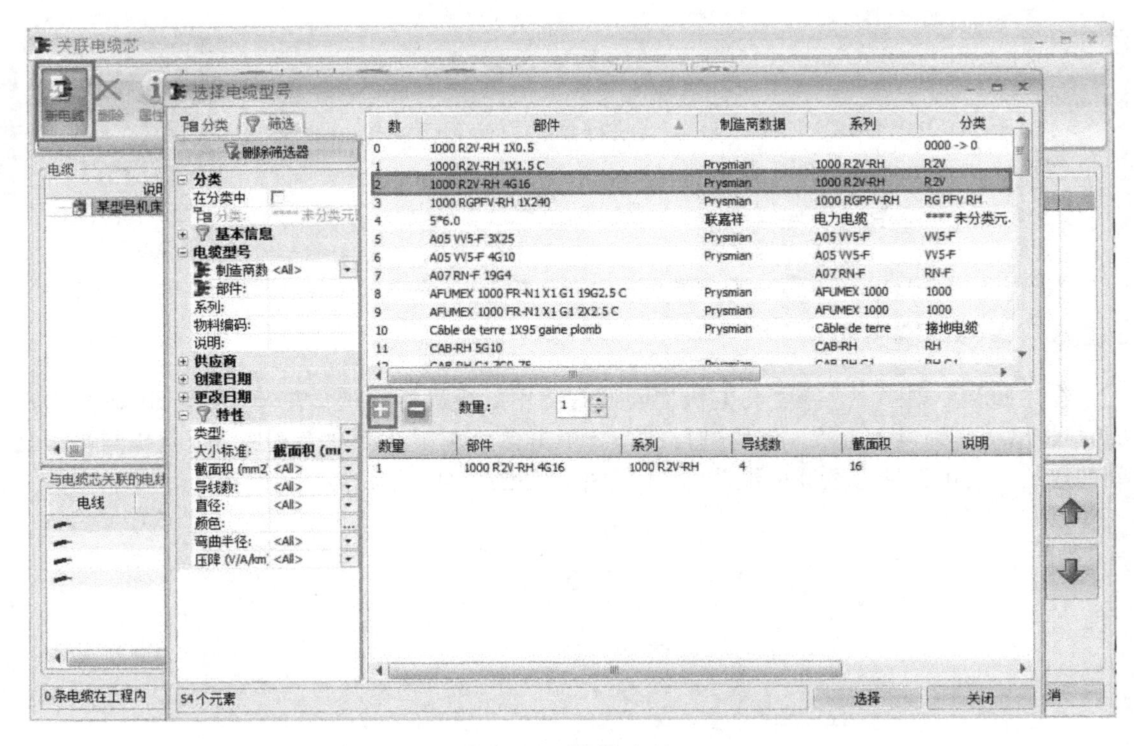

图 2-42　电缆选型

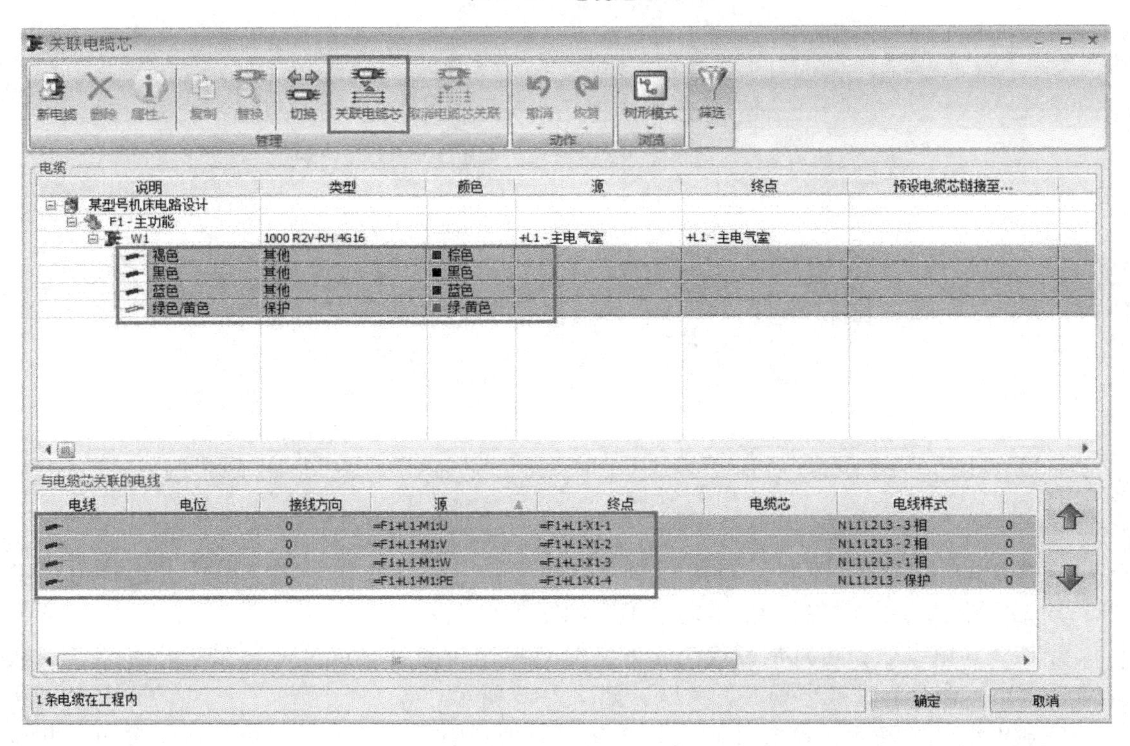

图 2-43　关联电缆芯

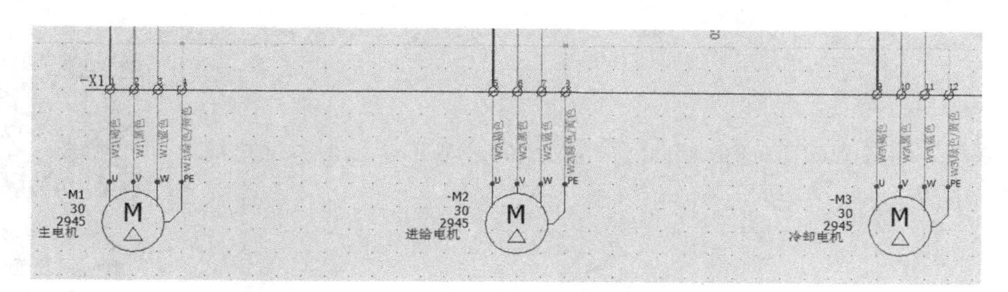

图 2-44　原理图中电缆显示

关于 SOLIDWORKS Electrical 电缆选型，请扫描二维码观看操作视频。

2-2-3a　电缆的设计

每根电线也可作为单芯电缆处理，在【电线样式】对话框中可选择单芯电缆的型号，在后期电线清单报表中可显示该电线的型号，如图 2-45 所示。

电线样式 [N L1 L2 L3]

电线样式	
名称:	N L1 L2 L3
编号群:	0
基本信息	
导线:	1 相
线颜色:	红色
线型:	直线 CONTINUOUS
线宽:	0
电位格式	"L1-" + EQUIPOTENTIAL_ORDERNO
电线格式	WIRE_ORDERNO
延伸数据:	☑
布线	
直径 (mm):	5.5
截面积或规格:	1.5
标准电线尺寸:	截面积 (mm2)
电线颜色:	
弯曲半径 (x 直径):	0
电缆型号	[Prysmian] 1000 R2V-RH 1X1.5 C
技术数据	
电压:	
频率:	
说明	
说明 (简体中文)	每个相一种颜色
用户数据	
用户数据 1:	
用户数据 2:	
可译数据	
可译数据 1 (简体中文)	
可译数据 2 (简体中文)	

自定义…　确定　取消

图 2-45　单芯电线的选型

关于 SOLIDWORKS Electrical 单芯电线的选型，请扫描二维码观看操作视频。

2-2-3b 单芯电线的选型

2.2.4 报表的选用

“报表”是将项目数据以图形或表格的方式输出，用于评估原理图的设计及后期项目施工的指导依据。报表通常在工程模板中需要进行定制添加，在后期设计过程中只需更新即可。报表数据可以通过 EXCEL、TXT 及 XML 格式进行导出供第三方数据使用。

单击【工程】菜单下的【报表】按钮，弹出【报表管理器】界面，在软件默认情况下有 4 张类型的报表，分别是电缆清单、按制造商的物料清单、按线类型的电线清单及图纸清单，如图 2-46 所示。

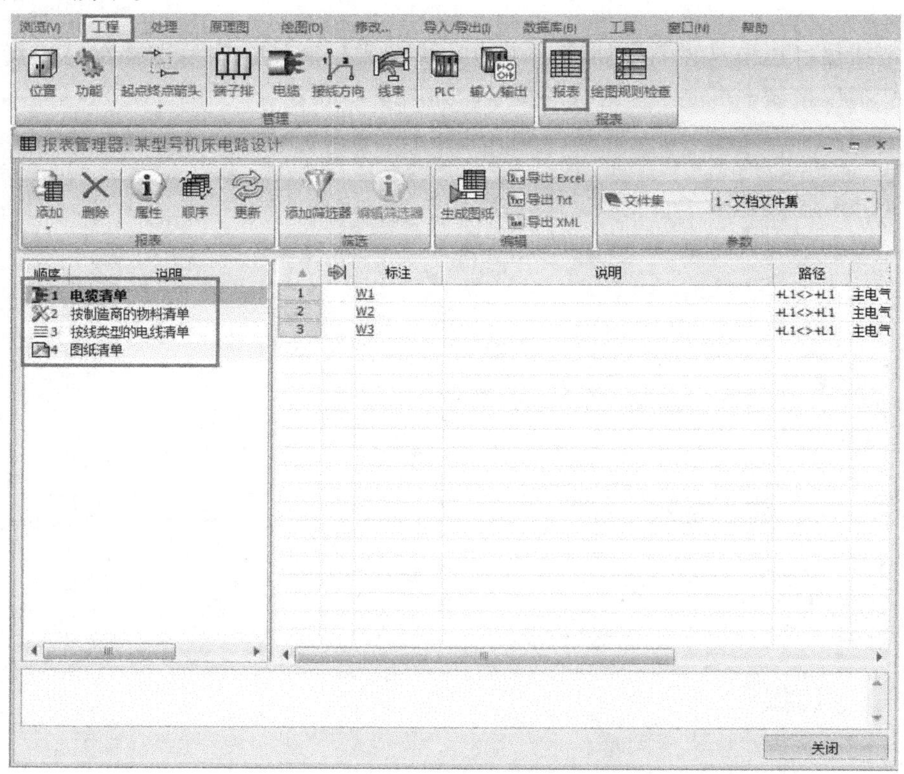

图 2-46 【报表管理器】界面

在【报表管理器】对话框中单击【添加】按钮，在弹出的【报表配置选择器】对话框中软件自带了 31 种报表类型，用户可勾选想要的报表类型，如图 2-47 所示。

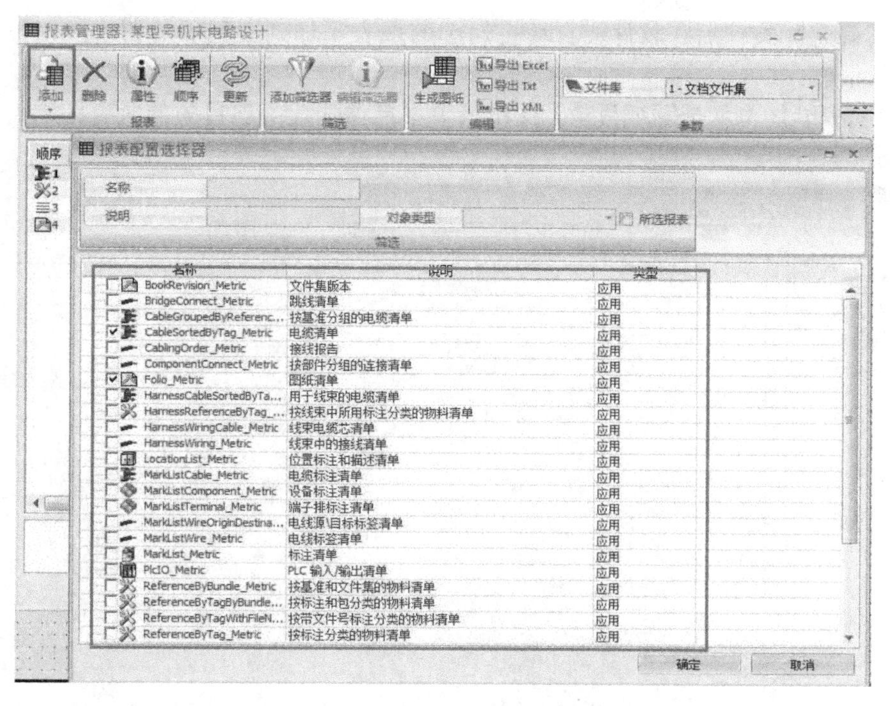

图 2-47　【报表配置选择器】对话框

在此项目中通常采用默认的 4 种报表类型，在【报表管理器】对话框中单击【生成图纸】按钮，弹出【报表图纸目标】对话框，勾选这 4 种报表，如图 2-48 所示。

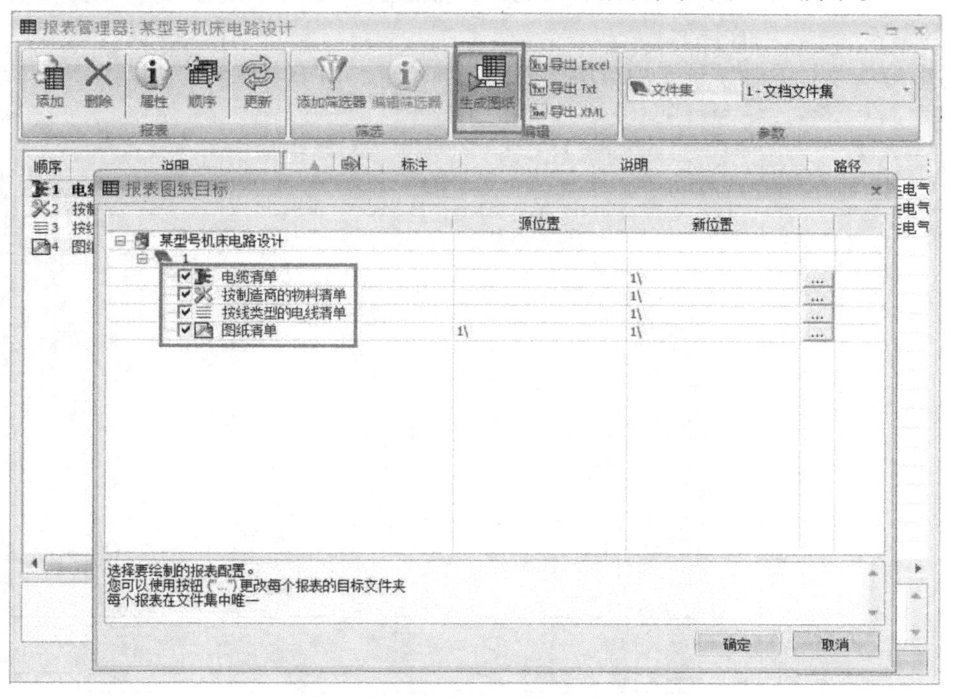

图 2-48　生成报表图纸

单击【确定】按钮后，软件会自动将勾选的报表添加到工程项目树中。接下来简单说一下这 4 种报表：

- 【图纸清单】也就是图纸目录，图纸清单中自动统计了项目中的所有图纸，如图 2-49 所示。

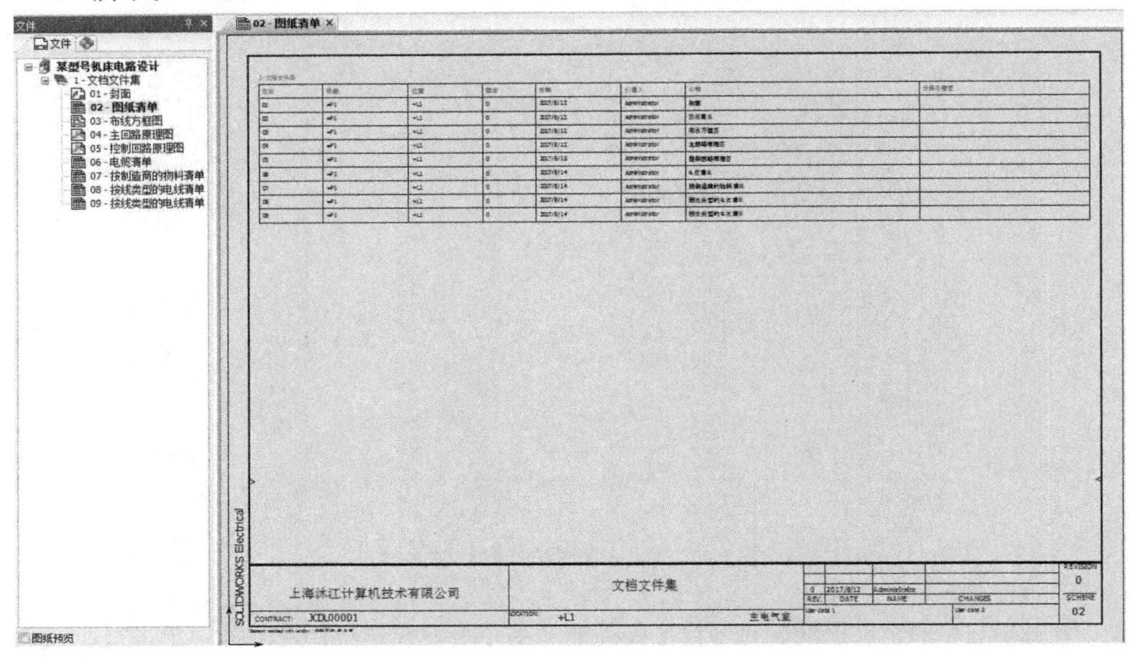

图 2-49　图纸清单

- 【电缆清单】自动统计了项目中的所有电缆信息，用于电缆采购，如图 2-50 所示。

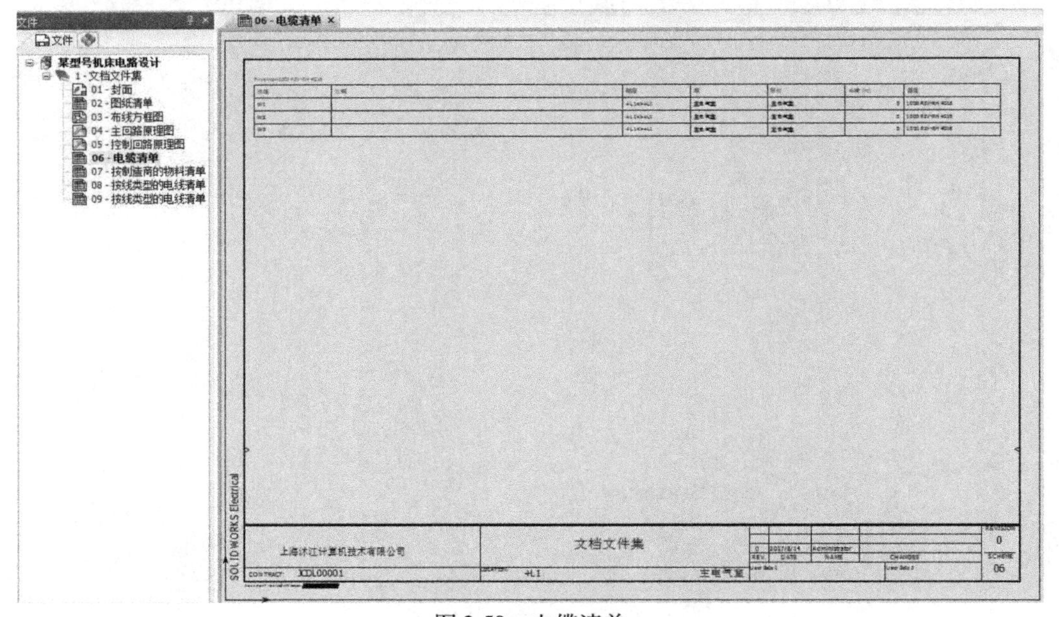

图 2-50　电缆清单

- 【按制造商的物料清单】自动统计了项目中的所有设备型号、厂商及数量信息（设备只有在原理图中经过了选型，在物料报表中才能自动统计出设备的型号），通常为设备采购清单所用，如图 2-51 所示。

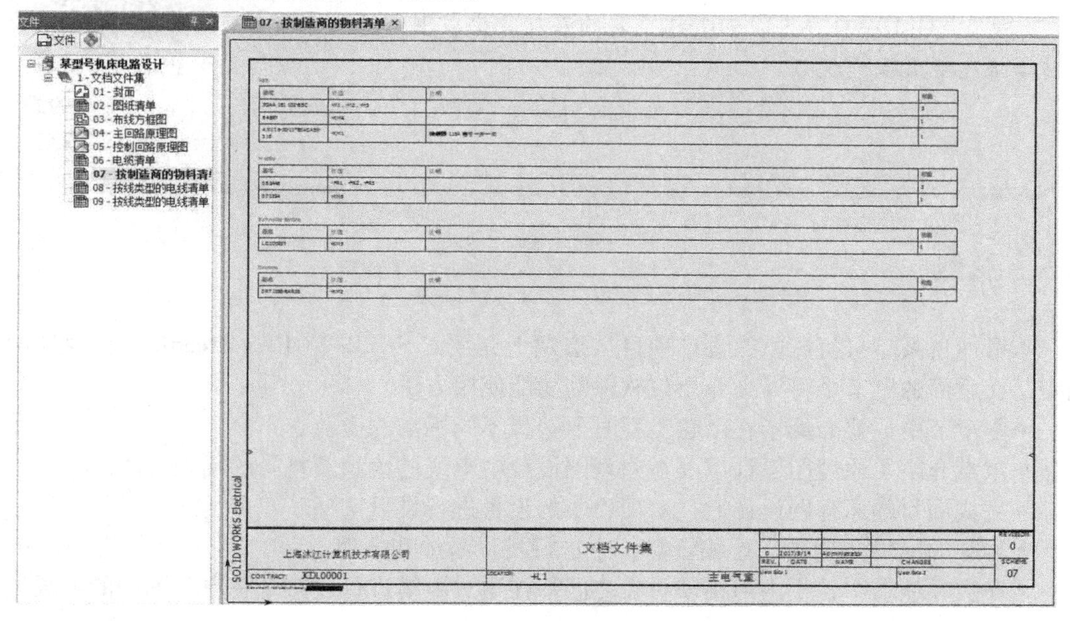

图 2-51　按制造商的物料清单

- 【按线类型的电线清单】自动统计了项目中所有电线的连接关系及电线属性信息，如果电线被选了型号，在电线清单中将自动显示出该电线的型号，如图 2-52 所示。

图 2-52　按线类型的电线清单

关于 SOLIDWORKS Electrical 报表的添加及生成图纸功能，请扫描二维码观看操作视频。

2-2-4 报表的添加及生成图纸

2.3 总结

本章通过某型号机床电路设计项目从宏观上介绍了 SOLIDWORKS Electrical 软件的设计流程，在后面的章节中将详细介绍该软件的功能使用方法。

- 本章节中主要介绍了在新建工程时要选择不同标准的模板。
- 重点介绍了原理图设计以及在原理图设计中电线的绘制及符号的插入方法。
- 完成项目的原理图设计后，对项目中的设备进行批量选型。
- 端子的编辑在【端子排编辑器】中进行批量添加和选型。
- 在实际项目中，柜内与柜外设备之间往往通过电缆进行连接，将原理图中的电线设置电缆芯关联。
- 报表类型的添加及自动生成报表图纸。

第3章 某型号整流柜的设计

项目概述

整流柜项目从结构上来说，除了主柜单元外，还包含4个功率单元，通过 SOLIDWORKS Electrical 软件中的“功能”和“位置”管理器分别对不同功能和位置下的设备进行管理，将整个项目进行合理规划。在项目原理图设计时，除了常规电气设备外，还包含弱电电子电路板的外围电路连接。本章重点介绍项目的“功能”“位置”规划和印刷电路板外围电气原理图设计在 SOLIDWORKS Electrical 软件中的绘制。

3.1 项目属性

3.1.1 新建项目

单击【文件】/【工程管理器】/【新建】，如图3-1所示。

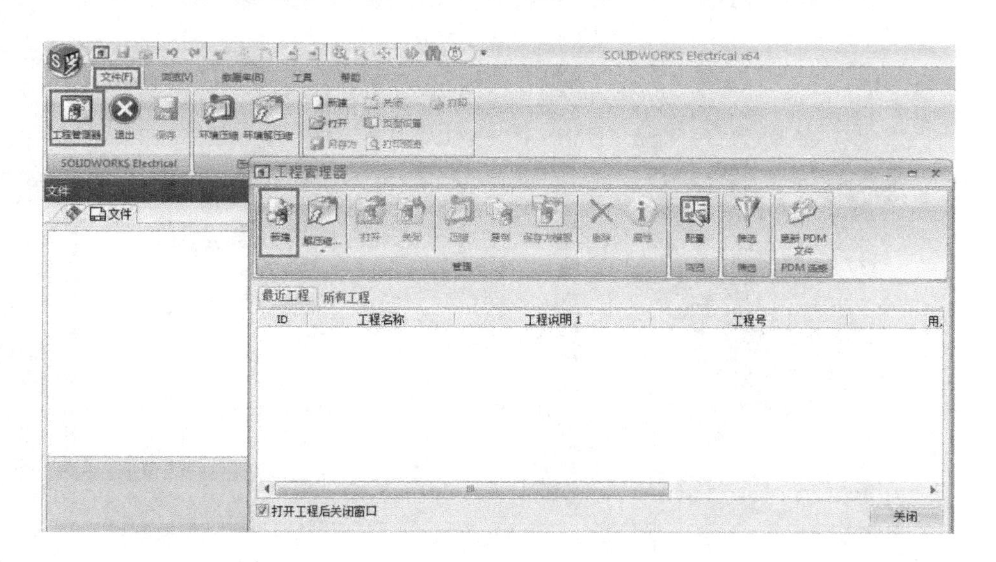

图3-1 新建项目

在弹出的【新建工程】对话框中，在“选择要使用的工程模板”下拉菜单中选择“IEC”模板，如图3-2所示。

单击【确定】按钮，软件自动将工程模板中的数据及相关配置写入该项目数据库中。数据导入完成后，软件自动弹出【工程［某型号整流柜项目］】对话框，在相应栏中填写项目名称、工程号、客户信息、设计院信息及项目描述等内容，如图3-3所示。

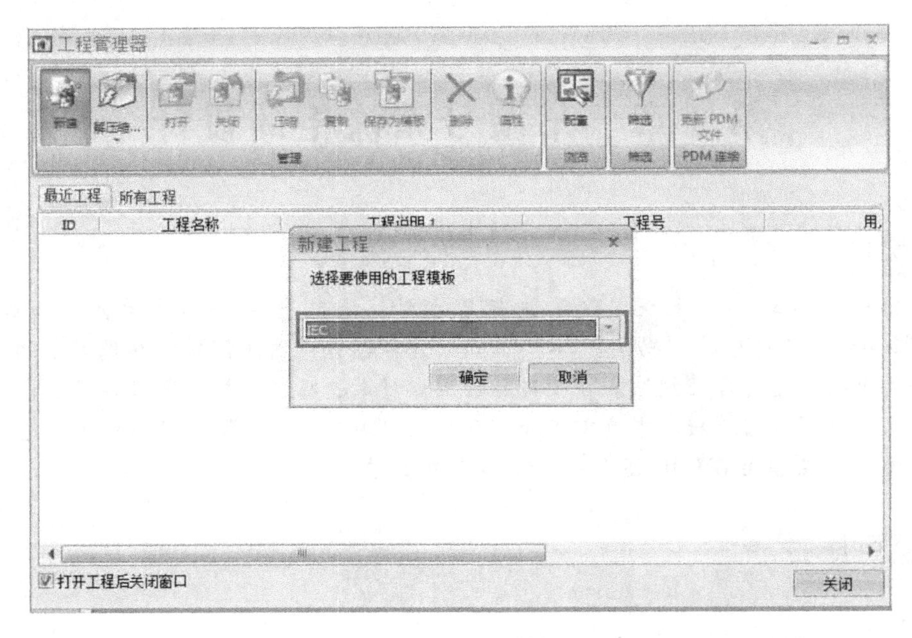

图 3-2　选择工程模板

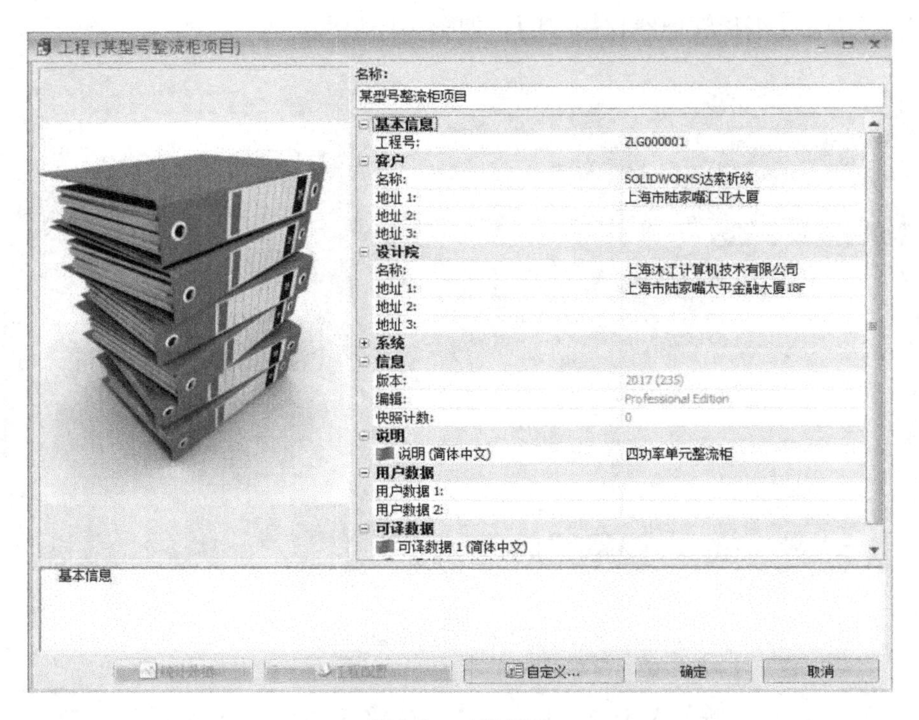

图 3-3　工程属性

单击【确定】按钮，软件自动在左侧【文件】面板下显示出新建的项目，在 IEC 模板下软件自带了 4 种类型的图纸，包括封面、图纸清单、布线方框图和电气原理图，如图 3-4 所示。

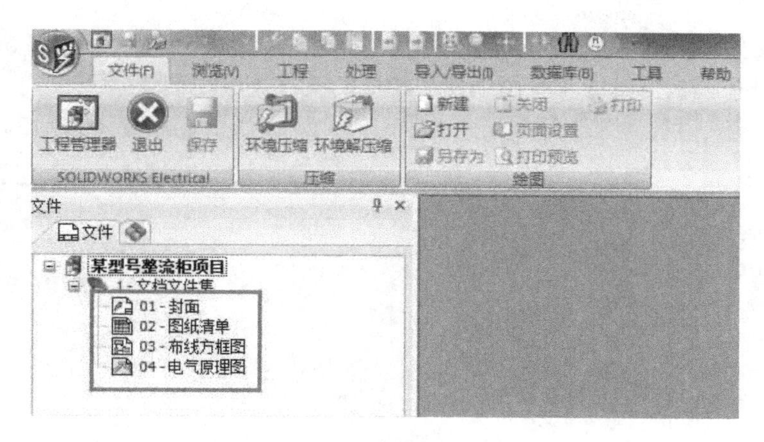

图 3-4　项目图纸

3.1.2　项目的组成

整流柜项目按照图纸类型主要分为封面、图纸清单、原理图、报表及 3D 布局图。为了便于管理项目图纸，可以通过“新建文件夹”的方式对项目中的各类图纸进行管理，这样既方便了前期原理设计，又方便了后期图纸查找。右击【文档文件集】，在弹出的快捷菜单中单击【新建】/【文件夹】，如图 3-5 所示。

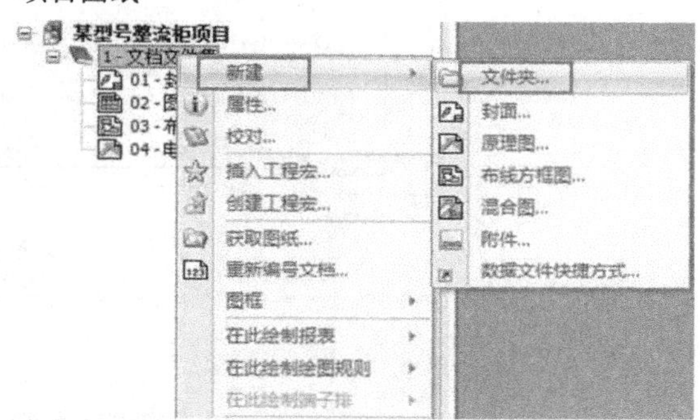

图 3-5　新建文件夹

弹出【文件夹】对话框，【说明】栏用于定义文件夹的名称，如图 3-6 所示，这里定义为“封面”。

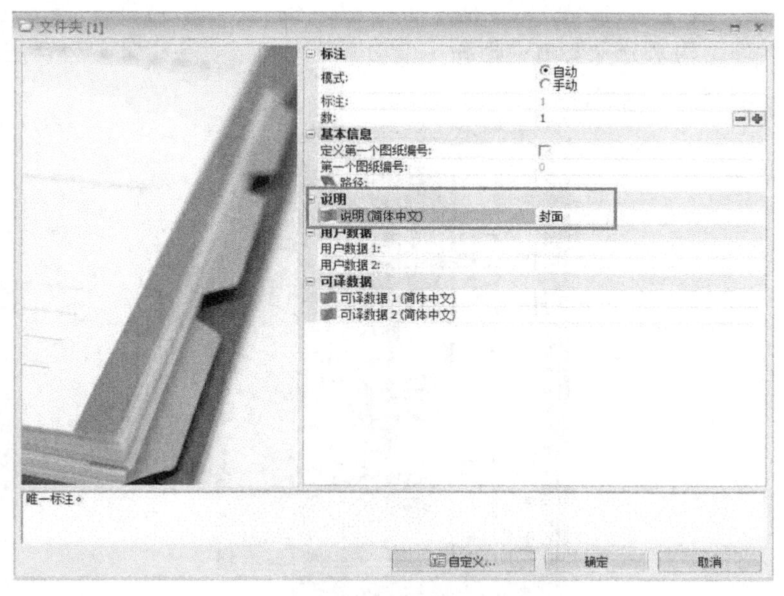

图 3-6　命名文件夹

其他 4 个文件夹的新建方式与封面文件夹的新建方式类似，依次创建好 5 个文件夹。创建完成后，将 IEC 模板自带的 4 张图纸拖至相应的文件夹，如图 3-7 所示。

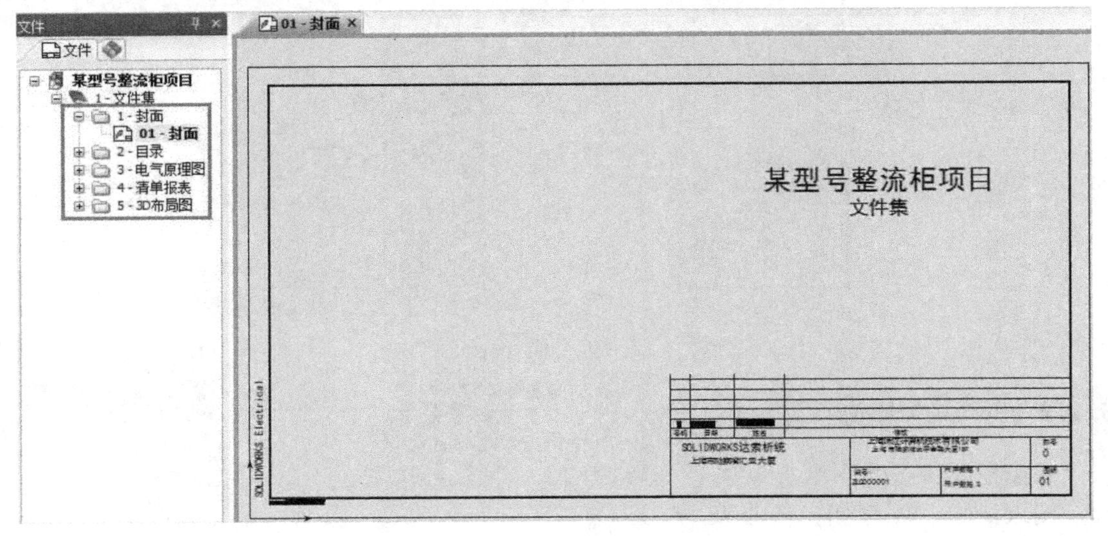

图 3-7　文件夹式管理

关于 SOLIDWORKS Electrical 文件夹式图纸管理，请扫描二维码观看操作视频。

3-1-2　文件夹式图纸管理

整流柜从物理结构来分主要由主柜和 4 个功率单元组成。主柜部分包含主回路电源设备及主控板电路，如图 3-8 所示。

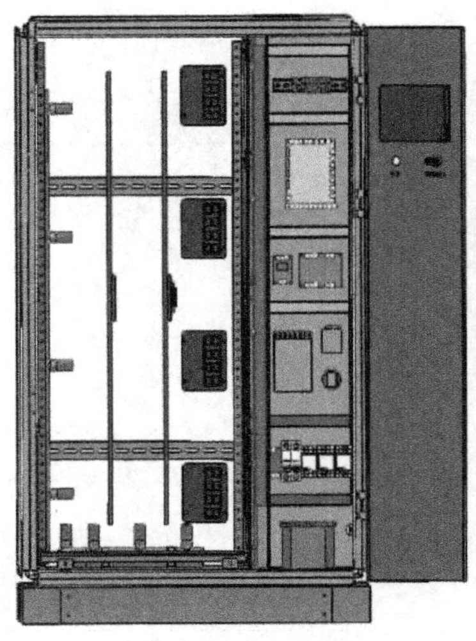

图 3-8　主柜部分

4 个功率单元为相同的模块，与主柜之间通过接插件相连，如图 3-9 所示。

3.1.3　项目模板

在使用专业电气设计软件设计项目之前，通常要设置企业模板或者通过第一个项目来完善企业模板，在国内电气设计要符合国际电工委员会（IEC）或国家标准（GB）要求，所以在新建项目时首先选择一个大标准模板，在符合大标准的规范下再细化企业标准，然后将该项目保存为“企业模板”。在项目模板中，通常要设置企业使用的字体、默认图框、常用电线类型及企业报表等信息。为了后期项目的快速设计，通常要在项目模板中添加典型电路，以方便工程师们快速出图。

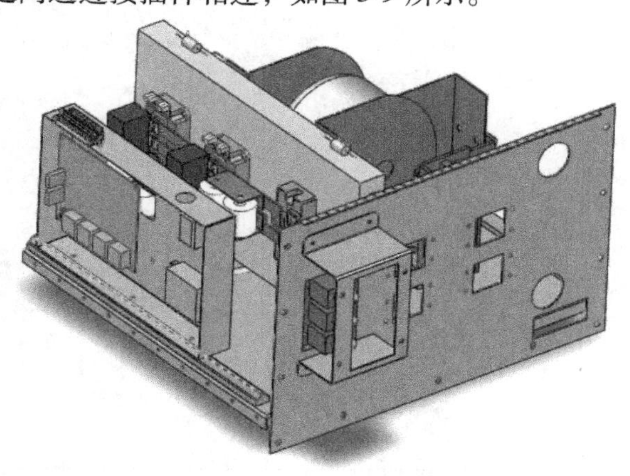

图 3-9　功率单元

项目模板中的字体及默认图框的设置在【工程配置】对话框中进行。单击【工程】/【配置】/【工程】，如图 3-10 所示。

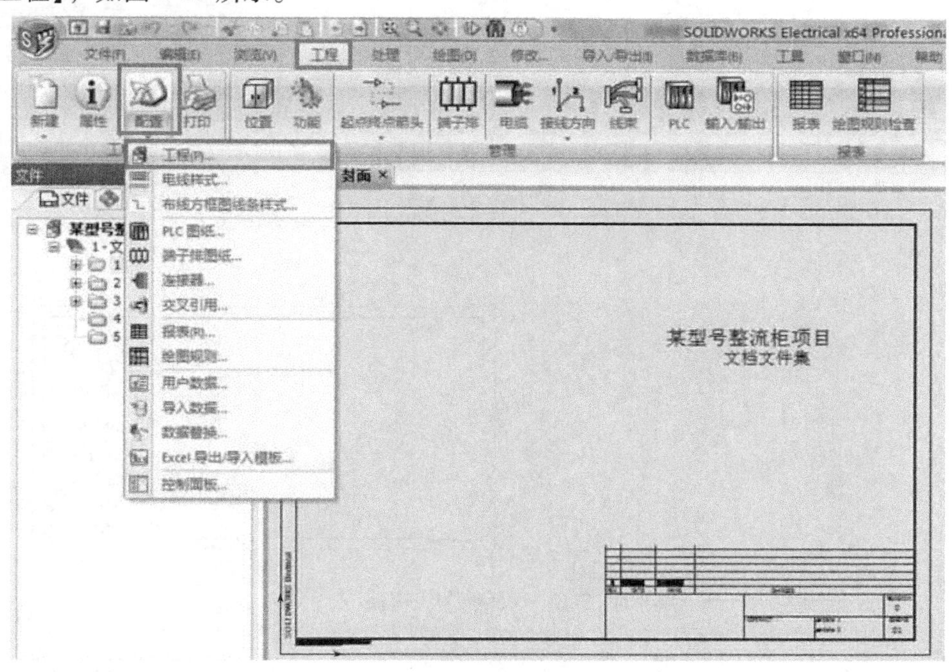

图 3-10　工程配置

在弹出的【工程配置：某型号整流柜项目】对话框中，单击【字体】选项卡设置项目字体为“仿宋”，如图 3-11 所示。

然后，单击【工程配置：某型号整流柜项目】对话框中的【图框】/【选择】，设置不同类型图纸的默认图框，如图 3-12 所示。在工程属性中设置的图框属于模板默认图框，新建不同类型的图纸时软件会自动选择已设置的图框。

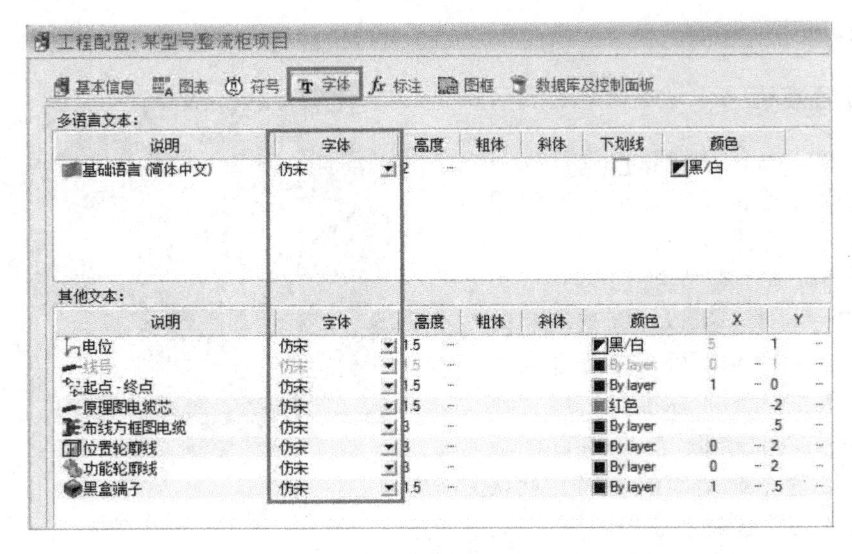

图 3-11　项目模板字体设置

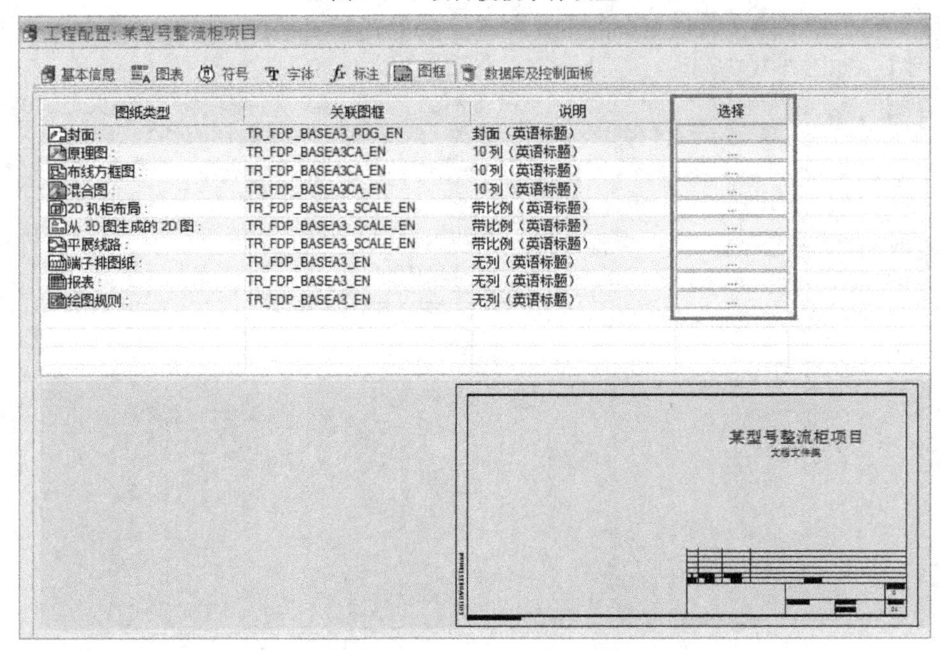

图 3-12　项目模板图框设置

关于 SOLIDWORKS Electrical 项目模板中的字体及图框设置，请扫描二维码观看操作视频。

3-1-3　项目模板中的字体及图框设置

关于项目模板中的电线样式新建及报表设置，接下来的内容会进行讲解。

3.1.4　功能管理器

完成项目模板基本信息的设置之后，在项目设计之前首先要对项目包含的主要功能进行规划。“功能”其实就是逻辑上的模块化，通过“功能”将具有相同功能的设备归属在一起，方便后期设备的查找。在整流柜项目中“功能”分类相对简单，主要分为 3 个功能：F1 主功能、F2 功率单元插座和 F3 功率单元插头。其中，“F1 主功能”为默认功能。

单击【工程】/【功能】，在弹出的【功能管理器：某型号整流柜项目】对话框中，项目模板默认自带一个 F1 主功能。新建一个与 F1 主功能并列的新功能，首先单击项目的名称，然后单击【新功能】，如图 3-13 所示。

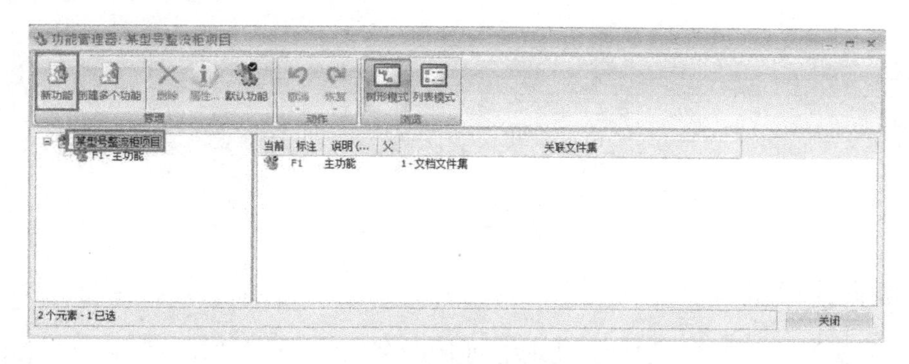

图 3-13　功能新建

在弹出的【功能】对话框中定义功能标注及说明，如图 3-14 所示。

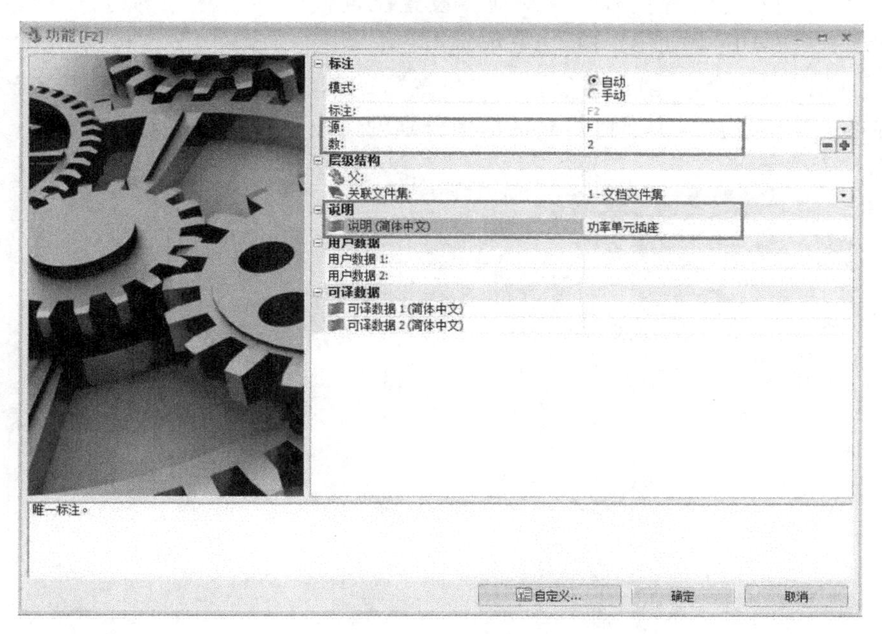

图 3-14　新功能定义

然后，单击【确定】按钮，完成 F2 功率单元插座功能的新建，如图 3-15 所示。

其他“新功能”的添加也按照此方法依次进行新建。

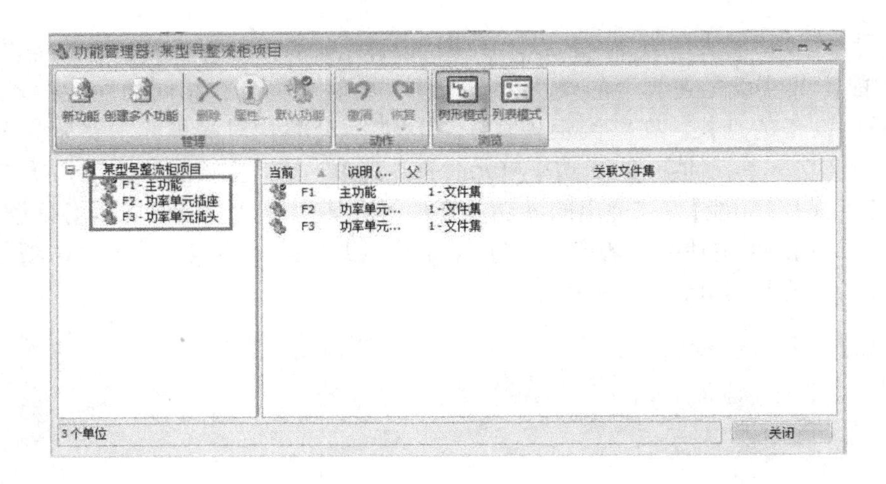

图 3-15　新建功能

3.1.5　位置管理器

“位置”就是一个地点，也就是物理空间上的模块化，通过“位置”将具有相同安装地点的设备进行统一管理。在后期进行 2D 和 3D 布局时，在不同“位置”文件下插入相应位置的设备。在整流柜项目中包含一个主柜和 4 个功率单元，所以需要新建 5 个位置。为了使每个功率单元的代号与位置代号一一对应，设置位置代号和名称分别为：L1-功率单元 1、L2-功率单元 2、L3-功率单元 3、L4-功率单元 4 和 L5-主柜，其中 L5-主柜为默认位置。

单击【工程】/【位置】创建新位置。“位置”的创建与“功能”的创建方法相同。在【位置管理器：某型号整流柜项目】对话框中分别创建 5 个位置并添加位置说明，如图 3-16 所示。

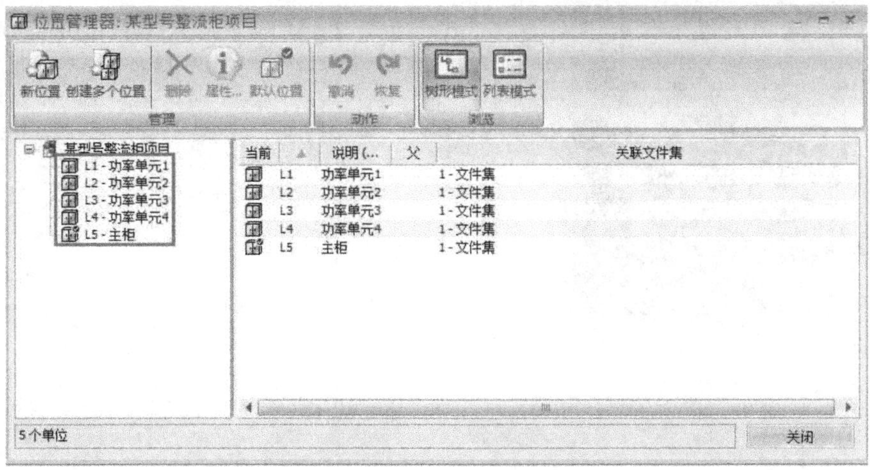

图 3-16　新建位置

功能、位置、标注一起构成了设备的完整标识符。

- 通过“功能”定义设备属于项目哪个功能模块，通常使用“ = ”表示。
- 通过“位置”定义设备属于哪个安装地点，通常使用“ + ”表示。
- 标注代表设备属于哪个分类，通常使用“ - ”表示。

在一些设计图纸中，许多设备标注都没有显示“ - ”，这样是不符合 IEC 标准的，甚至有些工程师在使用专业电气设计软件时，自行去掉了设备标注前的“ - ”，这样都是不规范的。IEC61346 规定，一个完整的设备标识符为：= 功能 + 位置 - 设备（图 3-17）。例如，“ = F1 + L1 - Q1”表示该设备属于 F1 功能并安装在 L1 位置下的 1 号断路器。

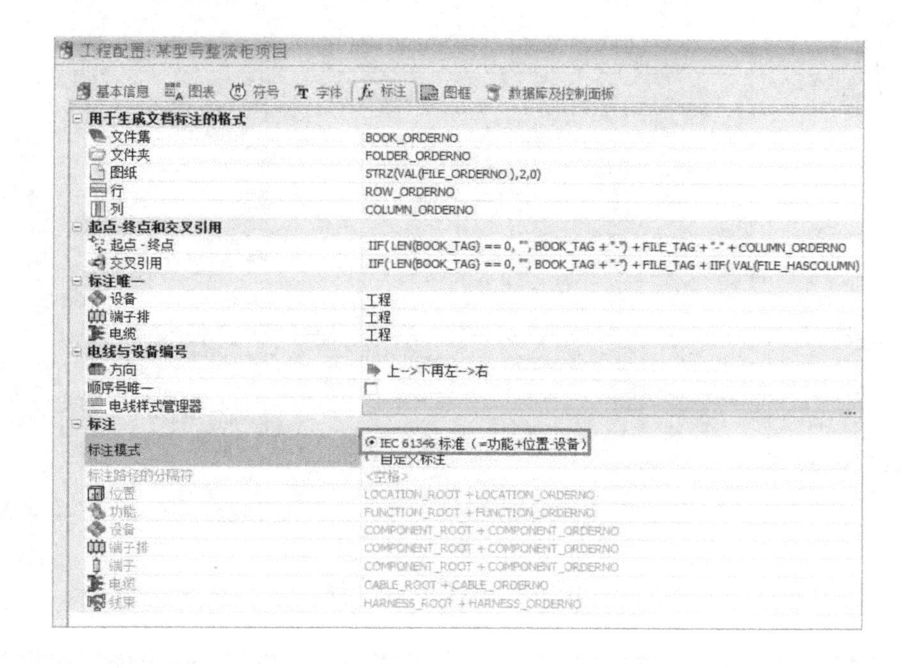

图 3-17　IEC 设备标识符

关于 SOLIDWORKS Electrical 位置及功能的新建，请扫描二维码观看操作视频。

3-1-5　新建功能和位置

3.2　原理图的绘制

通过功能和位置完成项目的结构规划后，再进行项目原理图的设计。由于该项目原理并不复杂，可以不进行原理框图的设计，即布线方框图设计，因此将左侧项目树中【3-电气原理图】下的“布线方框图”页删掉并修改【04-电气原理图】名称。单击【04-电气原理图】页，在右侧【属性】面板中单击图标，在【说明（简体中文）】处填写“总原理”，单击图标完成图纸名称的修改，如图 3-18 所示。

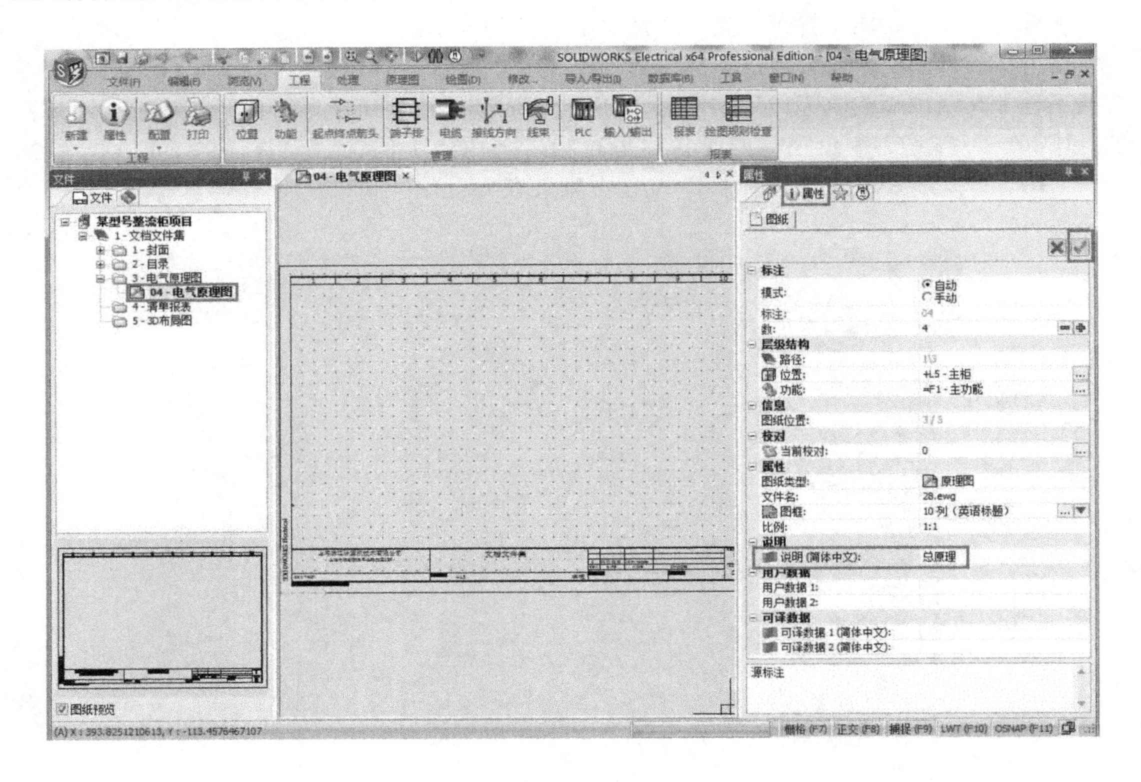

图 3-18　修改图纸的名称

关于 SOLIDWORKS Electrical 在【属性】面板中修改图纸的名称，请扫描二维码观看操作视频。

3-2a　图纸属性的修改

在【04-总原理】图纸中，按第 2 章所讲的插入符号的常规方式进行项目原理图设计，本章介绍快速插入符号的方法：使用右侧的【符号】选项卡。【符号】选项卡包括了软件自带的各种“群”分组，例如保护、断路器/接触器、命令、传感器等群分组，每个群分组中都包括了常用符号，如图 3-19 所示。

例如，在总原理图中要插入一个三极断路器符号，我们单击【保护】群分组，选中“三极断路器”符号将其拖拽至图纸中，软件自动弹出【设备属性】对话框，单击【确定】按钮，即可完成符号的快速插入，如图 3-20 所示。

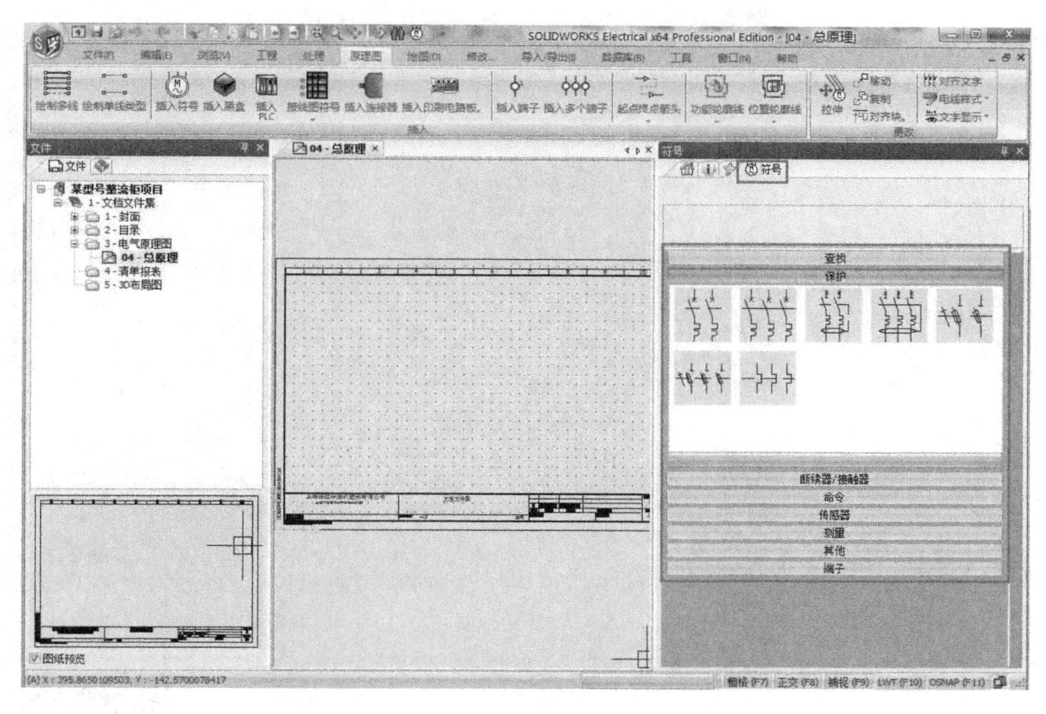

图 3-19　【符号】选项卡

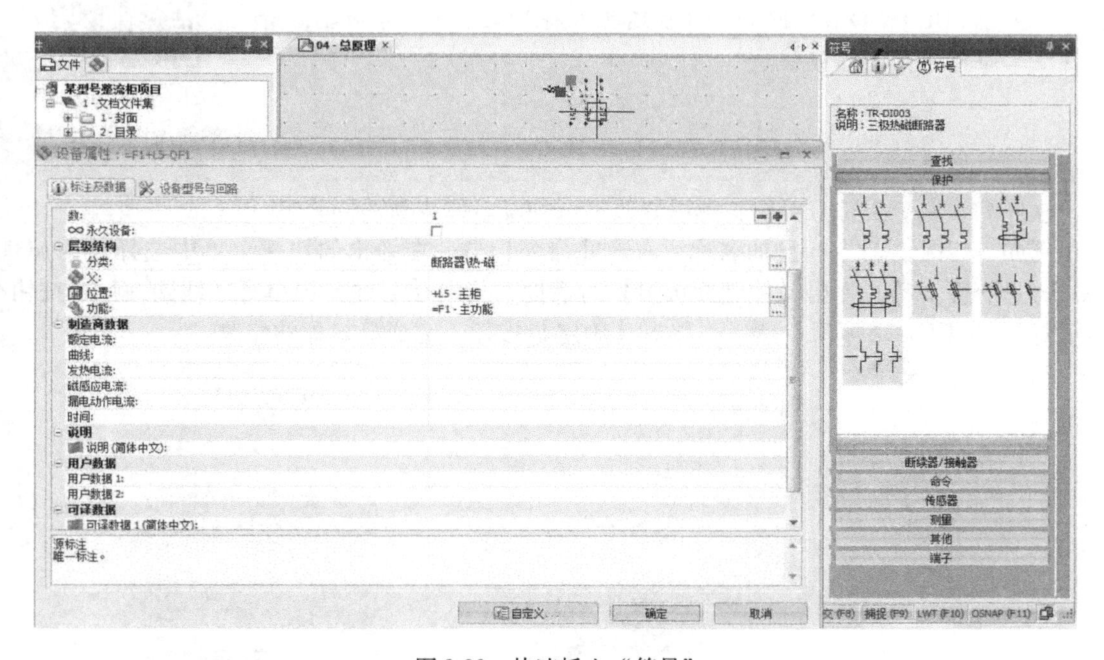

图 3-20　快速插入“符号”

如果需要在【保护】群中添加新的常用符号，右击【保护】群，在弹出的快捷菜单中选择【添加符号 . . . 】，添加相应的保护符号到【保护】群组中，如图 3-21 所示。

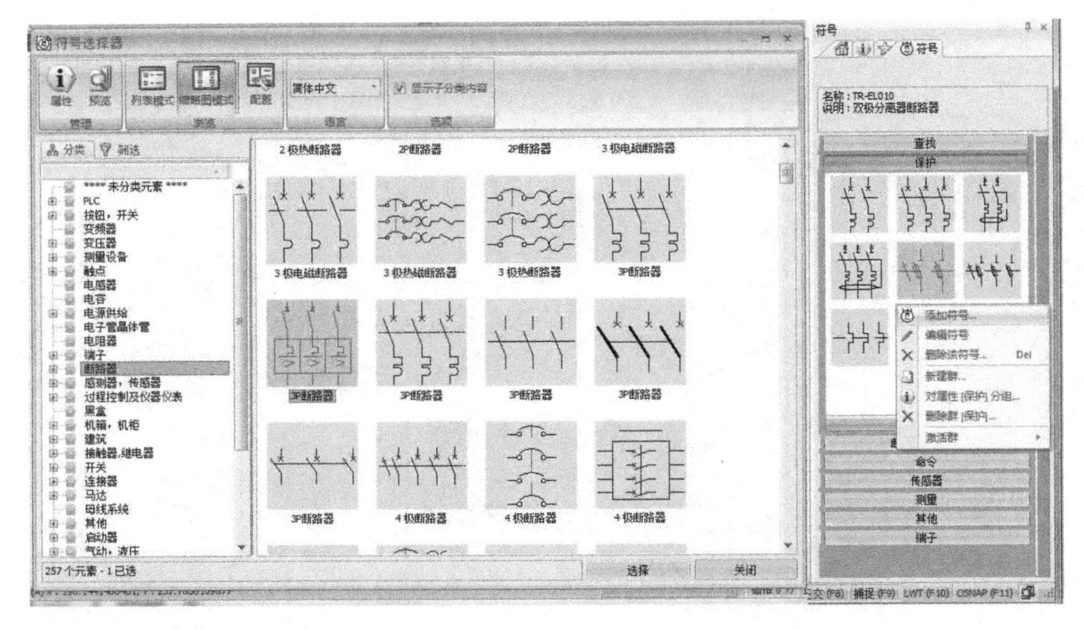

图 3-21　添加符号

关于 SOLIDWORKS Electrical 快速插入符号及添加符号功能，请扫描二维码观看操作视频。

3-2b　符号快捷栏的使用以及新建群

软件默认有 7 个符号群组，可以修改默认的群名称或新建群分组。

例如，修改“命令”群的名称，右击【命令】群，在弹出的快捷菜单中选择【对属性［命令］分组...】，弹出【控制面板组】对话框，其中【名称】项填写“线圈/触点/按钮/指示灯”，如图 3-22 所示。然后，单击【确定】按钮，完成群名称的修改。

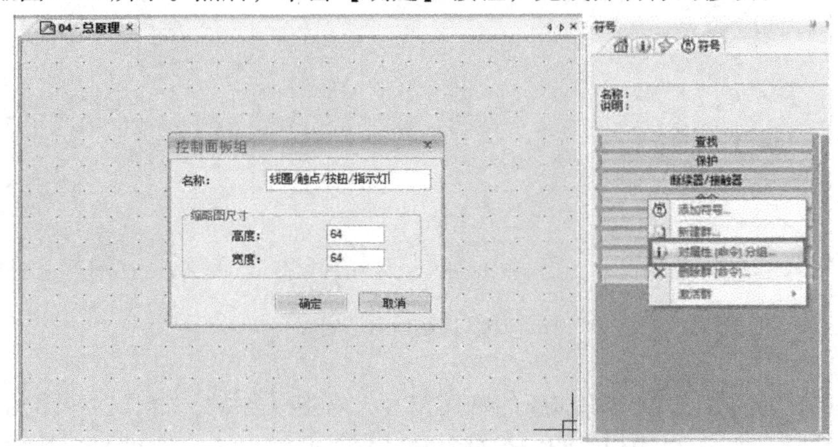

图 3-22　修改群名称

在符号快速插入栏中如果要新建一个“电源”群，在【符号】选项卡下右击，在弹出的快捷菜单中选择【新建群...】，输入群的名称“电源”，如图 3-23 所示。

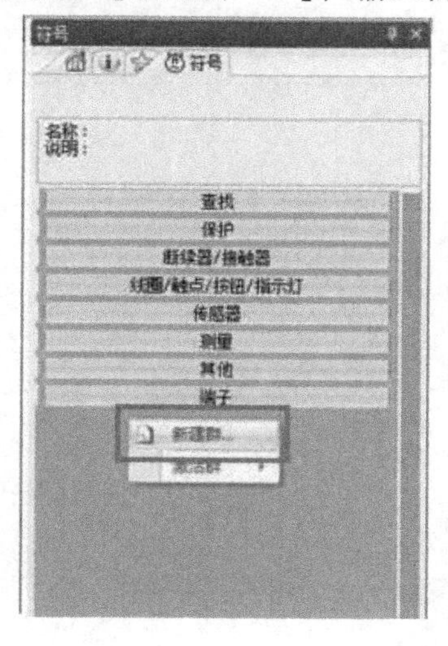

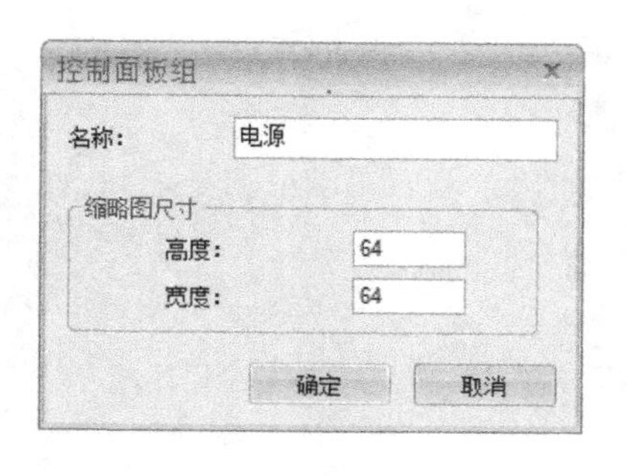

图 3-23　新建群

3.2.1　电子电路板的处理

在 SOLIDWORKS Electrical 中电子电路板属于非标设备，在不同的项目中每次应用都可能存在差异，所以通常将电子电路板视为“黑盒”处理。除了黑盒的设计方法，自 SOLIDWORKS Electrical 2016 版本以后，【原理图】菜单还增加了【插入印刷电路板】功能，现在来了解这一功能的应用。

单击【插入印刷电路板】功能，弹出相应界面，如图 3-24 所示，可以看到 3 种导入方式设计电路板，现对它们依次进行操作和说明。

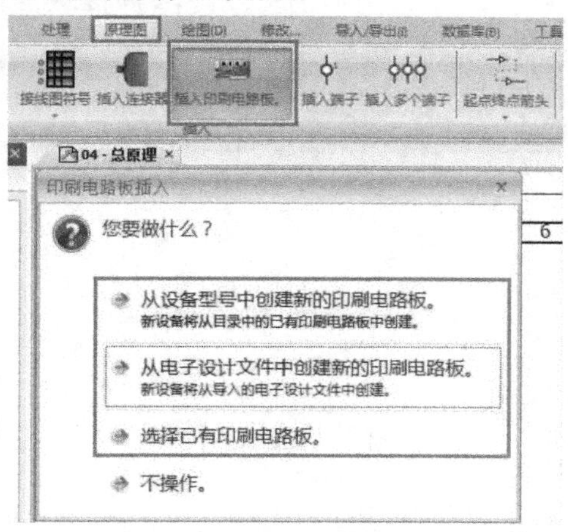

图 3-24　插入印刷电路板界面

（1）从设备型号中创建新的印刷电路板：即从设备型号数据库中选择已录入的电路板型号数据。单击此选项，即可进入部件库的选择界面，可以选择并添加相应的电路板部件，如图 3-25 所示。

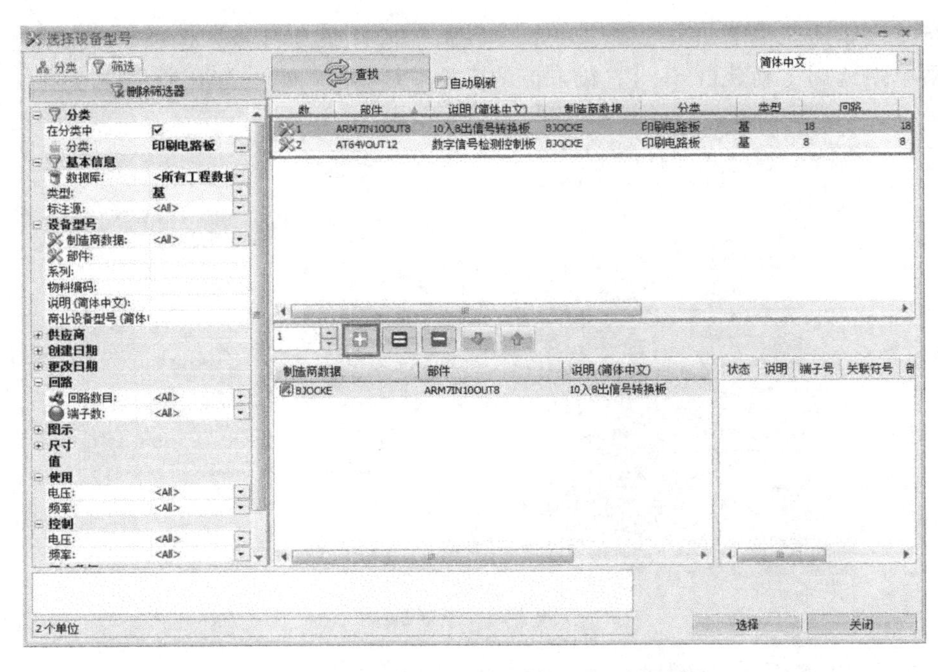

图 3-25　从设备型号中创建新的印刷电路板

单击【选择】按钮后，软件会自动弹出【插入符号】面板，如图 3-26 所示，单击【其他符号...】按钮，在弹出的【符号选择器】界面中再单击【印刷电路板】分类，即可选择软件自带的“印刷电路板”符号。

图 3-26　选择印刷电路板符号

（2）从电子设计文件中创建新的印刷电路板：即先从 Altium Designer、Cadence 等专业电子设计软件中导出后缀为 . emn 的电子设计文件，再将这类文件插入到 SOLIDWORKS Electrical 设备型号数据库中。

步骤 1，单击【从电子设计文件中创建新的印刷电路板】选项（图 3-24），打开【选择印刷电路板文件】对话框，选择某电子设计文件（图 3-27），单击【打开】按钮。

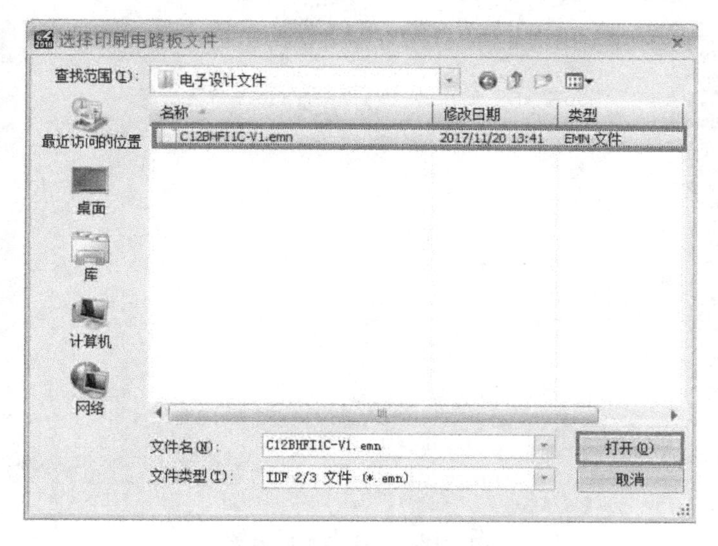

图 3-27　选择电子设计文件

步骤 2，如图 3-28 所示，弹出界面提示“是否要复制应用程序文件夹中的所选文件?”选择【复制】，将电路板文件复制到 SOLIDWORKS Electrical\CircuitWorks 目录下，以防止后期电路板文件加载失败或丢失。

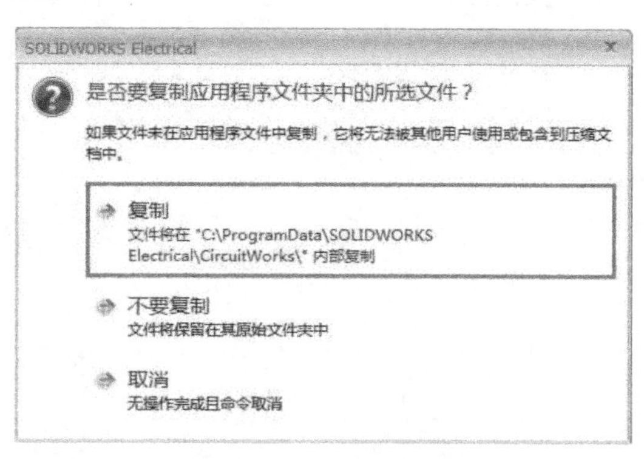

图 3-28　复制电路板文件

单击【复制】后，在弹出的【设备型号属性】界面中，软件自动提取电路板文件的名称作为“部件型号”，默认制造商数据为 CircuitWorksPCB，并在【图示】栏自动关联电路板文件，如图 3-29 所示。

步骤 3，在这一界面中，完善电路板设备的其他参数及选项，然后单击【确定】按钮。弹出【设备属性】对话框，自定义电路板设备的“源”标注及描述信息（图 3-30），单击【确定】按钮关闭当前对话框。

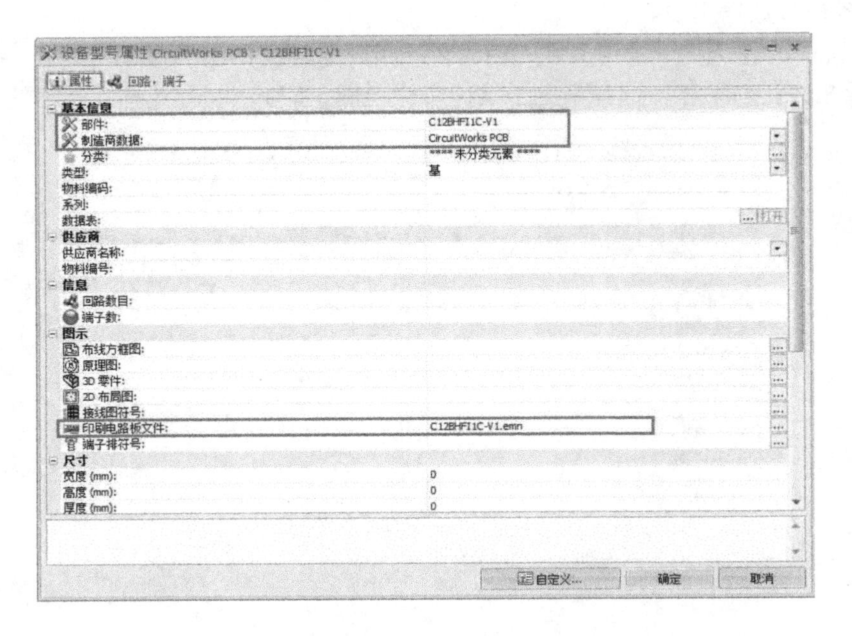

图 3-29　创建电路板型号

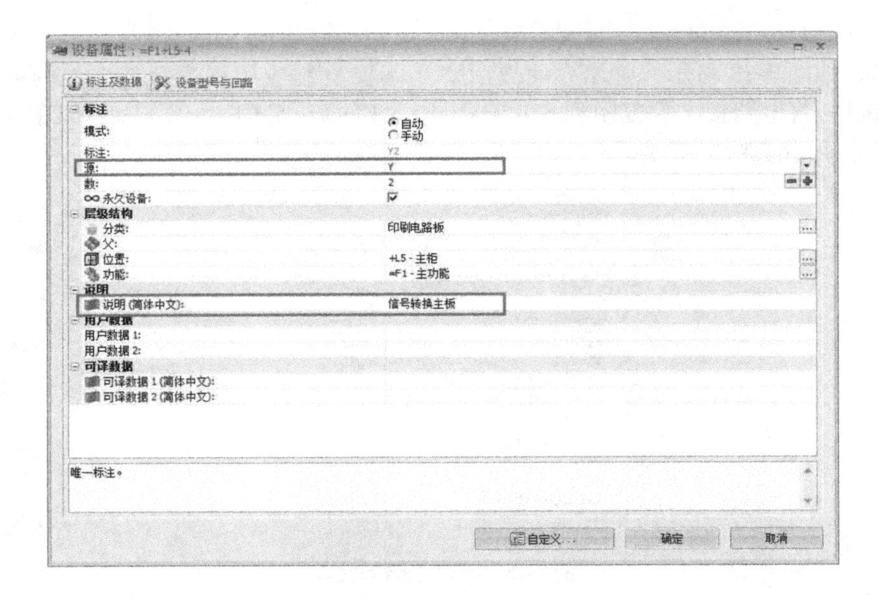

图 3-30　电路板设备属性

步骤 4，接下来进入【插入符号】界面，如图 3-31 所示，选择印刷电路板符号，关闭【正交】功能，拖动符号边框以选择合适的大小放置在原理图中。

这时，在原理图中右击电路板符号（图 3-32），在弹出的快捷菜单中可以看到印刷电路板符号在软件中是被作为“黑盒”处理的，软件新增了“印刷电路板”分类，自带了电路板符号，但是该符号仍然属于“黑盒”性质。

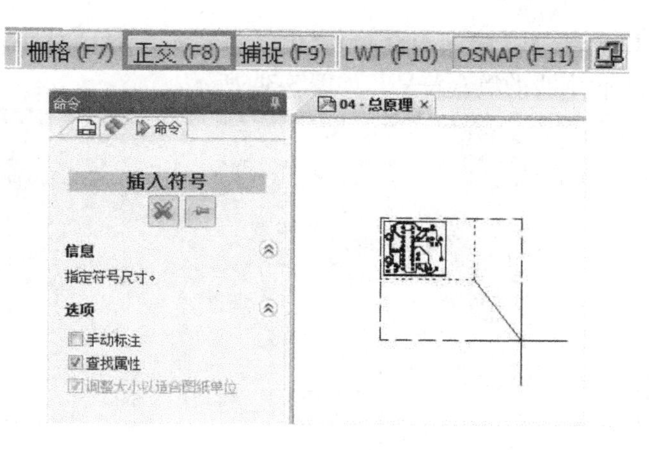

图 3-31　插入电路板符号

（3）选择已有印刷电路板：单击该选项，如图 3-33 所示，在【选择设备】对话框的列表中选择已有的电路板设备，单击【选择】按钮。

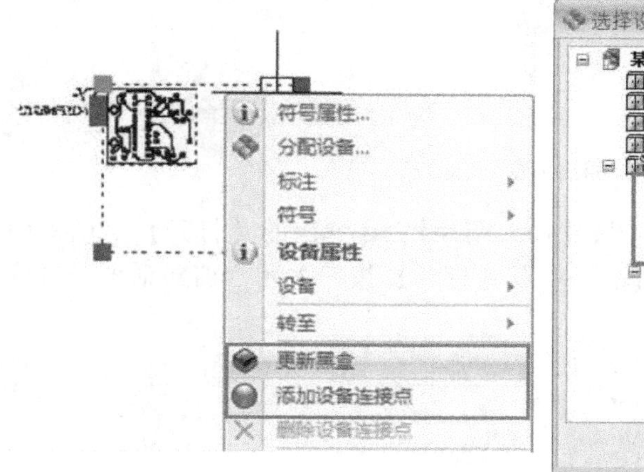

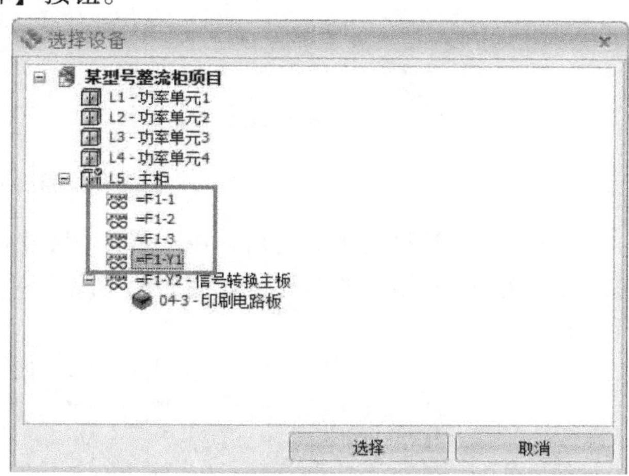

图 3-32　符号属性

图 3-33　选择已有电路板

接下来进入【插入符号】界面，与前面第一、第二选项的插入符号操作一致。

关于 SOLIDWORKS Electrical 插入印刷电路板三种选项操作，请扫描二维码观看操作视频。

3-2-1　插入电路板设计

由于电路板设计无论从其设备的非标类型，还是软件默认的符号来说，都是作为“黑盒”来处理的，因而在设计整流柜项目时，采用【插入黑盒】的方式，然后单击【绘图】/【插入图片】功能，添加电路板图片进行电路板原理图设计，最后在设备属性中通过【手动添加】功能进行设备选型。

步骤 1，单击【原理图】/【插入黑盒】，弹出【符号选择器】对话框，在其中单击【分类】/【黑盒】，选择带轮廓线的黑盒符号，如图 3-34 所示。

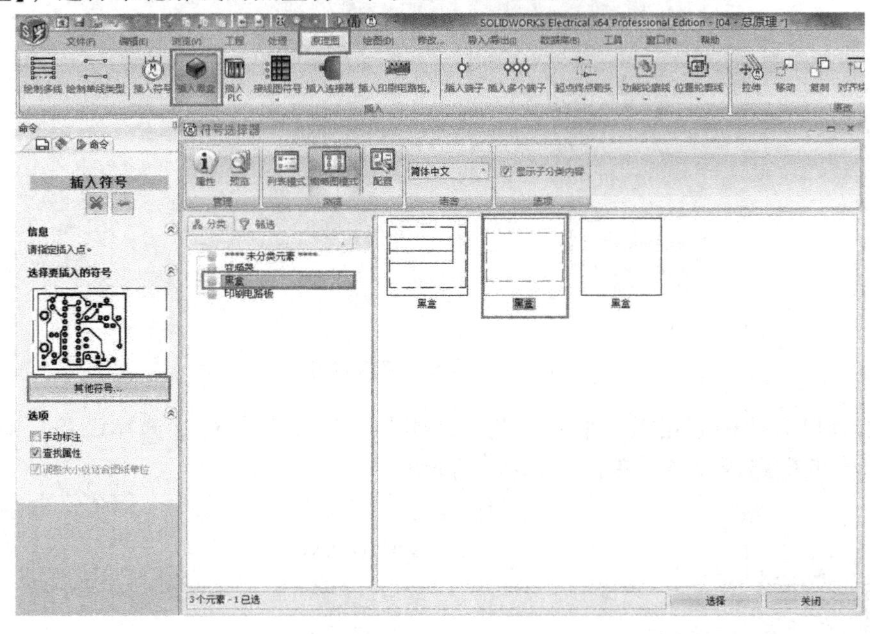

图 3-34　插入黑盒

步骤 2，在符号放置完成后，单击【绘图】/【插入图片】，在弹出的【打开】对话框中选择后缀为 . bmp 格式的图片，如图 3-35 所示，单击【打开】按钮关闭当前对话框，打开所选的图片。

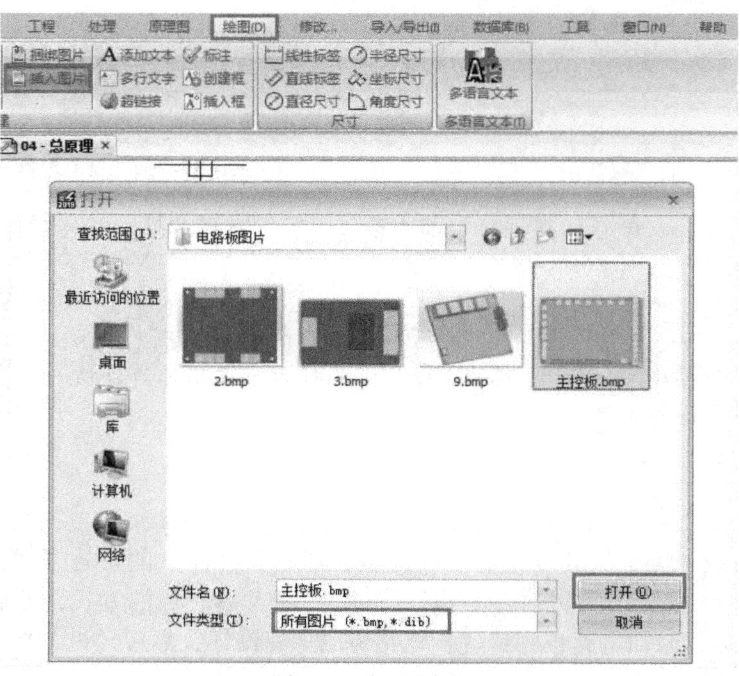

图 3-35　插入图片

注意，在图纸中插入图片时，建议采用【插入图片】功能进行添加，这样图片不会由于源文件损坏或丢失而出现无法显示的现象。注意，图片的格式只能为 . bmp 后缀。

步骤 3，设置图片插入的坐标为（0，0），设置比例为 1，如图 3-36 所示。单击【确定】按钮，图片将被自动添加到原理图中。

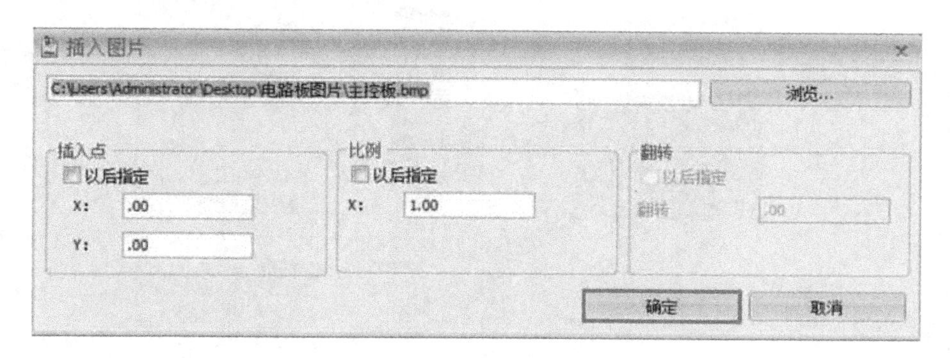

图 3-36　插入图片

注意，如果插入的图片尺寸比较大，可以通过单击【浏览】/【缩放到最大】，将图片先调整至可视范围内，如图 3-37 所示。

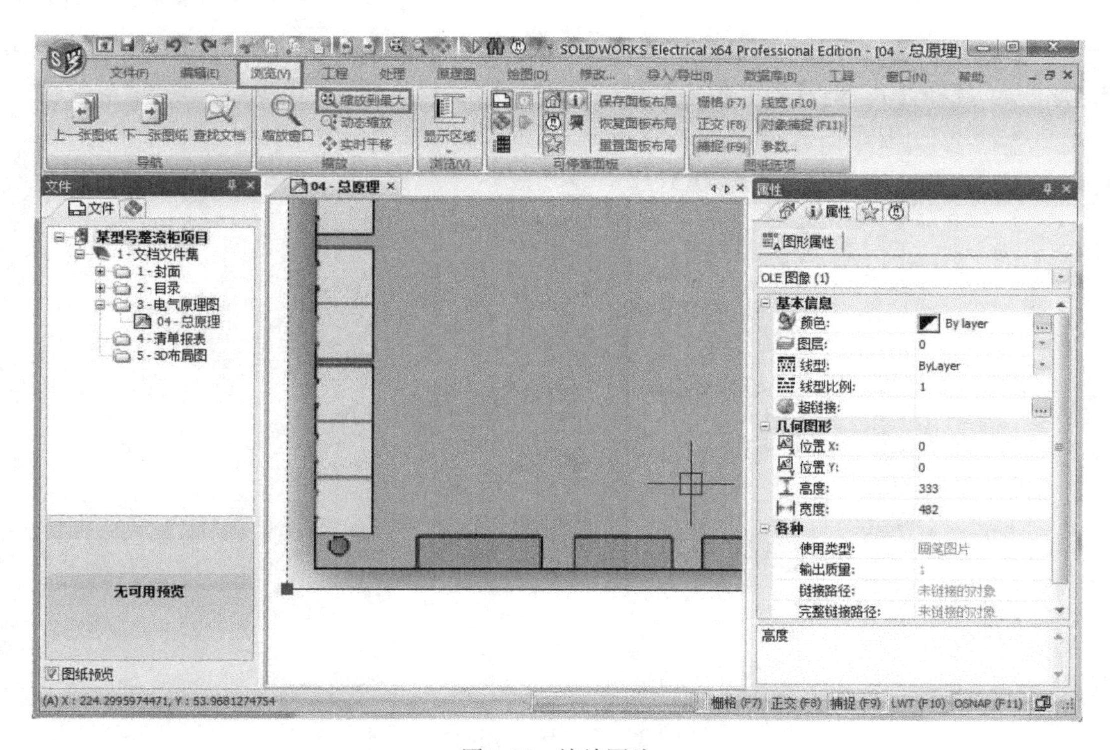

图 3-37　缩放图片

如图 3-38 所示，在右侧的【属性】面板的宽度栏中填写图片的宽度，软件会按比例自动缩放图片的尺寸。

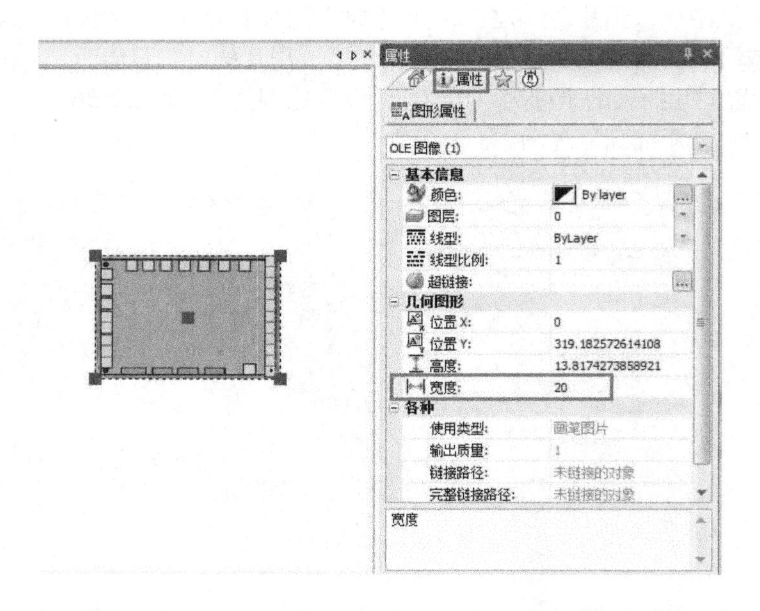

图 3-38　调整图片的尺寸

步骤 4，将调整后的图片拖至黑盒符号中，如果要修改黑盒的边框线型为实线，应右击黑盒符号，选择【符号】/【打开符号】，如图 3-39 所示。

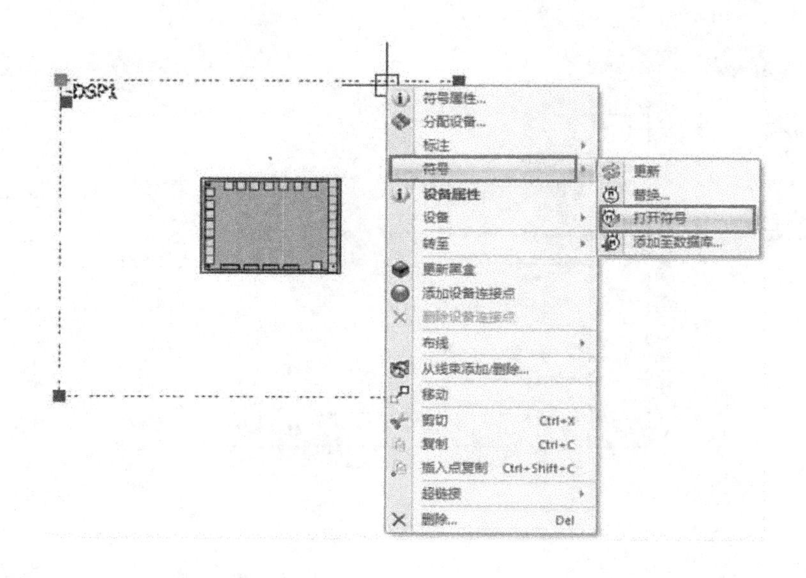

图 3-39　【打开符号】命令

然后，在弹出的符号编辑界面中选中黑盒轮廓线，在右侧的【属性】面板的【线型】项中选择“直线”线型，如图 3-40 所示。

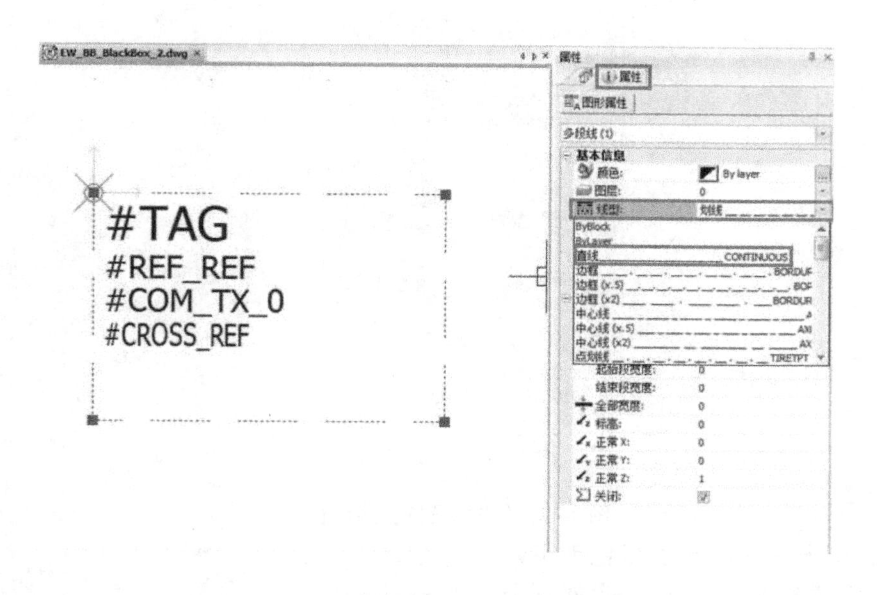

图 3-40　编辑黑盒符号

最后，修改完成后，单击保存按钮，然后在原理图中右击黑盒符号，选择【符号】/【更新】，如图 3-41 所示。

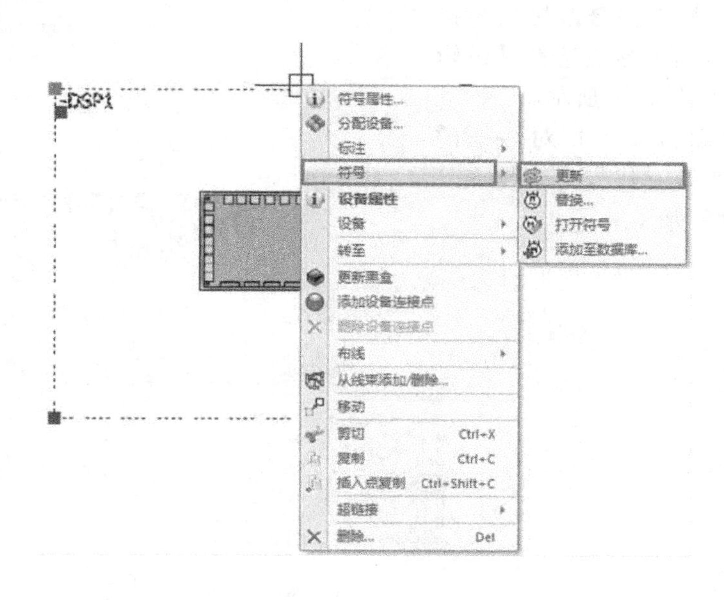

图 3-41　【更新】符号

步骤 5，按以上操作完成黑盒轮廓线后，还需要添加设备连接点。

首先，右击黑盒符号，如图 3-42 所示，选择【添加设备连接点】。

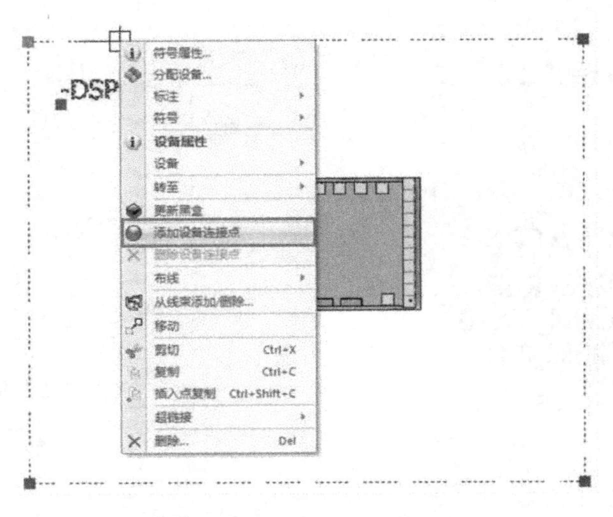

图 3-42 【添加设备连接点】命令

其次，单击后界面出现绿色十字光标，在黑盒轮廓线上以一个栅格间距逐个添加设备连接点，如图 3-43 所示。

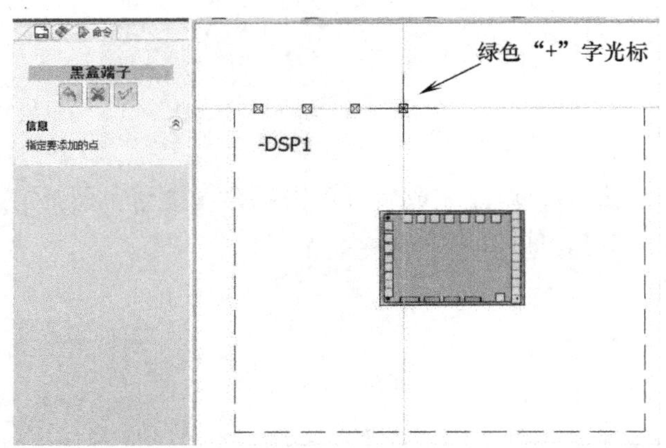

图 3-43 添加黑盒连接点

添加完成后，单击左侧【黑盒端子】面板中的✓或通过右击完成黑盒连接点的添加。软件默认的黑盒连接点为 1，2，3 等数字，如果要修改黑盒连接点代号，右击该黑盒连接点选择【编辑符号端子...】，如图 3-44 所示。

在弹出的【编辑端子】对话框的【标注】列中修改数字代号为字母或其他代号，如图 3-45 所示。

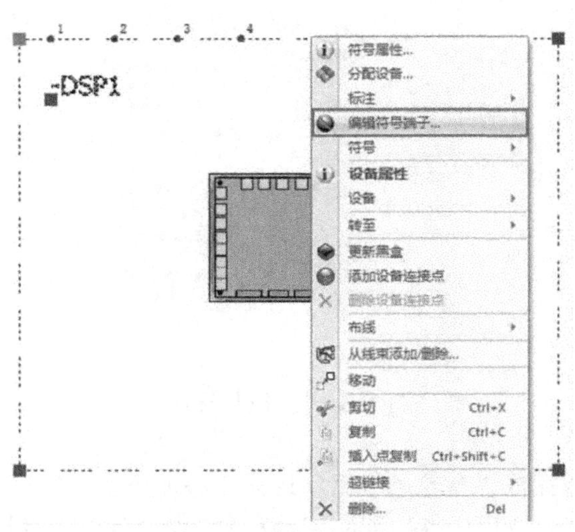

图 3-44 编辑符号端子

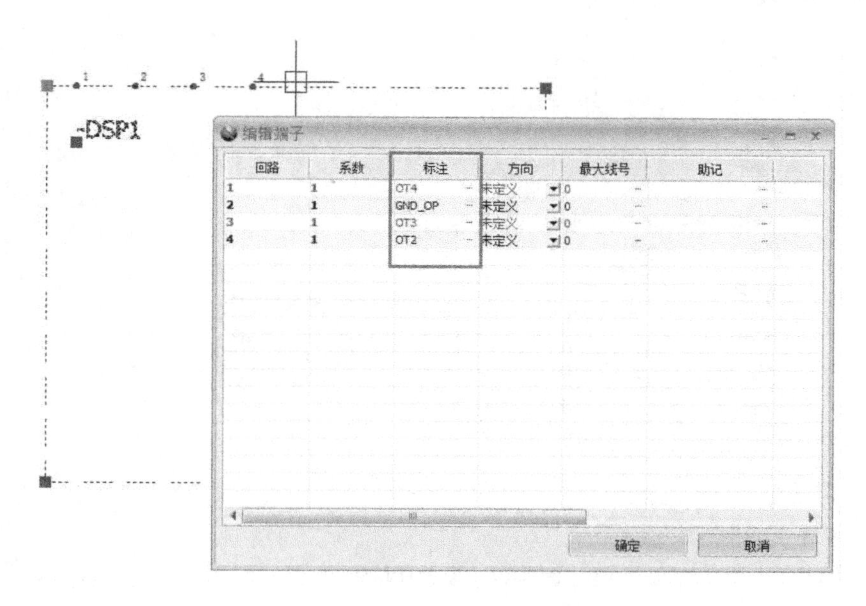

图 3-45　编辑端子标注

然后，单击【确定】按钮，完成设备连接点的添加。

步骤 6，添加连接电线，单击【原理图】/【绘制单线类型】，在【电线】面板中单击 图标，在弹出的【电线样式选择器】对话框中选择【=24V】直流 24V 电线，单击【选择】按钮，如图 3-46 所示。

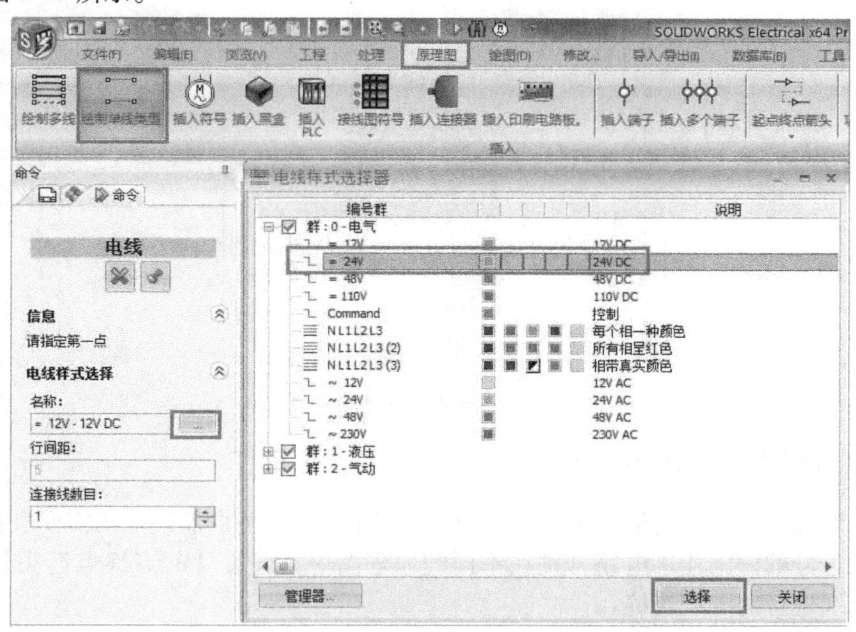

图 3-46　选择电线

电线选择完成后，在左侧的【电线】选项卡中，设置“连接线数目”为“4”，“行间距”为“10”，如图 3-47 所示。

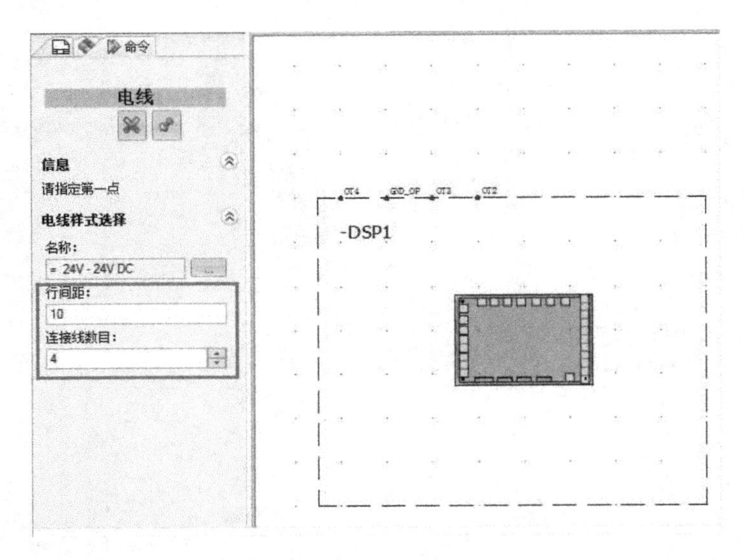

图 3-47　设置连接线数目

设置完成后，将光标放在黑盒第一个连接点处，向上移动光标，单击停止然后右击结束，快速完成 4 根单线的同时绘制，如图 3-48 所示。

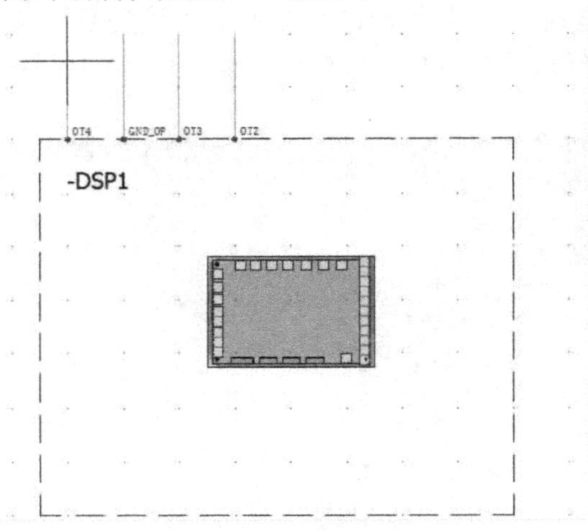

图 3-48　快速绘制多根单线

3. 2. 2　起点终点箭头的设计

绘制完原理图中的电路板符号后，不同功能图纸之间的相同属性电线需要进行连接，尤其是电路板符号的外围连接电路分别在不同的原理图中。通过【起点终点箭头】选项将相同属性的电线进行跨图纸连接。

单击【原理图】/【起点终点箭头】，在其下拉菜单下有两个选项：【起点终点箭头】和【自动插入】，如图 3-49 所示。

选择【起点终点箭头】选项，弹出【起点-终点管理器】界面。通过菜单栏中的【向前】、【向后】及【选择器...】分别更换左右两侧图纸，如图 3-50 所示。

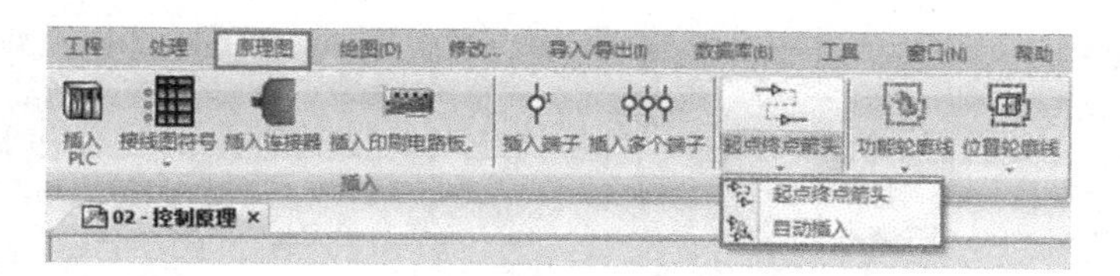

图 3-49　起点终点箭头

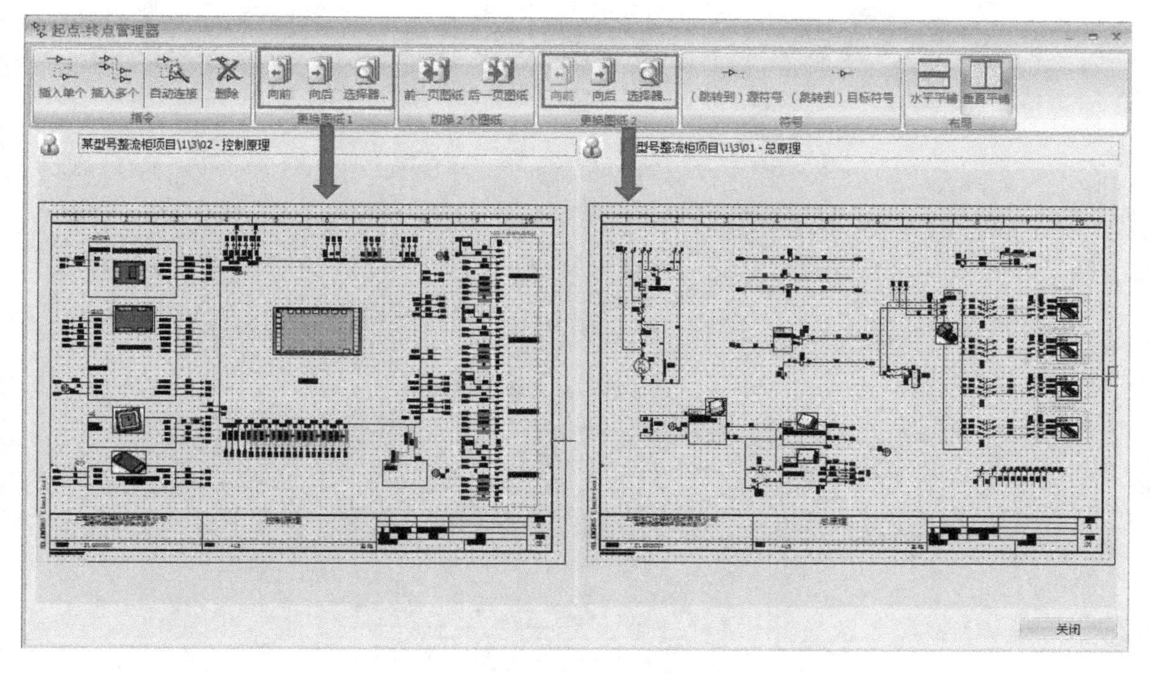

图 3-50　【起点-终点管理器】

通过更换图纸找到需要连接的电线，在左侧图纸中通过鼠标滚轮可以缩小或放大图纸找到需要连接的电线端，单击菜单栏中的【插入单个】图标，软件会自动捕捉到电线端并显示“绿色光圈”，然后单击鼠标左键锁定该电线，一旦锁定，“绿色光圈”变为“红色光圈”，如图 3-51 所示。

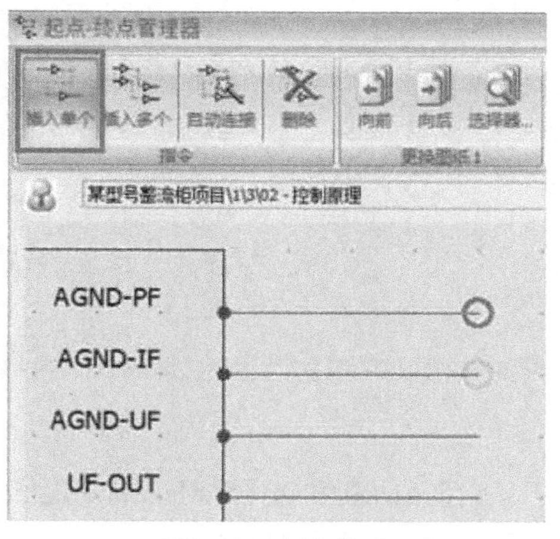

图 3-51　起点管理

选择完左侧图纸中的电线起点后，将光标移至右侧图纸中，软件会自动锁定与电线起点属性相同的电线，并同样显示“绿色光圈”，如图 3-52 所示。

确定连接后，单击鼠标左键在电线两端自动显示“关联参考”。例如，01-9 或 02-4，代表起点箭头转至第一页的第九列电线，终点箭头从第二页的第四列电线转至而来，如图 3-53 所示。

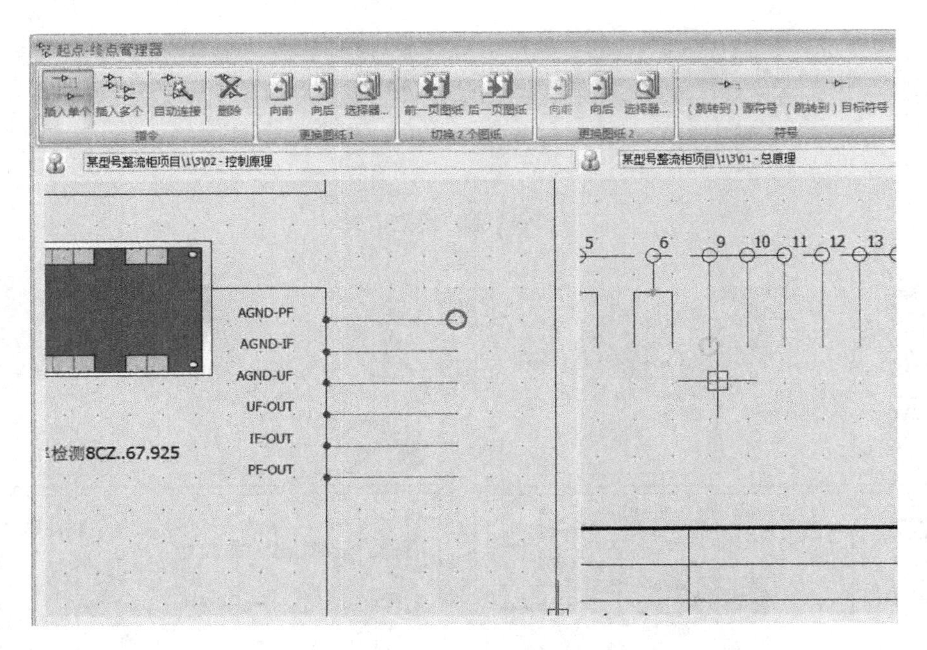

图 3-52　终点管理

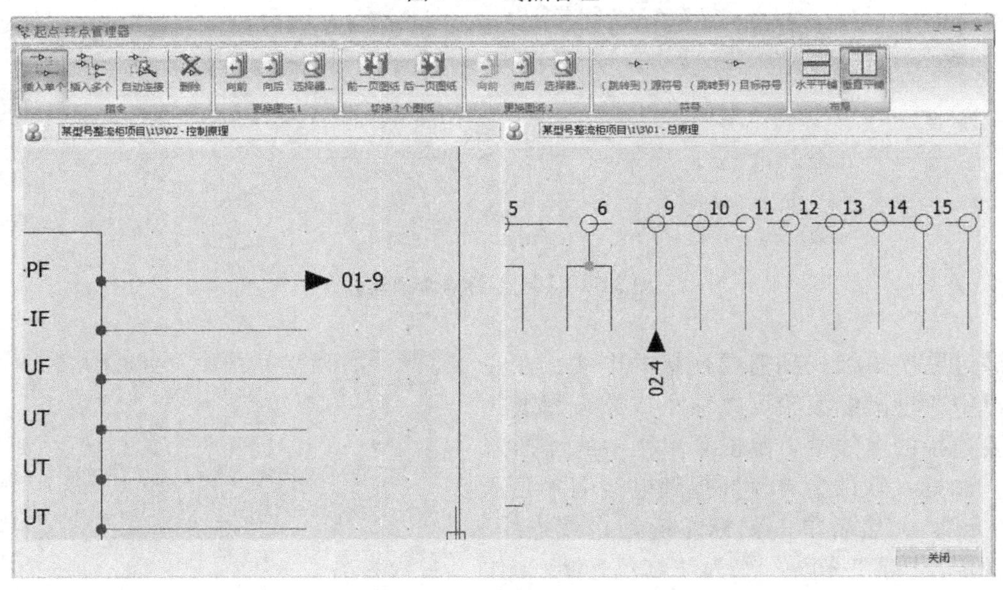

图 3-53　起点-终点关联参考

关于 SOLIDWORKS Electrical 起点-终点箭头的手动连接，请扫描二维码观看操作视频。

3-2-2　起点终点连接

起点-终点箭头除了上述讲解的手动连接外，还可自动连接。在自动连接之前，首先对要连接的电线进行手动修改线号，将需要连接的两段电线修改为相同的线号。在弹出的线号重复提示框中单击【确定】按钮，如图 3-54 所示。

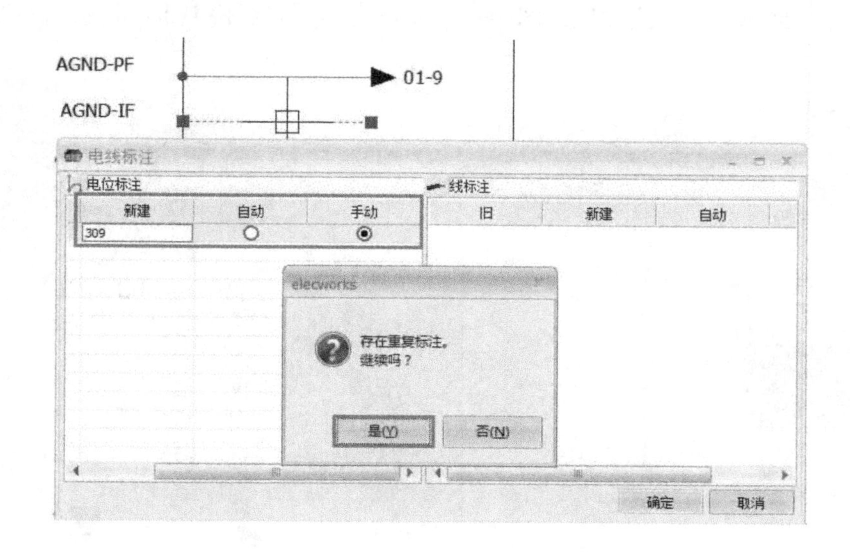

图 3-54　手动修改线号

修改完成后，在【起点-终点管理器】对话框中单击【自动连接】图标，软件可自动完成将具有相同线号且电线属性相同的电线进行自动连接，如图 3-55 所示。

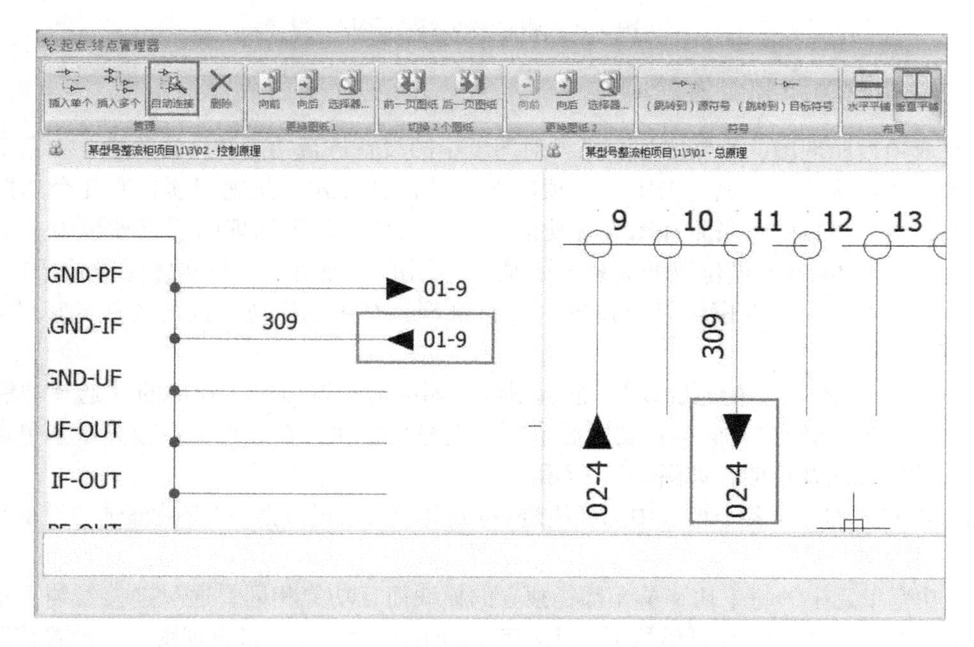

图 3-55　自动连接

起点-终点箭头都是成对出现，不会单个存在。在删除起点-终点箭头时，只要删除一个，另一个也会被自动删除。单击【起点-终点管理器】对话框中的【删除】图标，将光标移至需要删除的起点或终点箭头处单击，弹出删除提示框，单击【确定】按钮即可完成删除操作（如图 3-56 所示），或在原理图中选中起点或终点箭头按 Delete 键进行删除。

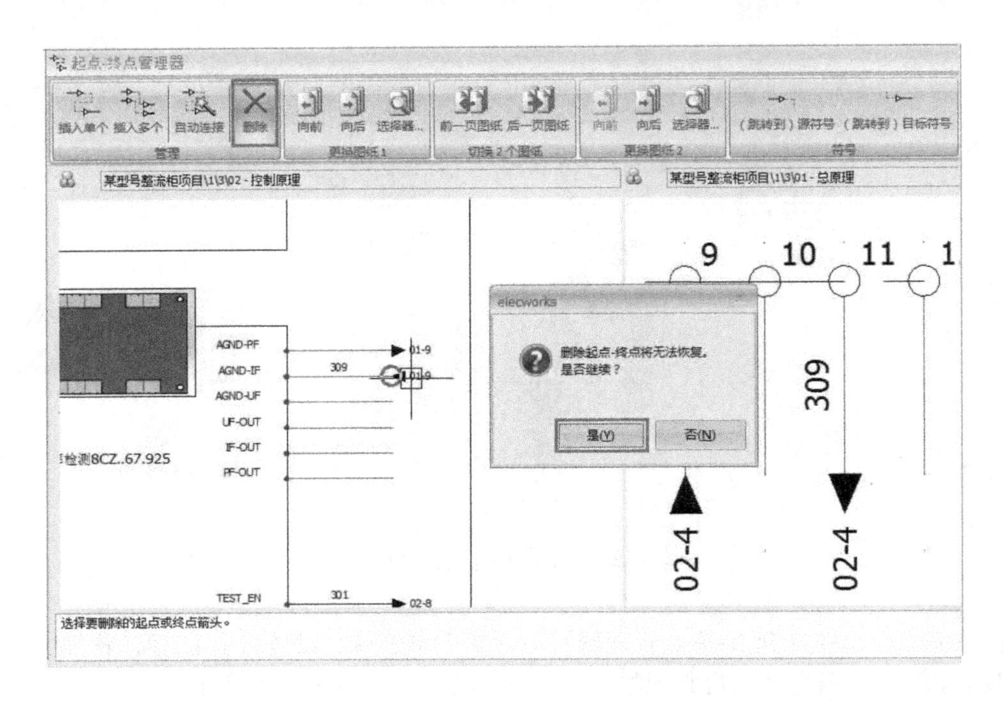

图 3-56　删除起点-终点箭头

3.2.3　功能轮廓线和位置轮廓线

在完成项目原理图的绘制之后，需要对图纸中的设备进行功能和位置管理。在第 1 章中规划了项目的结构，从宏观上采用“自顶向下”的设计方式，先规划项目有几个功能块和位置归属，再对项目的每张原理图设置功能和位置属性，每张原理图可以理解为一个“安装底板”，不同功能和不同位置的设备分别放在不同的原理图中，与实体化设计不谋而合。整流柜项目中对 4 个功率模块以“位置”进行管理，对 4 个模块之间的连接器以“功能”进行管理。

单击【原理图】/【功能轮廓线】，框选图纸右侧的插头符号，在弹出的【选择功能】对话框中选择【F3-功能单元插头】功能后单击【选择】按钮，在原理图中会显示紫色虚线框并显示该功能标注及说明，如图 3-57 所示。

采用相同的方法对各个模块中的插座进行功能轮廓线的管理，没有被框选的设备都归属于默认“主功能”下。

4 个功率单元中的每个功率单元都是独立的模块而且功能相同，通过连接器与主柜控制板相连接，所以在原理图设计阶段对每个功率模块单独设计成一张原理图，并设置该原理图的功能为“主功能”，位置分别为“功率单元 1，2，3，4”，如图 3-58 所示。

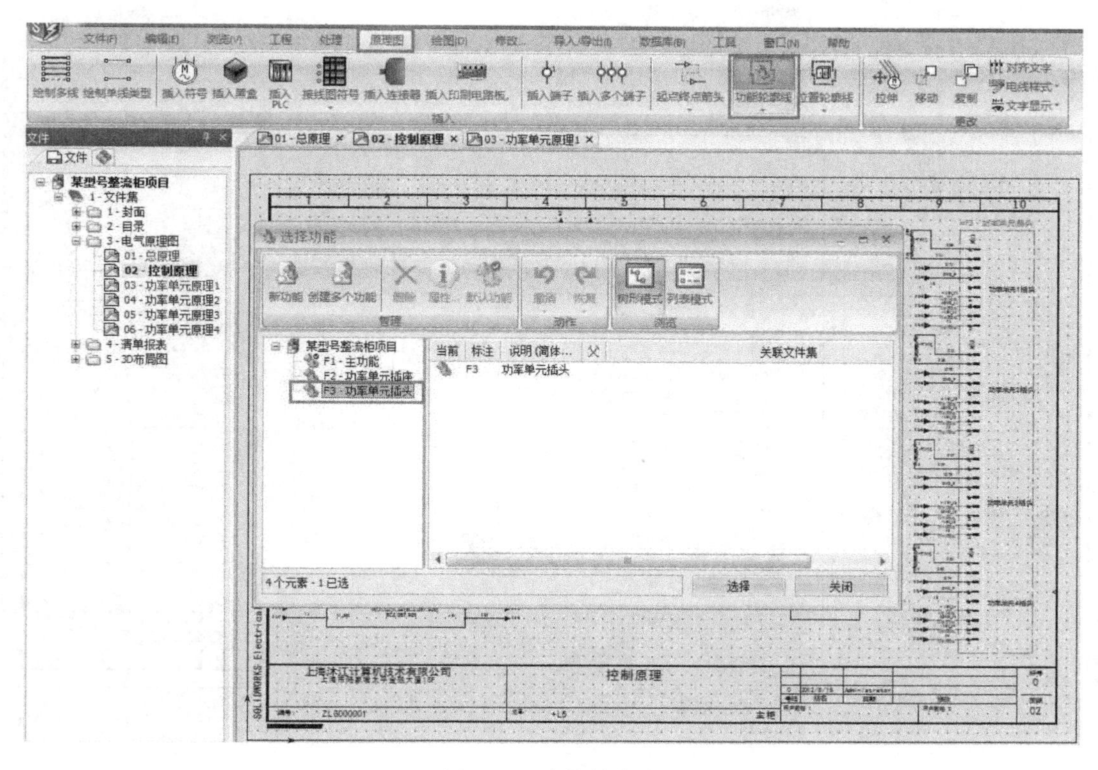

图 3-57　功能轮廓线

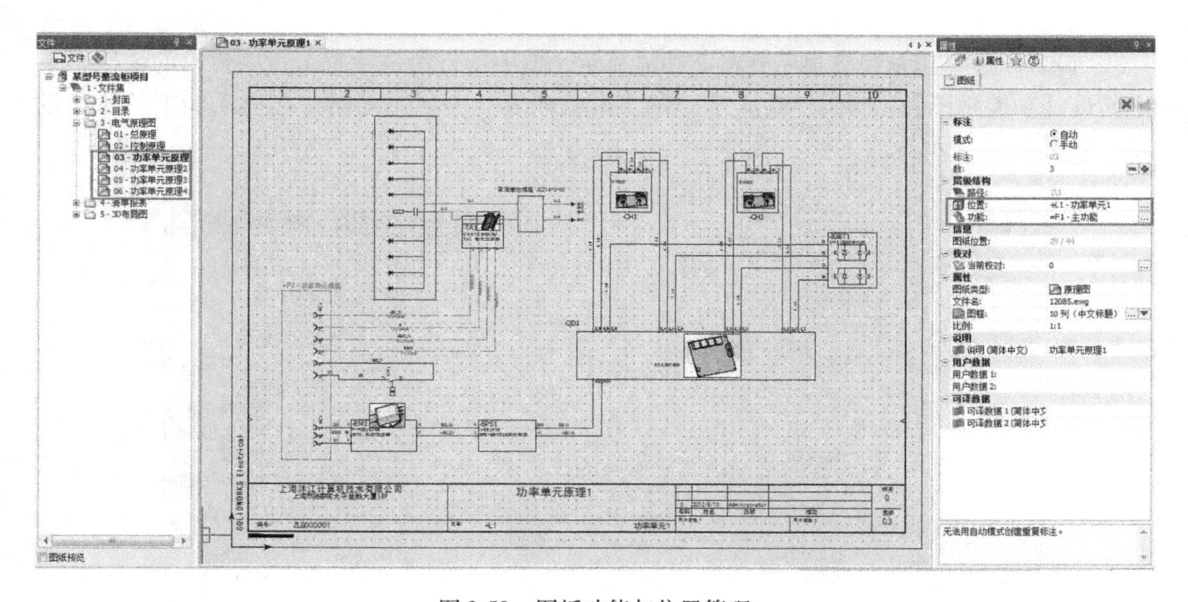

图 3-58　图纸功能与位置管理

将原理图设置为“ = F1 功能和 + L1”位置，放置在该原理图上的设备也归属到该功能和位置下，所以在该项目中并没有使用位置轮廓线，而在“设备列表”中可以看到不同位置标注下显示不同的设备，如图 3-59 所示。

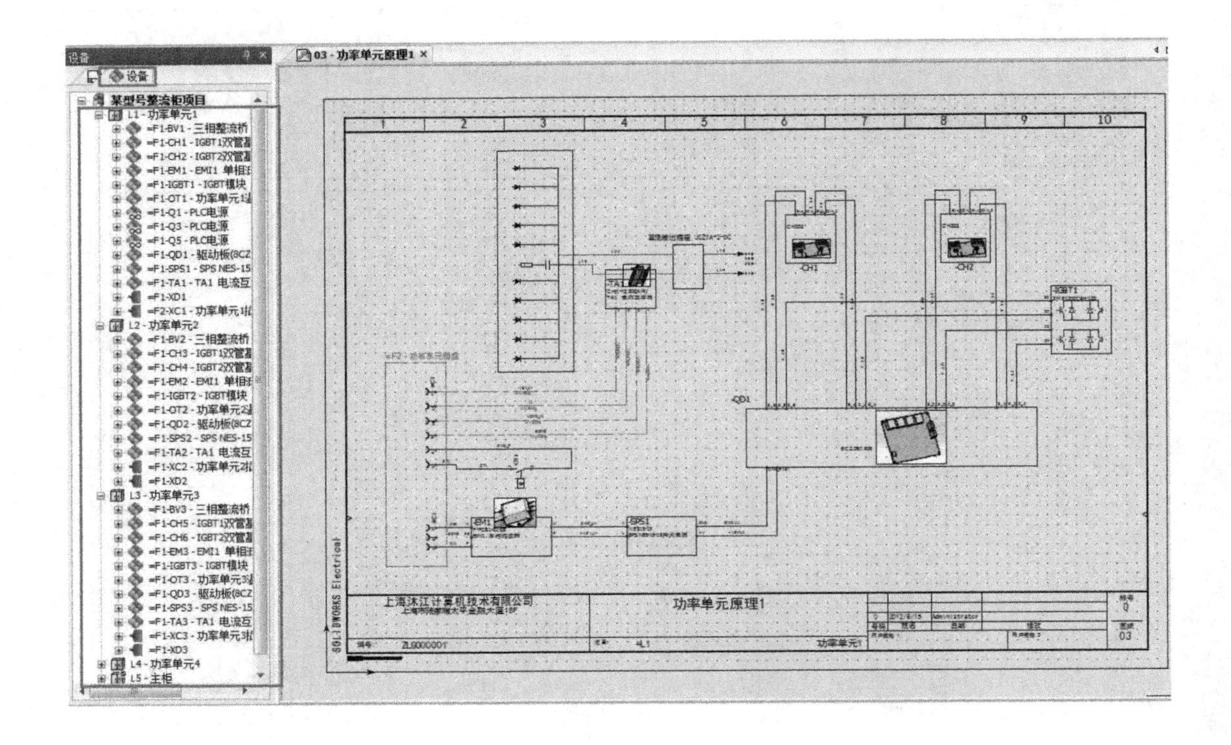

图 3-59　设备位置管理

“设备列表”可从位置显示切换至功能显示，选中项目的名称右击，在弹出的快捷菜单中勾选【功能视图】，如图 3-60 所示。在“设备列表”中显示项目中已有功能下的所有设备，如图 3-61 所示。

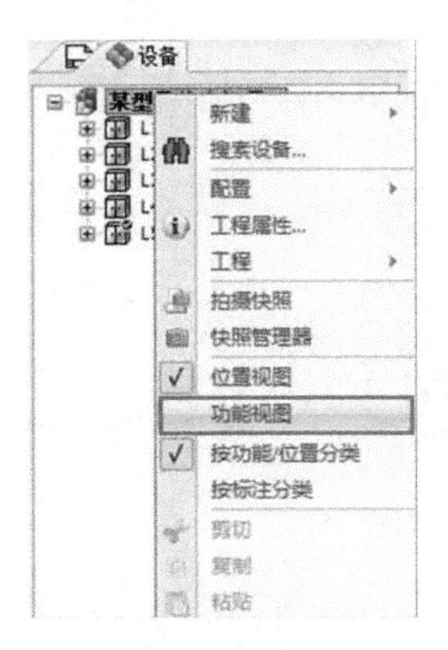

图 3-60　功能视图设置

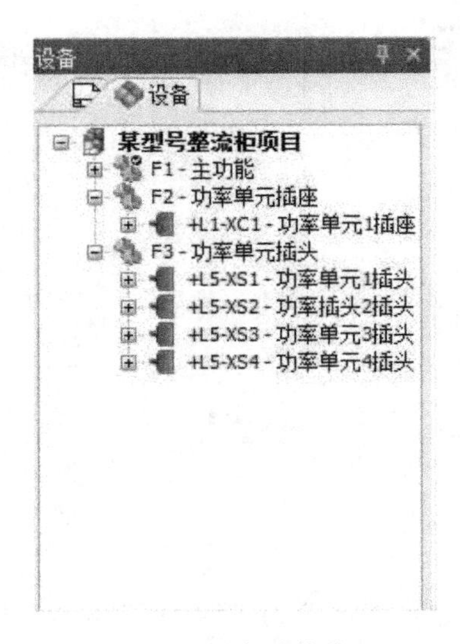

图 3-61　设备功能管理

关于 SOLIDWORKS Electrical 设备列表中位置和功能视图显示，请扫描二维码观看操作视频。

3-2-3　功能及位置轮廓线绘制

以上内容中，不管是使用轮廓线还是对原理图属性进行设置，都是为了便于对项目中的设备进行管理。在设计过程中，对各个功能和位置下的设备进行合理地规划，能让整个项目显得结构清晰、功能完善；在后期检修或维护时，也有利于根据不同功能或位置的故障进行设备的查找，并快速定位到相应原理图中。

3.3　电线样式

在 SOLIDWORKS Electrical 中，电线绘制沿用了传统 CAD 的绘制方式，采用手动绘制多线和单线两个功能，但是相比传统 CAD 而言，SOLIDWORKS Electrical 中电线具有电气属性，与电气设备一样，采用实体化设计而且可以选择电缆的型号。将设备符号放置在电线上时，软件会自动断线与设备进行连接；将设备符号拖离电线时，电线会自动连接闭合。通常在企业模板中需要定义企业常用的电线类型，在后期设计原理图时可以使用统一的电线样式，方便电线的管理及后期工艺加工。

3.3.1　电线样式的管理

在项目设计前，需要在【电线样式管理器】中新建项目要用到的电线类型。软件自带的电线样式按照不同的电压类型对电线进行分类，通过新建不同的“群”区分电气、液压及气动连接样式，如图 3-62 所示。

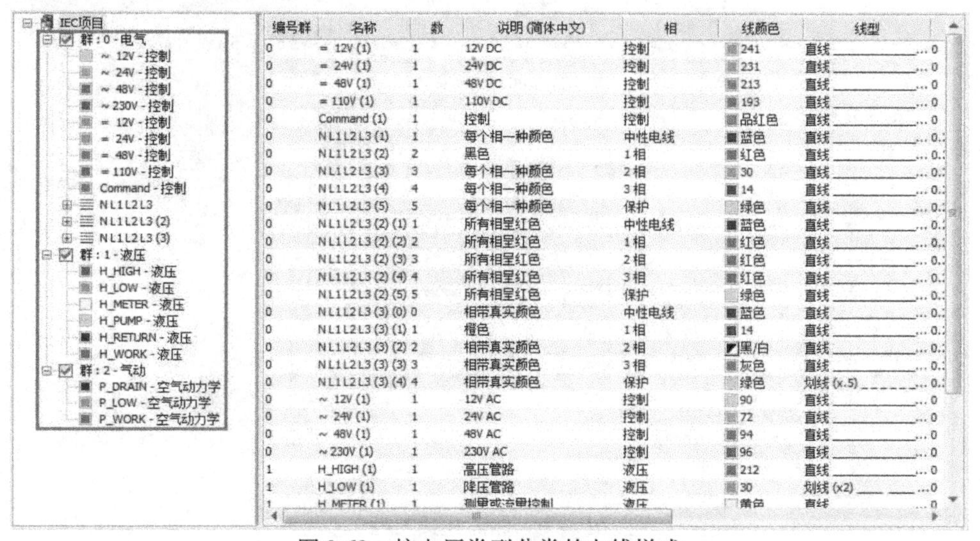

编号群	名称	数	说明 (简体中文)	相	线颜色	线型
0	= 12V (1)	1	12V DC	控制	241	直线
0	= 24V (1)	1	24V DC	控制	231	直线
0	= 48V (1)	1	48V DC	控制	213	直线
0	= 110V (1)	1	110V DC	控制	193	直线
0	Command (1)	1	控制	控制	品红色	直线
0	N L1 L2 L3 (1)	1	每个相一种颜色	中性电线	蓝色	直线
0	N L1 L2 L3 (2)	2	黑色	1 相	红色	直线
0	N L1 L2 L3 (3)	3	每个相一种颜色	2 相	30	直线
0	N L1 L2 L3 (4)	4	每个相一种颜色	3 相	14	直线
0	N L1 L2 L3 (5)	5	每个相一种颜色	保护	绿色	直线
0	N L1 L2 L3 (2) (1)	1	所有相呈红色	中性电线	蓝色	直线
0	N L1 L2 L3 (2) (2)	2	所有相呈红色	1 相	红色	直线
0	N L1 L2 L3 (2) (3)	3	所有相呈红色	2 相	红色	直线
0	N L1 L2 L3 (2) (4)	4	所有相呈红色	3 相	红色	直线
0	N L1 L2 L3 (2) (5)	5	所有相呈红色	保护	绿色	直线
0	N L1 L2 L3 (3) (0)	0	相带真实颜色	中性电线	蓝色	直线
0	N L1 L2 L3 (3) (1)	1	褐色	1 相	14	直线
0	N L1 L2 L3 (3) (2)	2	相带真实颜色	2 相	黑/白	直线
0	N L1 L2 L3 (3) (3)	3	相带真实颜色	3 相	灰色	直线
0	N L1 L2 L3 (3) (4)	4	相带真实颜色	保护	绿色	划线 (x.5)
0	~ 12V (1)	1	12V AC	控制	90	直线
0	~ 24V (1)	1	24V AC	控制	72	直线
0	~ 48V (1)	1	48V AC	控制	94	直线
0	~ 230V (1)	1	230V AC	控制	96	直线
1	H_HIGH (1)	1	高压管路	液压	212	直线
1	H_LOW (1)	1	降压管路	液压	30	划线 (x2)

图 3-62　按电压类型分类的电线样式

目前在企业实际生产和设计中，主要通过“截面积或规格＋线色”的格式或者“电压类型与截面积”相结合的方式进行区别，如图3-63所示。

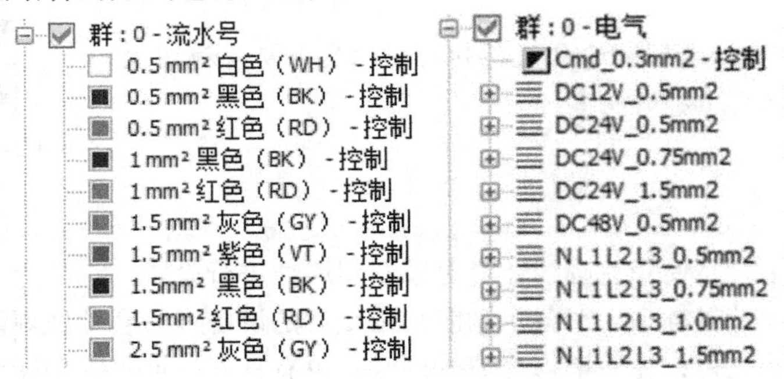

图3-63　按截面积的电线样式

在整流柜项目中，采用电压类型与截面积并存的电线样式进行项目设计。单击【工程】/【配置】/【电线样式...】，如图3-64所示。

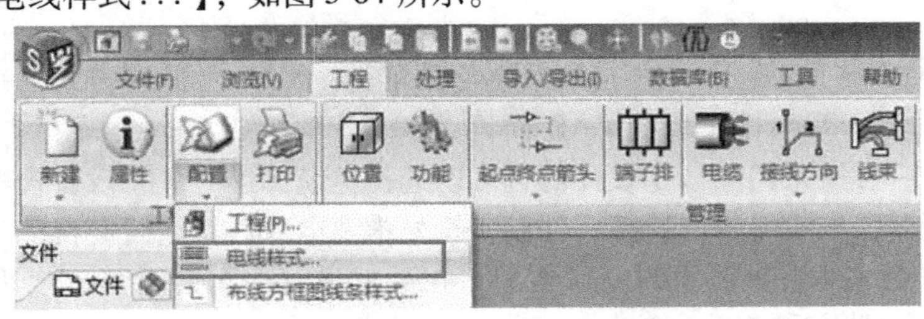

图3-64　选择电线样式

在弹出的【电线样式管理器】中，将不使用的“气动”和“液压”群进行删除。单击菜单栏中的【删除】按钮进行删除，如图3-65所示。

图3-65　删除连接类型

（注意，在删除电线、气路或管道样式之前，首先要确保这些连接类型没有在原理图中使用，否则无法删除）

选中“电气”群，单击菜单栏中的【添加】或【添加多线制】按钮，分别新建“单线 F25”或“多线 F26”，如图 3-66 所示。

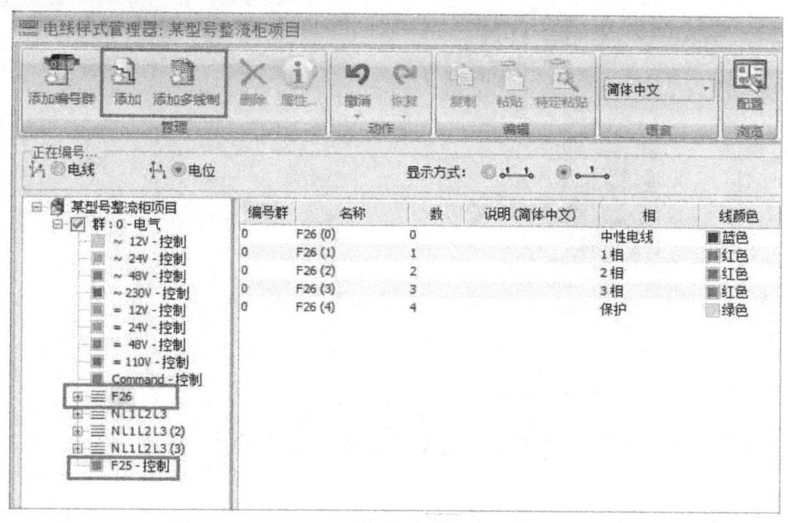

图 3-66　新建单线或多线

关于 SOLIDWORKS Electrical 新建电线样式，请扫描二维码观看操作视频。

3-3-1　新建电线样式

3.3.2　电线样式的属性

选中新建的 F25 或 F26 电线样式，单击菜单栏中的【属性...】按钮或右击从快捷选择【属性...】选项，如图 3-67 所示。

在弹出的【电线样式 F25】对话框中，找到【电线样式】栏中“名称”项，填写电线名称，如：0.75mm2 白色。

【基本信息】栏中主要是原理图中电线属性内容，在此类别下需要设置以下信息，如图 3-68 所示：

（1）“导线”下拉栏中选择：控制。单线类型通常选择“控制”，多线类型根据不同的相序选择不同的导线类型。

（2）“线颜色”选择：黑/白。此处的线颜色为原理图中的电线颜色。

（3）“线型”选择：直线。

（4）“线宽”设置：0。

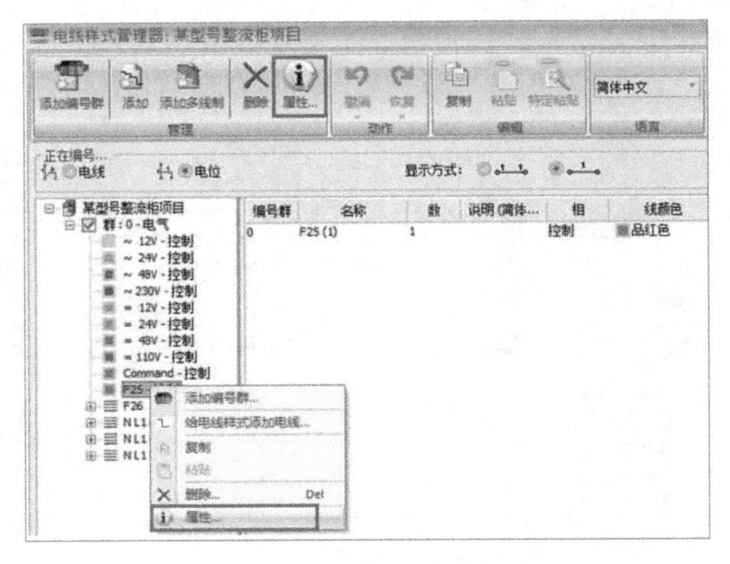

图 3-67 电线【属性...】命令

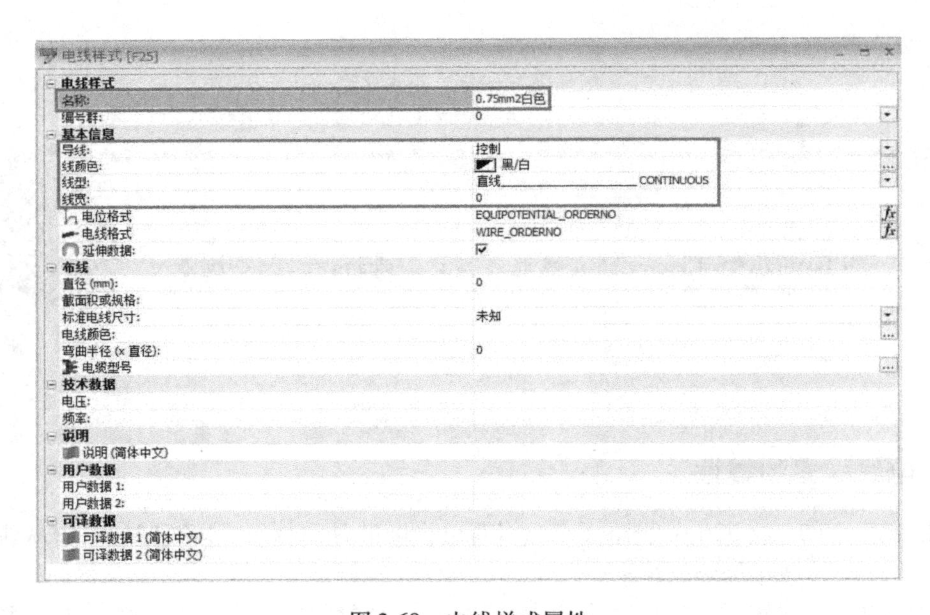

图 3-68 电线样式属性

3.3.3 电线编号规则设定

在 SOLIDWORKS Electrical 中，电线的编号有两种类型，分别是：电线和电位。在定义电线编号规则之前，首先设置编号类型，通常采用“电位”编号方式。在【电线样式管理器】界面中选择“电位”单选按钮，设置显示方式为：中间，如图 3-69 所示。

选择设置完成。在【电线样式】对话框中单击【电位格式】右侧的 fx，在弹出的【fx 格式管理器】对话框中设置按电位进行编号的电线格式，如图 3-70 所示。

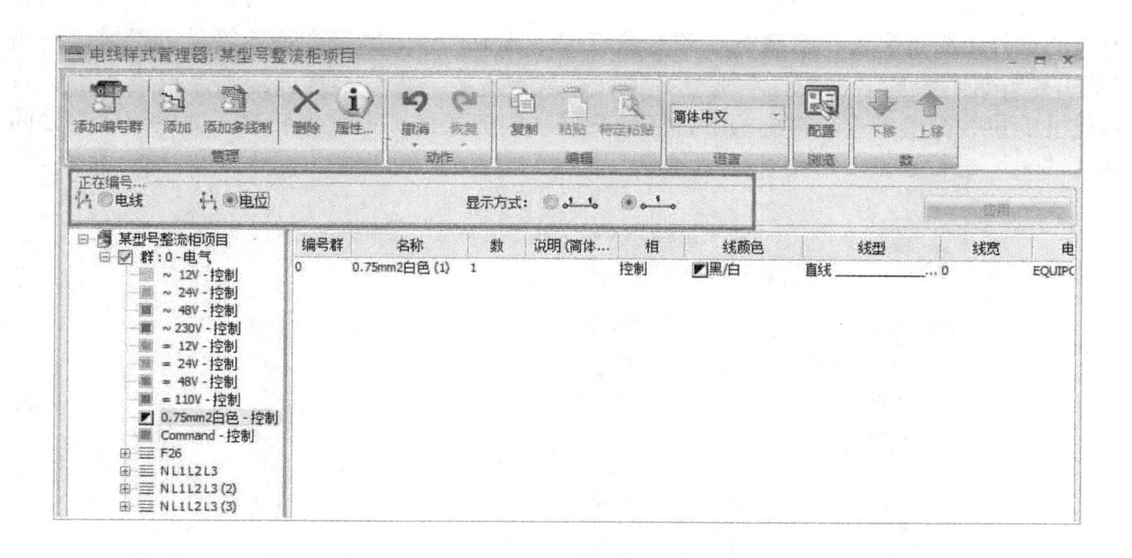

图 3-69　设置编号类型

图 3-70　【fx 格式管理器】

在【fx 格式管理器】对话框下的“格式：电位标注”栏中设置电线的编号规则。通常电线的编号由固定字符、特殊符号和变量组成。其中，固定字符和特殊符号可以通过引用“双引号”进行添加（注意，双引号必须在英文输入法下进行添加，否则会报格式错误）；通过【变量和简单格式】栏中的各种属性变量来添加变量。字符与变量或变量与变量之间通过“+”进行连接，如图 3-71 所示。

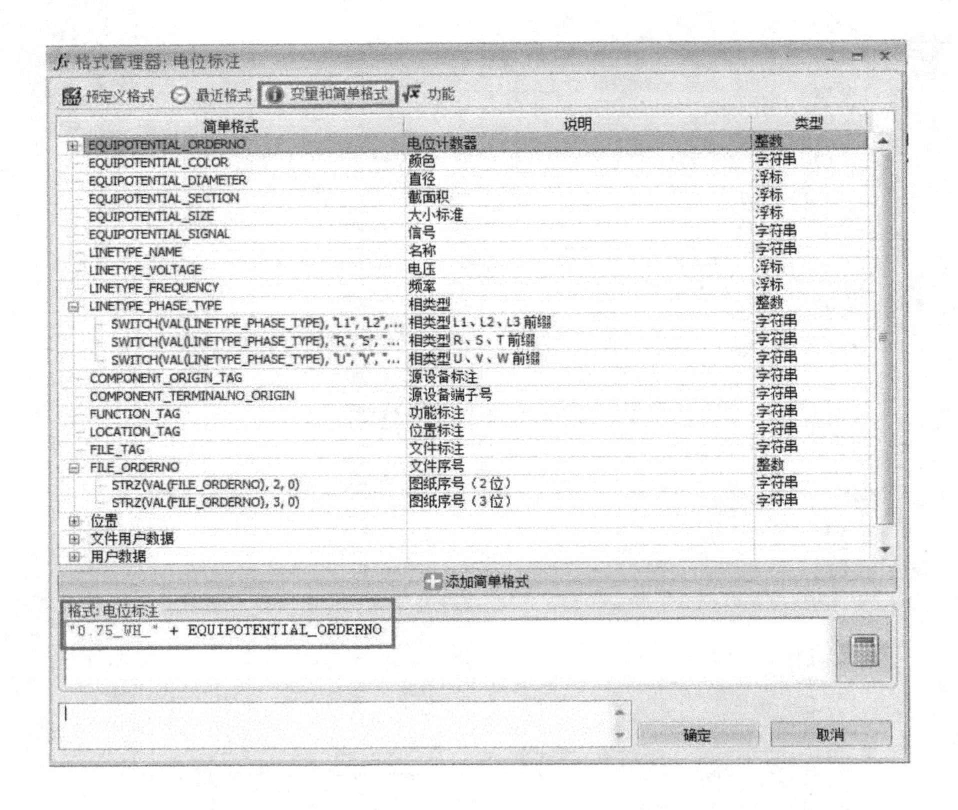

图 3-71 电线编号规则定义

关于 SOLIDWORKS Electrical 电线编号规则设置，请扫描二维码观看操作视频。

3-3-3 电线的编号规则设置

3.3.4 电缆选型

在【电线样式（电线名称）】/【布线】栏中设置电线的型号。电线也称为单芯电缆，每种电线都有其对应的规格和型号。【布线】栏中的各项信息主要针对 3D 布线和工艺报表统计。

在【布线】栏中的【电缆型号】项中选择一个单芯电缆型号，软件会自动将该单芯电缆属性中的“直径”“截面积”“电线颜色”“弯曲半径”信息自动填写到各属性栏中，如图 3-72 所示。

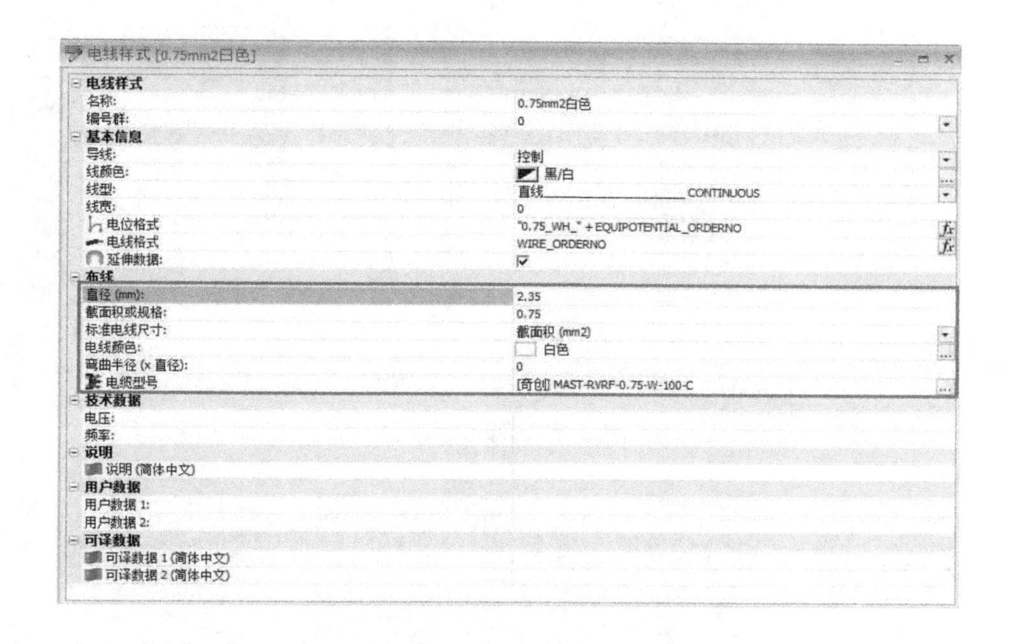

图 3-72　电线选型

在 3D 布线时，电线的粗细主要取决于“直径”的数值，与截面积无关；布线的颜色主要取决于此处的“电线颜色”，与“基本信息”栏下的“线颜色”无关。

关于 SOLIDWORKS Electrical 电线选型，请扫描二维码观看操作视频。

3-3-4　电线样式匹配电缆型号

3.3.5　电线的绘制

按照以上方式添加整流柜项目中的单线和多线并设置相关属性，如图 3-73 所示。

在原理图中单击【原理图】/【绘制多线】或【原理图】/【绘制单线类型】，在左侧【电线】面板中单击 ... 图标，在【电线样式选择器】中选择相应的电线类型，如图 3-74 所示。

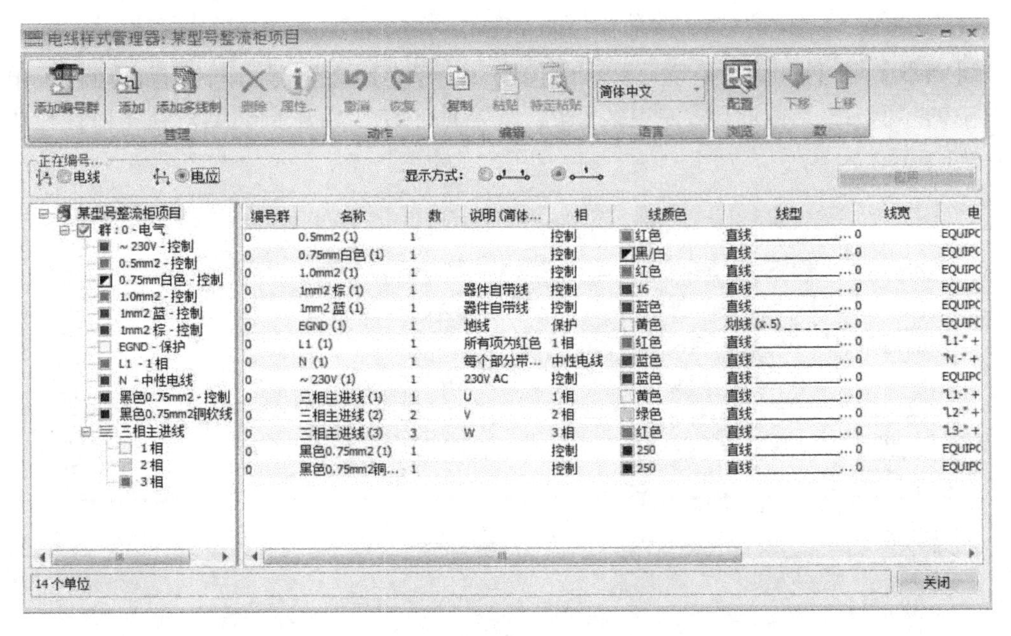

图 3-73　新建电线样式

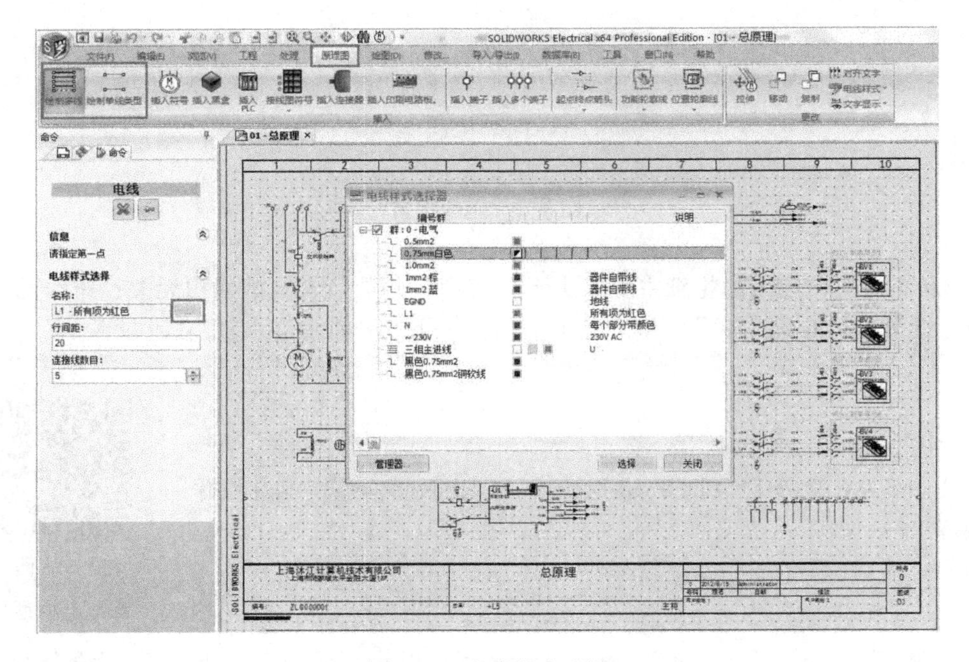

图 3-74　电线样式选择

3.4　生成报表

完成项目原理图的设计后，接下来需要生成工艺报表。在专业的电气设计软件中，清单报表都是自动生成的，但也需要用户添加自己需要的报表类型及修改报表格式，以满足客户的个性化需求。SOLIDWORKS Electrical 软件包含 31 种报表类型，用户可以根据不同的生产需要使用不同的报表类型。

3.4.1　生成报表

单击【工程】/【报表】，打开【报表管理器】。在【报表管理器】界面中单击【添加】按钮，打开【报表配置选择器】，勾选项目中需要添加的报表类型，单击【确定】按钮，如图 3-75 所示。

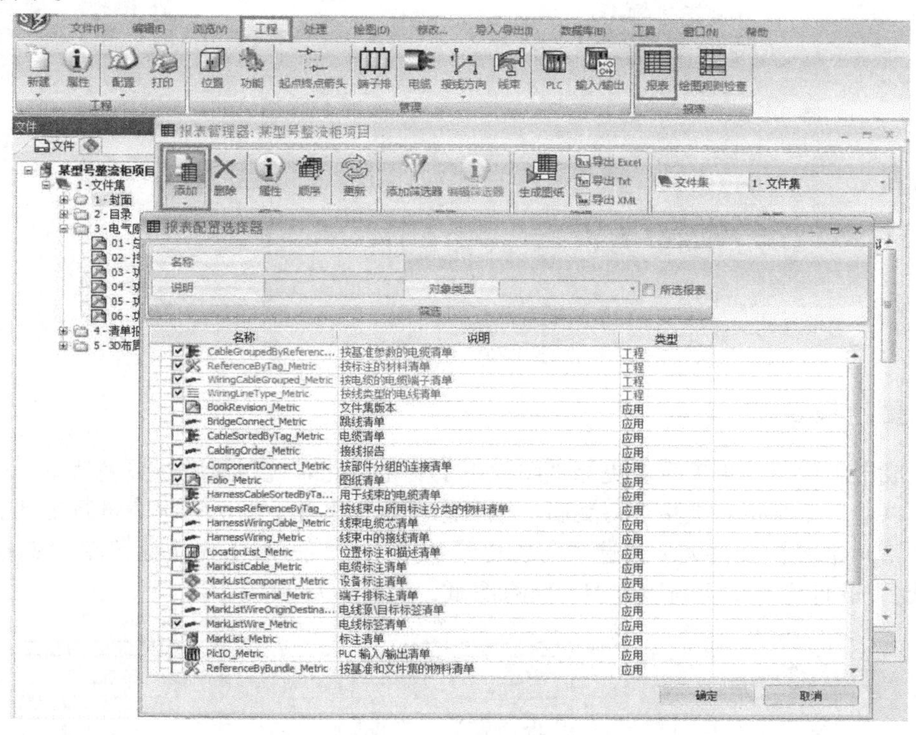

图 3-75　添加报表

在【报表管理器】中显示了已添加的报表类型，单击【生成图纸】按钮，在弹出的【报表图纸目标】对话框中勾选所需要的报表类型。在 3.1.2 章节中设置的“目录”文件夹和“清单报表”文件夹，单击右侧的 ... 按钮，可将“图纸清单”指定到【目录】中，将其他报表指定到【清单报表】中。单击【确定】按钮，软件会自动生成报表，如图 3-76 所示。

关于 SOLIDWORKS Electrical 报表的生成，请扫描二维码观看操作视频。

3-4-1　报表的生成

图 3-76　生成报表

3.4.2　更新报表

在生成报表后，如果项目变更原理图发生了变化，此时就需要更新报表信息。更新报表时，既可以选择单张报表类型进行更新，也可选择整个文件中的所有报表进行更新。

在【清单报表】文件夹下，选中需要更新的单张报表，右击在快捷菜单中选择【更新报表图纸】，软件将自动更新该类型的所有图纸，如图 3-77 所示。

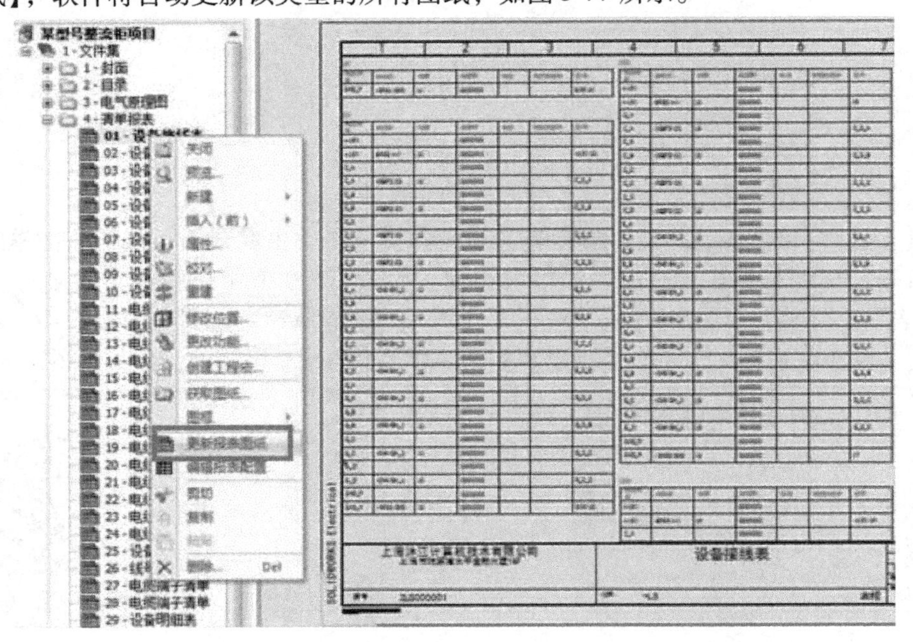

图 3-77　更新单个类型的报表

如果要快速更新已生成的所有报表清单，右击【清单报表】在弹出的快捷菜单中选择【在此绘制报表】/【更新选定报表】，软件会自动完成该文件夹下所有报表图纸的更新，如图 3-78 所示。

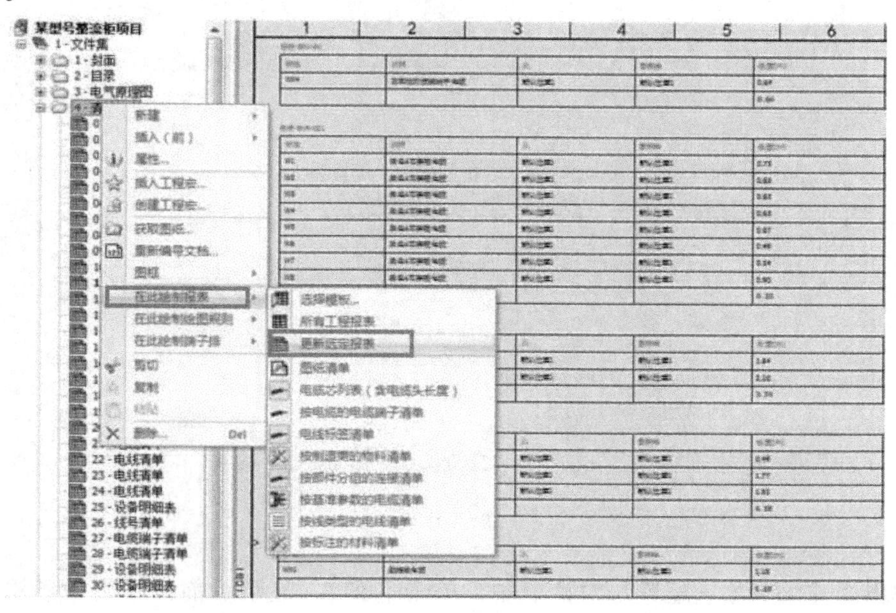

图 3-78　更新选定报表

3.4.3　设置报表

选定报表后，对报表的顺序及属性进行设置。单击【报表管理器】/【顺序】，通过“上移”和“下移”命令对添加的报表顺序进行调整，如图 3-79 所示。

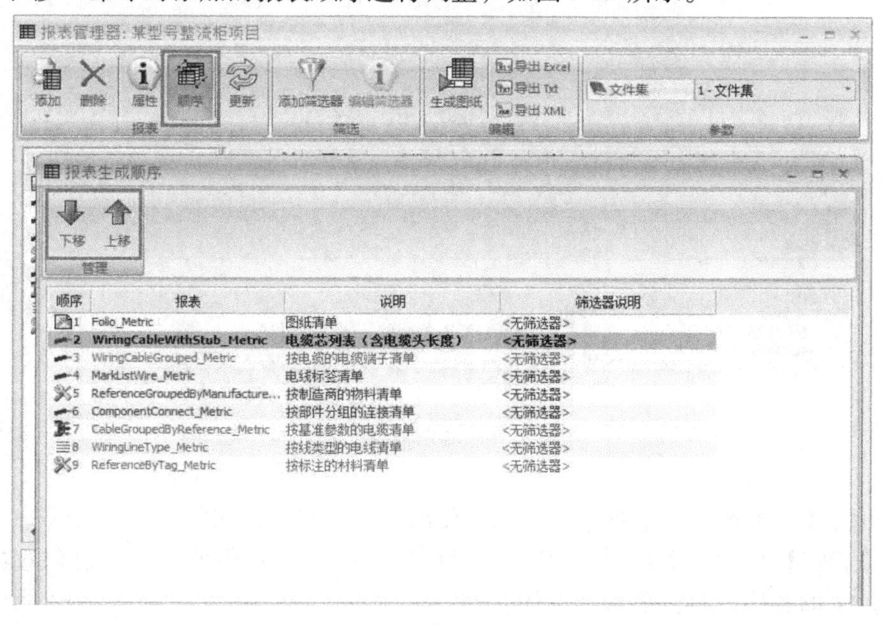

图 3-79　调整图纸的顺序

在【报表管理器】中选中某一种报表，单击【属性】按钮，如图 3-80 所示。

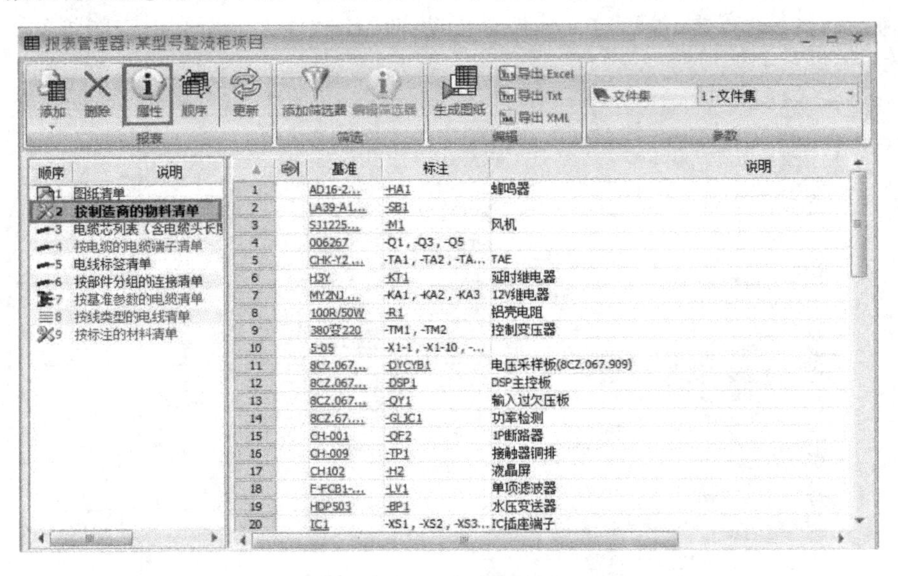

图 3-80　报表属性

在弹出的【编辑报表配置】对话框中，单击【列】，显示目前该报表中已添加的列属性，单击右侧的【列管理】按钮，如图 3-81 所示。

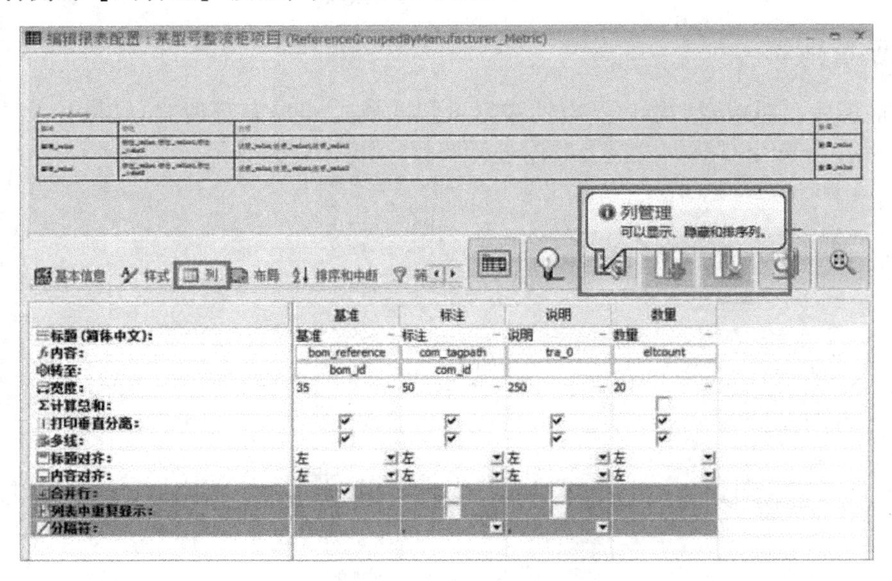

图 3-81　编辑报表配置

在弹出的【列配置】对话框中，勾选想要添加的列属性，如图 3-82 所示。

单击【确定】按钮后关闭【列配置】对话框，在【列】中便添加了已勾选的列属性，修改【列】下的各项内容，单击【应用】按钮完成对报表的设置，如图 3-83 所示。

图 3-82　列配置

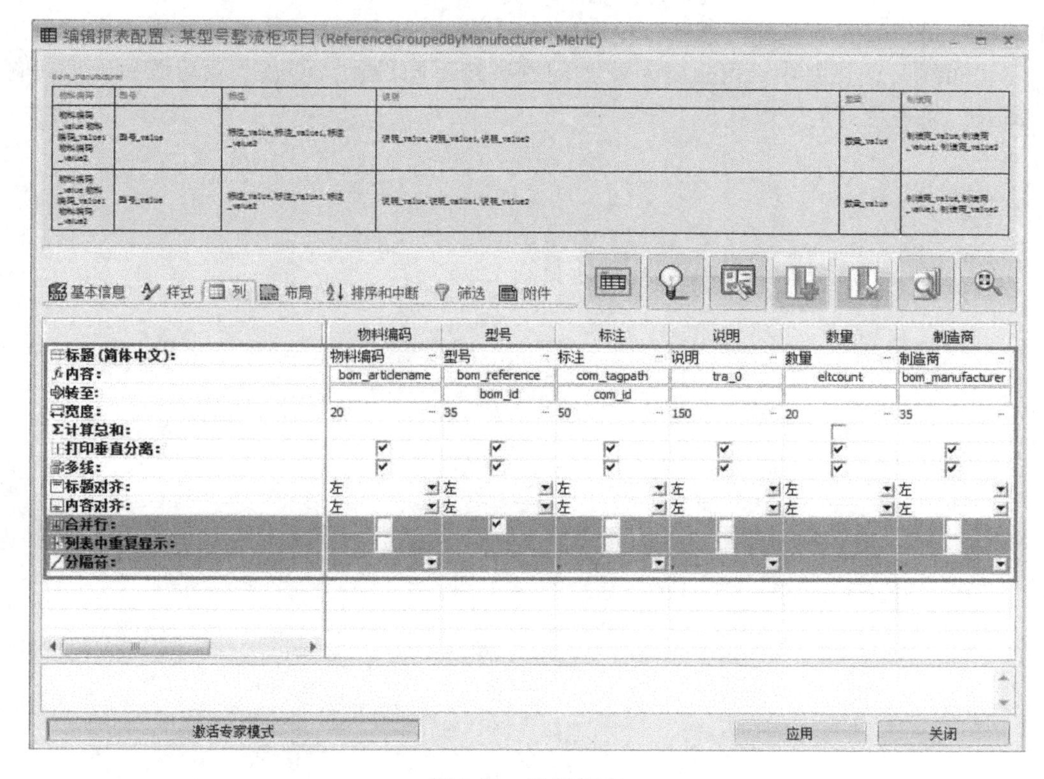

图 3-83　设置报表

关于 SOLIDWORKS Electrical 报表的设置，请扫描二维码观看操作视频。

3-4-3　报表的设置

3.5 总结

本章通过整流柜项目重点介绍了原理图设计中的“插入印刷电路板”和“黑盒”功能。在项目结构规划中，以“功能”和“位置”对项目进行划分，重点使用了“位置”将整流柜的4个功率单元分为不同的模块，同时也是模块化设计的典型代表。

在企业模板的创建过程中，新建电线样式是模板中不可缺少的内容。在电线样式属性中，“基本信息”栏中的内容只体现在原理图设计过程中，而“布线”栏中的属性更多体现的是3D布线和工艺加工内容。在企业线束加工过程中，为了提高制线和接线效率，甚至将所有的电线选择为同一种颜色，而且每种电线都有其对应的型号，需要在报表中进行统计，但是在原理图设计过程中为了更好地区分不同类型的电压信号，使原理图的设计更加清晰，往往采用不同的电线颜色进行绘制。在SOLIDWORKS Electrical的电线样式属性的“基本信息”和“布线”信息栏中，可以针对此类问题进行不同设置，使整个项目既符合原理图的设计要求，又满足工艺生产。

第 4 章　打包机电气控制系统的设计

项目概述

打包机电气控制系统主要由 4 个电机和 1 个 PLC 控制器组成，通过按钮和感应传感器进行信号反馈，完成整个控制系统的运转。系统工作流程：要打包的物品从入料传送带输送到第二个传送带进行旋转打包，然后通过出料传送带输出完成，如图 4-1 所示。

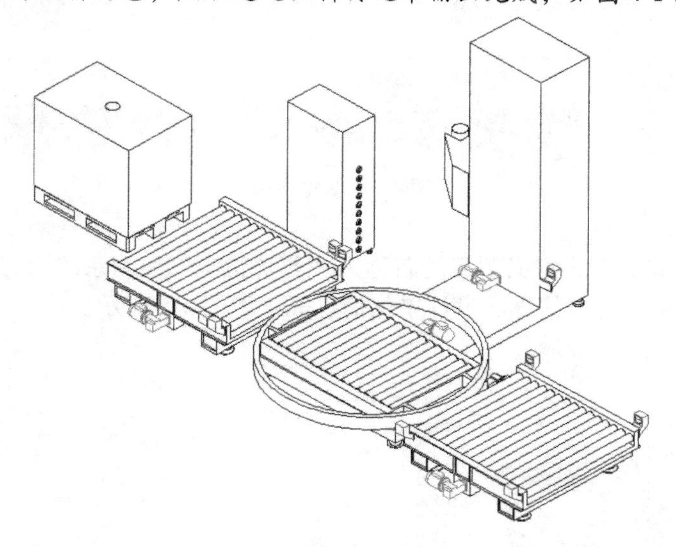

图 4-1　打包机系统流程

本章重点介绍 PLC 的三种设计方法：端子设计、2D 安装板设计以及通过与三维设计软件 SOLIDWORKS 集成实现机电一体化设计。

关于 SOLIDWORKS Electrical 软件打包机项目介绍，请扫描二维码观看视频。

4　打包机项目介绍

4.1　项目的新建

单击【工程管理器】/【新建】命令新建一个项目，本项目的模板选择【上海沐江设计模板】，如图 4-2 所示。软件自带的标准模板有 4 个，分别是 IEC、GB、ANS、JIS。在实际使用过程中，一般来说需要企业自己构建自己的模板。

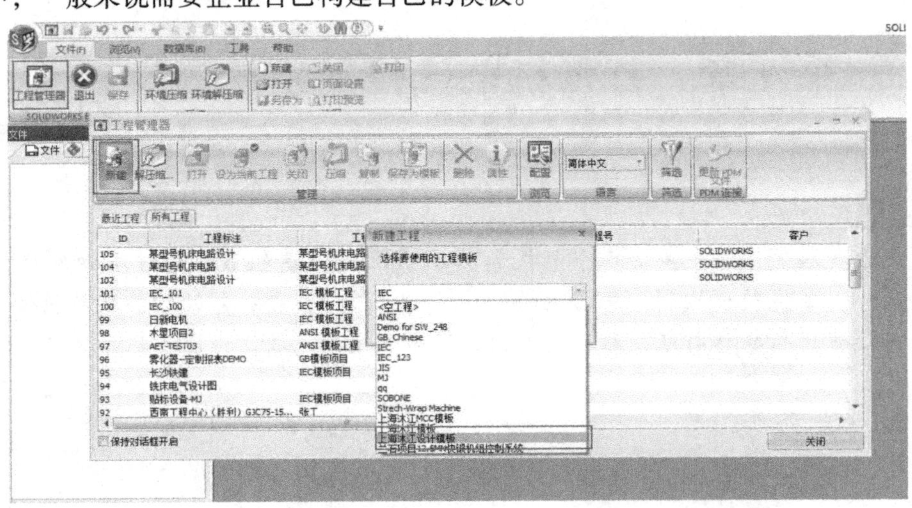

图 4-2　新建项目

弹出【工程】界面后，定义项目的名称为“打包机电气控制系统”，然后填写项目的各项信息，包括工程号、客户信息、设计单位信息等，如图 4-3 所示。

图 4-3　项目信息

创建项目后，模板中已经预先设置好了项目结构，包括文件结构、功能结构和位置结构。其中：

- 文件结构，将项目所需要的文件以树形文件夹形式建立起来，进行文档管理，包括

“系统图”和“原理图”等几个文件夹以及图纸首页和图纸清单。

- 功能结构，本项目打包机电气控制系统一共包括 4 个功能结构：“入料传输带控制”“第二段输送带”“出料传送带控制”以及默认功能结构“一般”。
- 位置结构，本项目的位置结构主要分为配电柜和柜外两个位置，如图 4-4 所示。

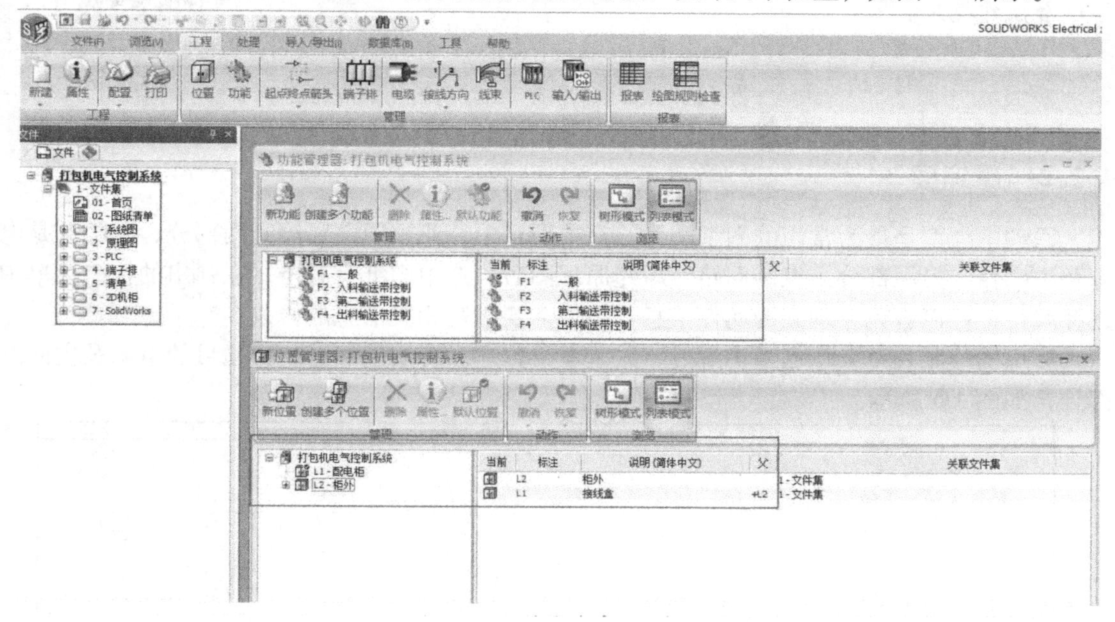

图 4-4　位置代号定义

有关项目的新建请扫描二维码观看操作视频。

2-1　项目新建

4.2　绘制图纸

4.2.1　图纸的类型

按 4.1 节内容新建完项目后，在左侧的导航器中就可以看到项目的树形结构，模板中已经包含了图纸管理的文件夹结构，如果需要新建图纸，只需要选中相应的图纸文件夹右击，在弹出的快捷菜单中选择新建即可。在 SOLIDWORKS Electrical 软件中，图纸的类型主要有 4 大类，分别是：原理图、布线方框图、混合型图纸以及其他类型图纸。下面将针对各种类型的图纸进行简单说明。

关于 SOLIDWORKS Electrical 软件图纸类型说明，请扫描二维码观看操作视频。

4-2-1 图纸类型说明

4.2.2 原理图

原理图类型是最为常用的图纸类型，在本项目中，原理图主要绘制两部分，一部分是电源及主回路，另一部分是控制回路。新建原理图后，选中图纸后右击，在弹出的快捷菜单中选择属性，可以看到原理图的属性信息，根据需要进行相关信息的修改。

原理图绘制在第 2 章已经讲解过，这里不再赘述。现绘制好打包机项目的电源及主回路部分，如图 4-5 所示。

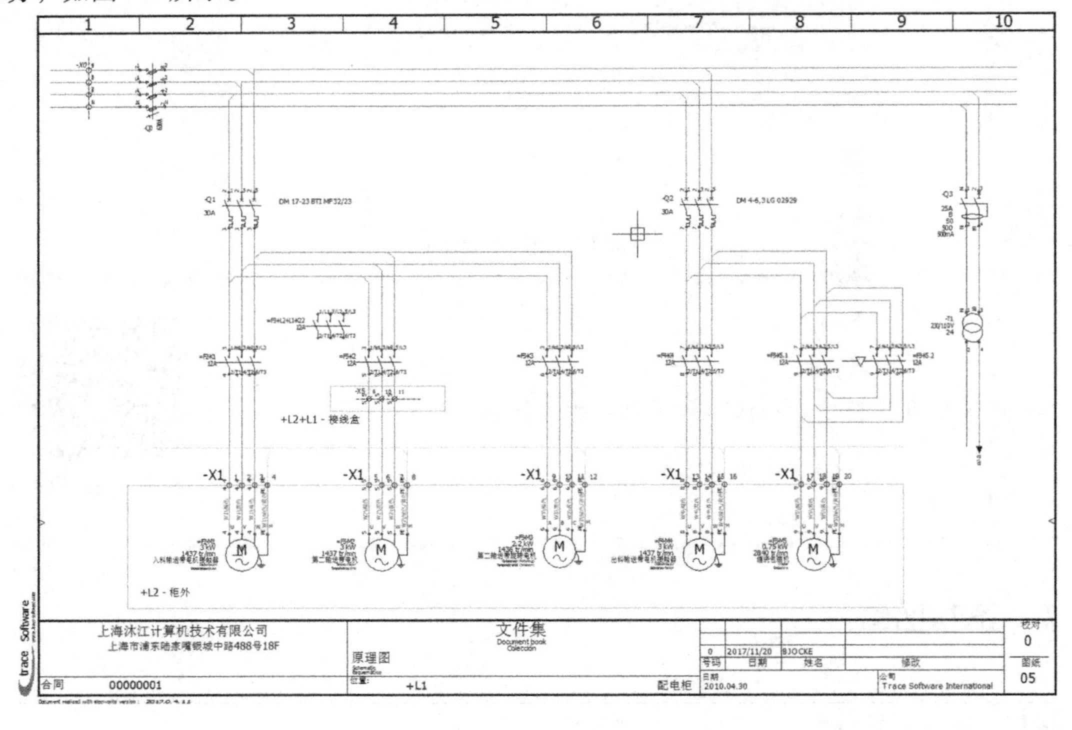

图 4-5　电源及主回路部分

4.2.3 布线方框图

布线方框图是电气设计过程中对于项目整体进行规划使用的工具之一，它将项目中的器件利用电线电缆连接起来，形成电气项目的整体关系。用它可以对电缆进行编辑，尤其是可以在没有原理图的情况下，对电缆的布局和连接关系进行编辑，这样一来，设计工作可以完成大部分。

打包机项目在布线方框图上进行了两个方面的设计，首先把系统整个功能进行了规划，将项目分为了 3 个功能区，如图 4-6 所示。

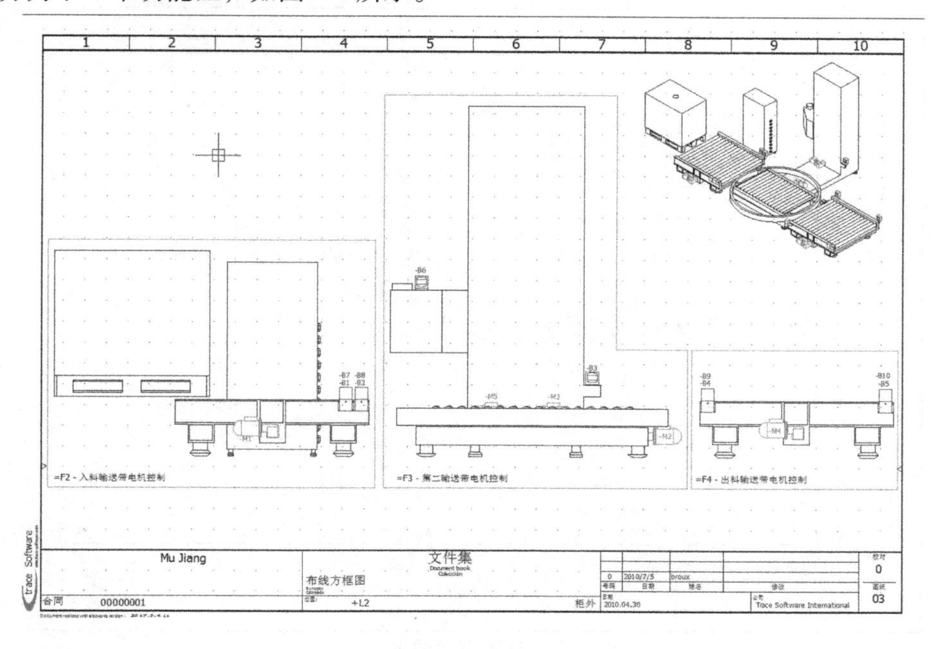

图 4-6　布线方框图 A

其次，在另外一种布线方框图中，从位置角度进行了项目结构的划分，主要是分为了柜内和柜外，如图 4-7a 和图 4-7b 所示。

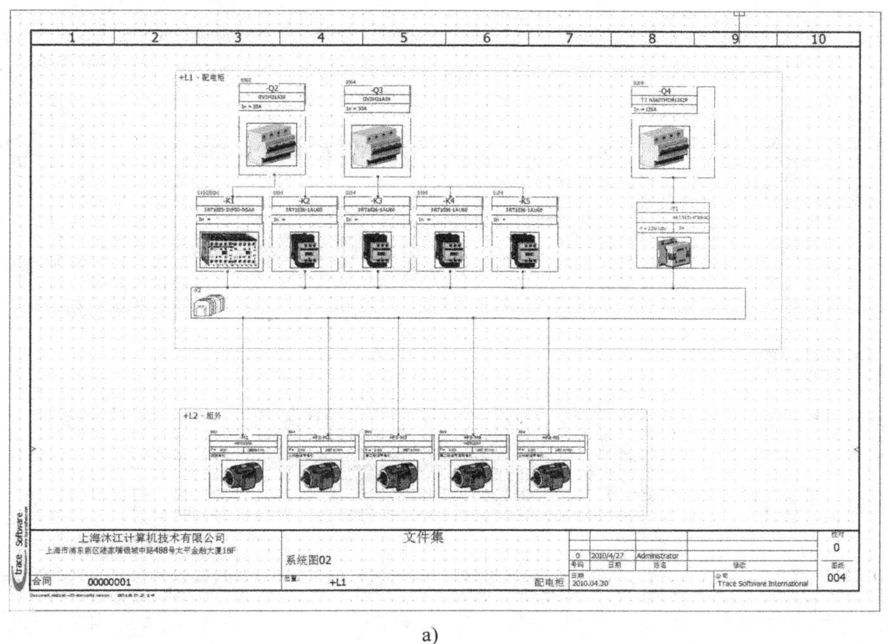

a)

图 4-7　布线方框图 B

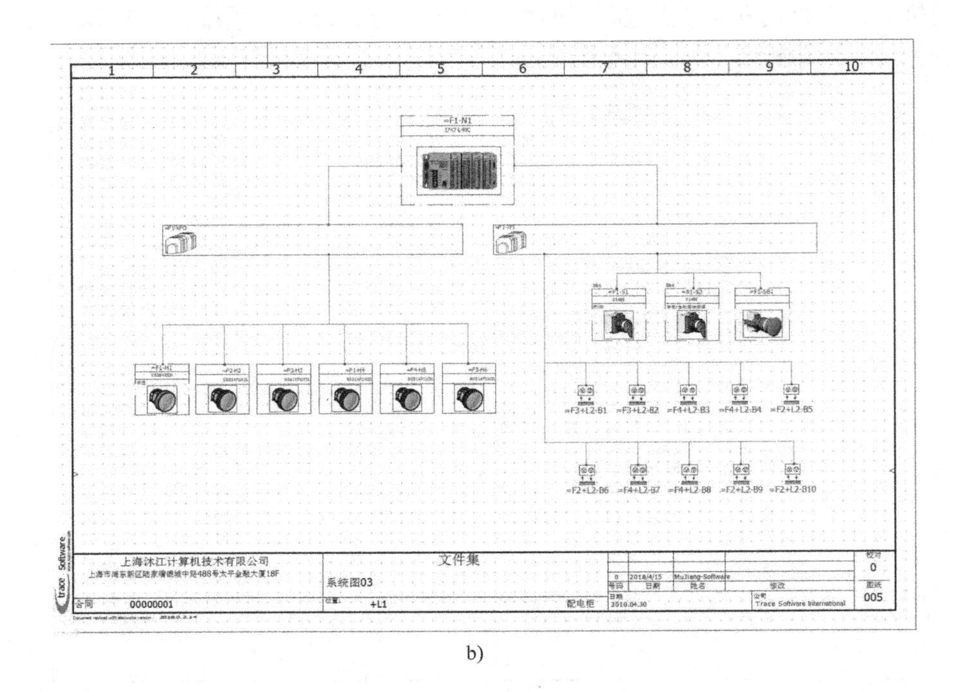

b)

图 4-7 布线方框图 B（续）

布线方框图的设计方法和原理图的设计方法是类似的，也是先调用符号库中的符号，然后用电缆连接起来。即便是通过电线连接不同的器件，也是用“绘制电缆”的操作进行设计的。

关于 SOLIDWORKS Electrical 软件布线方框图的操作，请扫描二维码观看操作视频。

4-2-3 布线方框图的操作

4.2.4 混合型图纸

混合型图纸就是在原理图、布线方框图的基础上共用资源的一种类型的图纸，也就是说在混合型图纸下，既可以进行原理图的设计，也可以进行布线方框图的设计，最简单的判别就是在混合型图纸格式下，菜单栏中既有原理图菜单，也有布线方框图菜单，如图 4-8 所示。

在绘制原理图时，只能使用多线制进行绘制，在布线方框图中基本上只能用单线制进行绘制，而混合型图纸相对来说要灵活得多，它主要应用在一些需要单线图和多线图混合使用的图纸页面上。

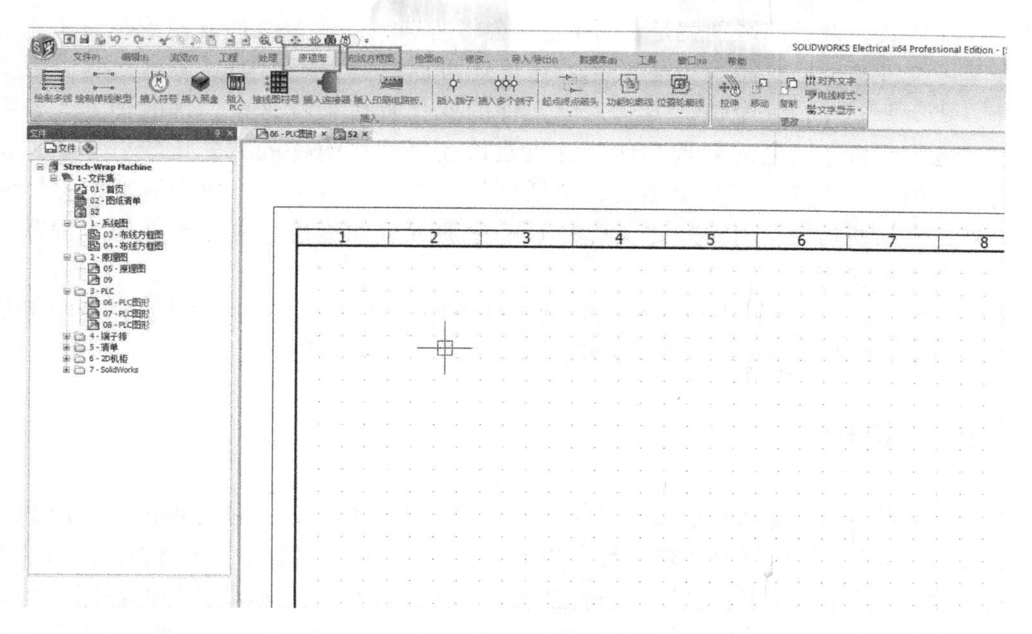

图 4-8　混合型图纸

4.2.5　其他图纸类型

在项目树中找到需要新建图纸的位置，右击，在弹出的快捷菜单中选择【新建】，其实可以看到还有几种类型的图纸或者文件可以新建，分别是封面、附件，以及数据文件快捷方式，如图 4-9 所示。

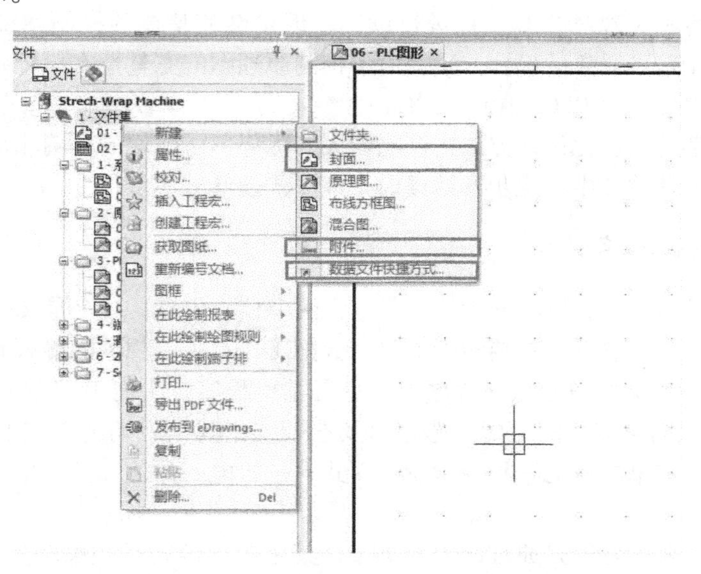

图 4-9　新建的图纸类型和文件

其中，“附件”可以加载的是计算机上的任何文件，作为项目的辅助文件，如 PLC 程序、项目合同中的技术文档、设计要求等各类文件。“数据文件快捷方式”是指附件这类文件的快捷方式。两者的区别就是，“附件”会将所选文件的原文件复制到项目中来，这样即便是原文件被删除或路径发生变化，这里还可以看到，不会受到影响；而“数据文件快捷方式”只是生成一个快捷方式，原文件的变化直接影响这里。这两种方式各有利弊，但是也都具备了一定的管理功能，这里建议还是使用附件的方式比较好，这样，项目打包后，用一个文件管理整个项目，包括项目相关的所有文件，便于后期的存档和查询。另外，将某些初次使用的关键设备的 PDF 手册加载到这里，也便于其他工程师在协同设计时查询和使用。

因此，附件是一个项目中扩展性最强的文件类型，对实际的项目设计工作有很大的作用，希望大家可以在使用过程中予以关注。

4.3 PLC 设计

本章的重点内容就是 PLC 的设计方法，SOLIDWORKS Electrical 软件提供了两种 PLC 的设计方法，也是大多数电气设计软件都常用的两种 PLC 的设计方法，分别为：板卡式设计和节点式设计。其中，板卡式设计，顾名思义是用板卡的形式将 PLC 的控制体系集中进行展现；而节点式设计是先将所有的 PLC 节点分散到控制系统中，再使用 PLC 总览的形式进行总体展现。

两者相比较：

- 板卡式是以前在使用 CAD 软件设计过程中延续下来的习惯，节点式是使用专业电气设计软件后常用的设计方法。
- 前者适合相对比较小的项目，后者更加适合较大型的项目。
- 前者比较容易实现对 PLC 设计进行读图，但是会使整体的控制系统比较难理解；后者更适用于基于对象的设计方法，对于控制原理图的完整性有比较好的保证，也可以利用总览整体了解 PLC 的控制系统。
- 后者在后期的模块化设计方法中有比较大的优势，对模块的分割非常方便，因此，在专业电气设计软件中，逐步开始倾向于节点式设计方法。

4.3.1 PLC 设计思路

在实际的设计项目中，PLC 的设计主要包含两个核心内容，一个是实际的端口分配，另一个是程序。作为设计软件，主要负责端口的分配工作，关联相关的输入和输出。有很多用户在 PLC 设计过程中会将重心放在程序上，总是觉得程序是决定 PLC 设计的核心技术，殊不知 PLC 的技巧反而是端口的分配、选择以及选型，尤其是后期的工艺及生产过程起着重要的作用，包括这本书主推的一种新型设计模式——机电一体化设计，也是需要在端口分配和选型上下功夫的。

鉴于此，首先要做好的是原理图中的 PLC，其主要内容就是相关联的设备和关联关系，连接所使用的电线或者电缆，主要目标是工艺生产部门的人员在读图和装配过程中可以比较容易和轻松。现在，要做的是将所有需要用的 PLC 的 I/O 进行整理，最好是做出一个表格，见表 4-1。

表 4-1　I/O 表

地　址	助　记	说　明	地　址	助　记	说　明
IN. 3	I/O 1	紧急停止	IN. 10	I/O 10	检测器 7
IN. 2	I/O 2	自动/手动	IN. 11	I/O 11	检测器 8
IN. 1	I/O 3	开/关	IN. 12	I/O 12	检测器 9
OUT. 8	I/O 14	低压	IN. 13	I/O 13	检测器 10
OUT. 0	I/O 15	电机 M1 正转	OUT. 9	I/O 21	入料传送带电机
OUT. 1	I/O 16	电机 M1 反转	OUT. 10	I/O 22	出料传送带电机
OUT. 2	I/O 17	电机 M2	OUT. 11	I/O 23	上升
OUT. 3	I/O 18	电机 M3	OUT. 12	I/O 24	下降
OUT. 4	I/O 19	电机 M4	OUT. 13	I/O 25	起动
OUT. 5	I/O 20	电机 M5	OUT. 14	I/O 26	停止
IN. 4	I/O 4	检测器 1	DC 24V	IO 0	PLC 电源
IN. 5	I/O 5	检测器 2	VDC1	IO 27	PLC 输出 DC01
IN. 6	I/O 6	检测器 3	VDC2	IO 28	PLC 输出 DC02
IN. 7	I/O 7	检测器 4	VDC3	IO 29	PLC 输出 DC03
IN. 8	I/O 8	检测器 5	VDC4	IO 30	PLC 输出 DC03
IN. 9	I/O 9	检测器 6			

表 4-1 主要包含的是输入和输出的类型，以及每一个类型的备注说明，这种 I/O 表也是编程必不可少的依据文档。有了这个文档之后，接下来还需要将这些 I/O 的定义和物理地址进行关联，这就是图纸上要进行的主要工作，在 SOLIDWORKS Electrical 软件里面，是通过一些更为便捷的方式进行关联的。下面就以打包机为例进行说明。

本书重点使用两种方式来进行 PLC 方面的设计工作，让大家可以熟悉两种不同的 PLC 设计模式，接下来依次来讲解。

4.3.2　PLC 板卡式设计

所谓板卡式设计，就是在 PLC 设计过程中，以 PLC 为核心，将图纸中所有与 PLC 相关的信息都集中体现在板卡上，形成一个集中式的 PLC 连接图，如图 4-10 所示。

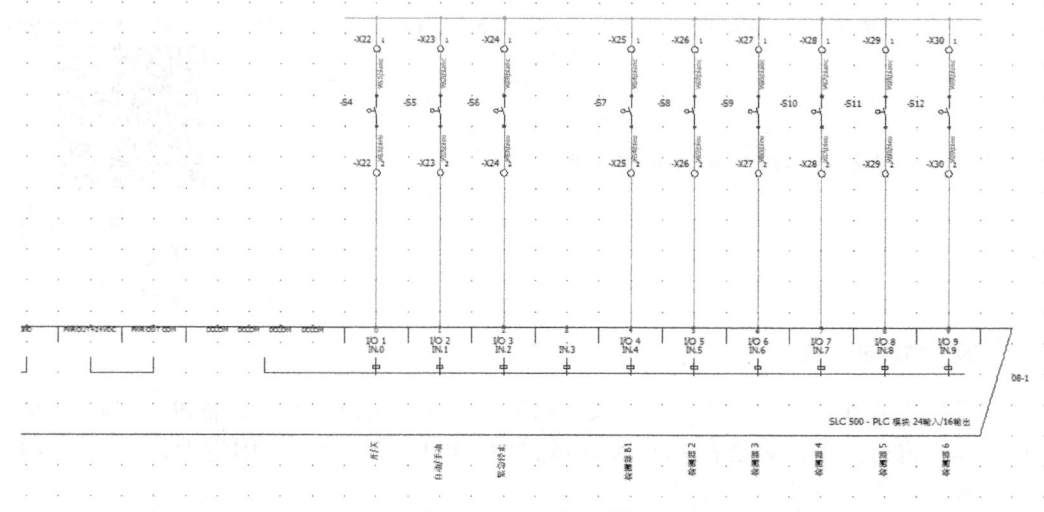

图 4-10　PLC 板卡样图

4.3.3 PLC 输入/输出管理器

在 SOLIDWORKS Electrical 软件的 PLC 设计中，首先需要将本项目中的所有输入和输出进行整理和定义，这项工作也是在进行程序设计时的预先工作。SOLIDWORKS Electrical 软件是通过【输入/输出管理器】工具（图 4-11）进行定义的，在这个管理器中，将项目中所需的输入和输出端信息进行定义，并且填写说明，以便于后期使用时的读图和理解。

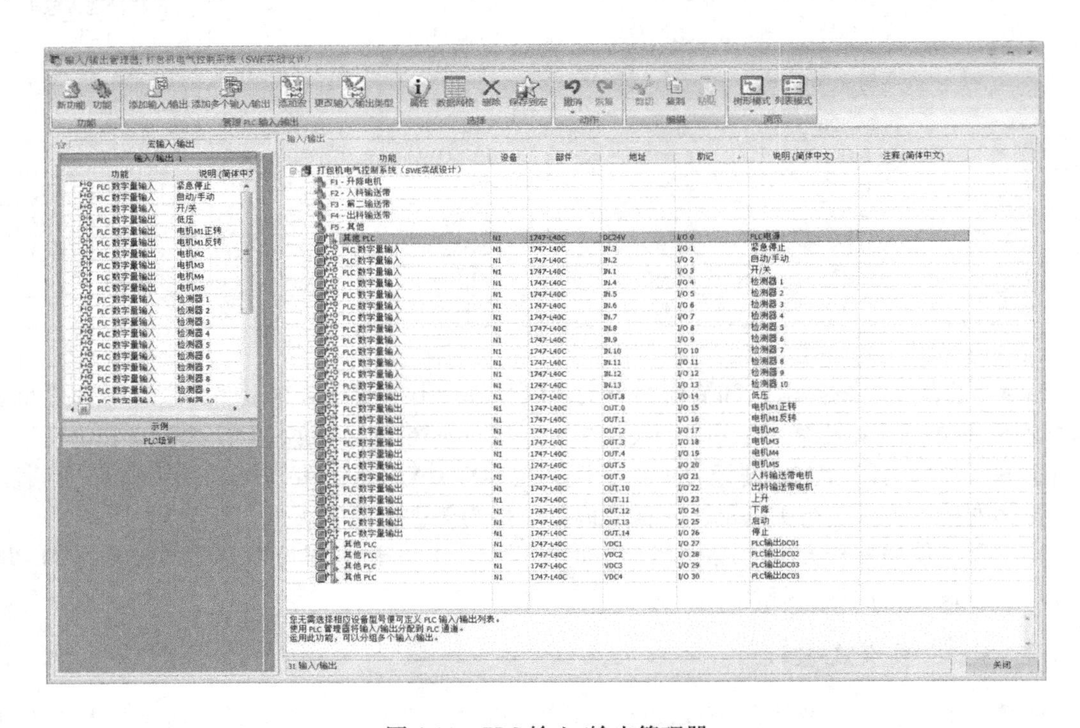

图 4-11 PLC 输入/输出管理器

具体操作请扫描二维码观看操作视频。

4-3-3 PLC 输入/输出管理器定义

4.3.4 物理地址关联

在定义好输入和输出后，需要将定义好的输入点和输出点与硬件设备进行关联，相当于在设计工作中进行选型，只是在 PLC 设计过程中，PLC 的端口是不固定的，因此需要根据实际应用和程序来进行关联。

具体操作请扫描二维码观看操作视频。

4-3-4　PLC 物理地址关联

4.3.5　PLC 图纸自动生成

SOLIDWORKS Electrical 软件在定义好输入点和输出点，以及关联好相关设备后，软件提供一个工具或者一个通道，可以自动生成板卡式图纸（事实上，生成这些图纸是需要事先定义好相关的模板和配置的，有关这方面的内容比较复杂，本书暂不涉及），大家可以直接应用软件自带的模板。这里需要注意的是，在生成图纸前，需要进行分页符的设定，以避免出现输入和输出在同一页图纸中出现的情况。

具体操作请扫描二维码观看操作视频。

4-3-5　PLC 图纸自动生成

4.3.6　PLC 节点式设计方式

所谓节点式设计方式，是指在电气控制系统中，先将 PLC 的所有输入点和输出点分散到了原理图的不同图纸页中，然后再由一个 PLC 的总览图说明 PLC 的所有节点的用途。这种画图法的好处是，原理图比较完整，有利于调用宏和进行模块化设计。这种画法在国外企业比较流行，目前国内的用户中比较少用，主要是因为企业很多情况下还没有实现宏设计或者模块化设计。

节点式画法在插入电源模块时，是按照插入符号选择 PLC 设备后进行设计的。这时，PLC 的各个分散点是仍然需要单独进行插入的，方法是从设备树中选择 PLC 设备，然后右击插入符号，选择需要插入的 I/O 点符号，再插入到图纸中。

本项目的原理图在这种设计方法下的效果如图 4-12 和图 4-13 所示。

4.3.7　PLC 总览

使用节点式画法的 PLC 图纸，必须要有一个 PLC 的“总览符号”来对整体的 PLC 进行说明，以便于其他人员读图。SOLIDWORKS Electrical 软件是使用插入总览符号的方式来生成总览的，这就需要制作这个 PLC 的总览符号，这里会运用各种不同的 PLC，由于节点的数目不同，总览也应不同，使用方式就是直接在相关图纸的位置插入符号，如图

4-14 所示。

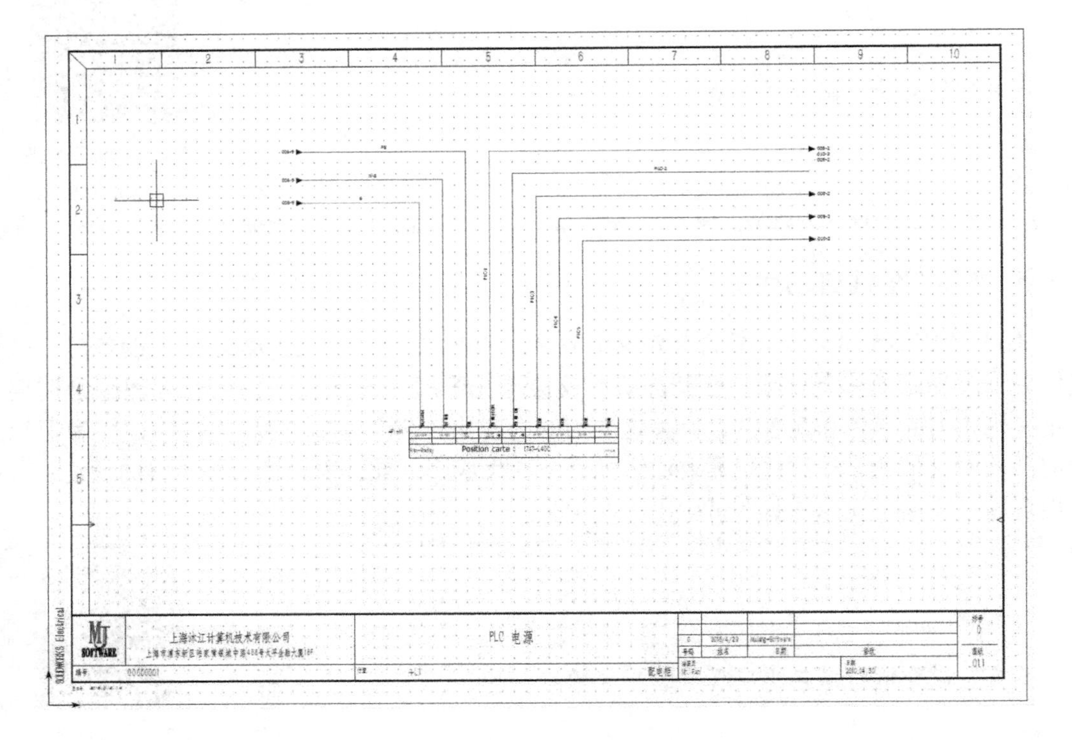

图 4-12　PLC 节点设计样图 1

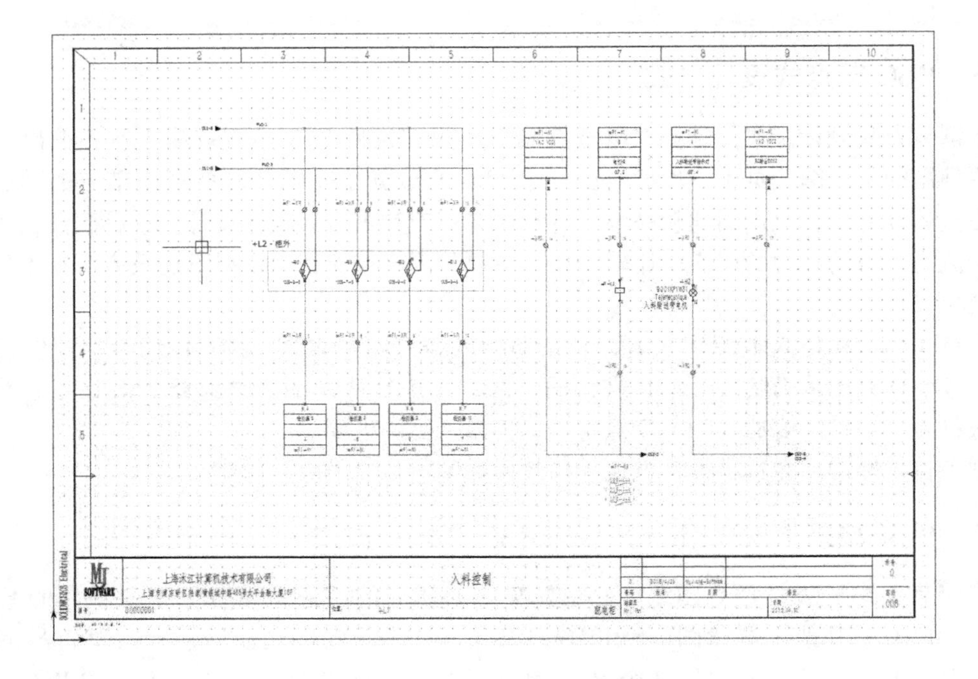

图 4-13　PLC 节点设计样图 2

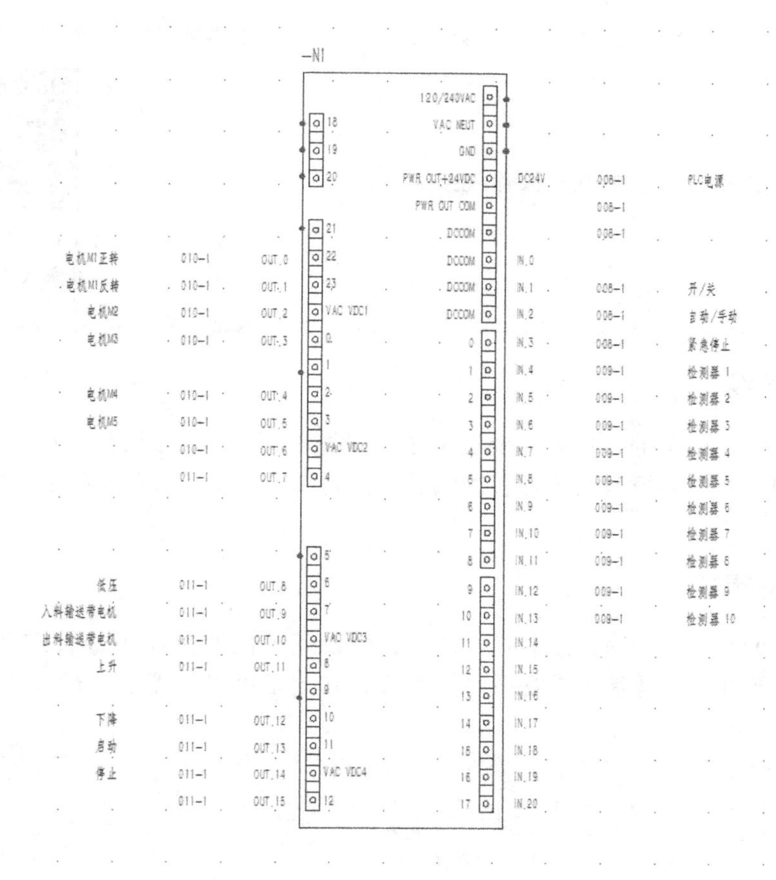

图 4-14　PLC 总览

绘图操作请扫描二维码观看操作视频。

4-3-7　PLC 节点式画法

4.4　端子及端子排的设计

4.4.1　端子的创建和放置

SOLIDWORKS Electrical 软件里，端子的创建是通过原理图中插入单个或者多个端子进行的。需要注意的是，在插入端子时端子要进行方向的确认，一般指的是端子电流的流向，在这个项目中，端子主要是用于柜内和柜外的隔离和联系。

具体做法请扫描二维码观看操作视频。

4-4-1　端子插入以及永久设备概念

4.4.2　端子跳线

有些端子是短接起来的，这就需要在端子上设置“跳线”。在设计时已经短接的电线，端子图会根据电位自动将所有需要短接的端子短接起来，因此，只需要在原理图阶段插入端子即可。

4.4.3　端子编辑器

在 SOLIDWORKS Electrical 软件中，端子的设计还可以通过端子排管理器。单击【工程】/【端子排】即可打开【端子排管理器】界面，在这里可以对端子进行一些设计和设置，如图 4-15 所示。

图 4-15　【端子排管理器】界面

在原理图设计过程中，插入的端子排在这里都会显示，选择其中的某一个端子排，单击【编辑】，即可对该端子排进行编辑。这里还可以添加预留端子。

端子排编辑器的具体操作请扫描二维码观看操作视频。

4-4-3　端子排编辑器的操作

4.4.4　生成端子图

经过端子排编辑器编辑后的端子排，可以通过单击【生成图纸】选项来自动生成端子图，单击【目标文件夹】选项可以选择将自动生成的端子图放在哪个文件夹内。端子图的样式是需要在端子排编辑器中进行设置的。

本项目生成图4-16所示效果的端子。

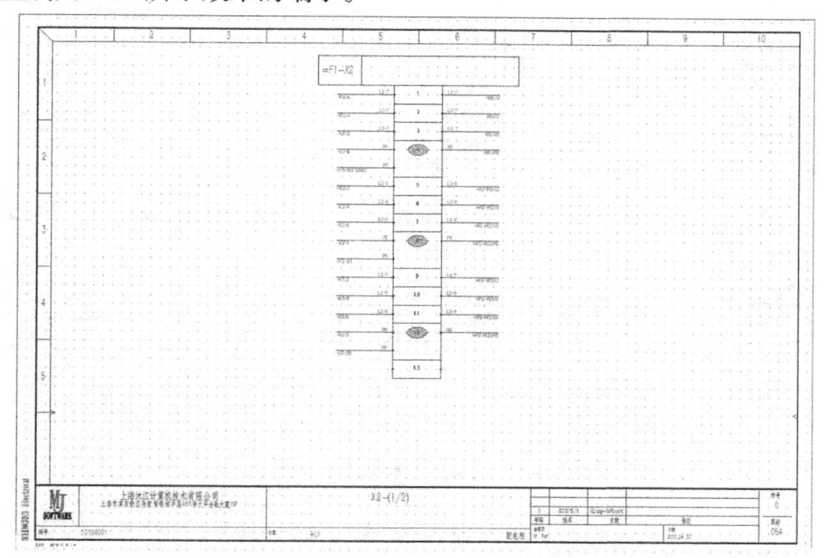

图4-16　端子图

生成端子图后，会出现如下窗口（图4-17），说明端子图的生成情况。

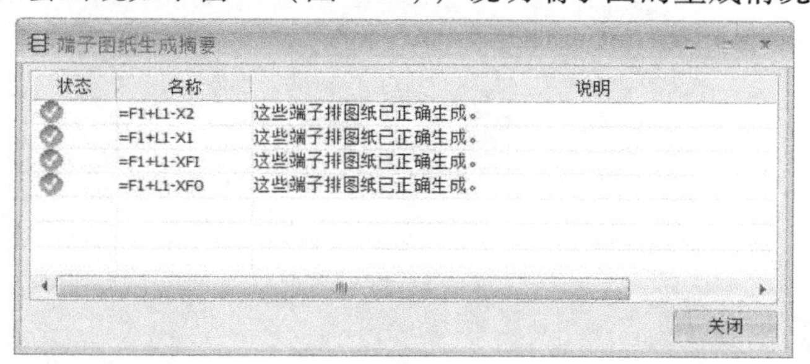

图4-17　端子图生成结果

4.4.5　设置端子图

端子图有可能并不符合某些用户的要求，这就需要对端子图进行一些设置，以满足不同用户的需求。主菜单下单击【工程】/【端子排】，打开【端子排管理器】界面，选择一个端子排，单击【编辑】按钮打开【端子排编辑器】界面，在【编辑】选项卡下单击【端子排图纸配置】按钮，进入【端子排图纸配置】界面，在这里可以对端子排所生成的图纸格式以及排列和布局进行设置，如图4-18和图4-19所示。

编辑 高级

插入 插入多个端子 删除 端子排属性 属性 设备型号 更改功能 进入 撤消 恢复 端子排图纸配置 生成图纸 剪切 复制 粘贴 全选

管理 动作 进程 编辑

目标	线号	标注	位置	线号	目标
=F1+L1-K1:6	L1-7	1	006-2-5	L1-7	=F1+L2-M1
=F1+L1-K1:4	L2-7	2	006-2-5	L2-7	=F1+L2-M1
=F1+L1-K1:2	L3-7	3	006-2-5	L3-7	=F1+L2-M1
=F1+L1-N1:GND	PE	4	006-3-5	PE	=F1+L2-M1
=F1+L1-X2-8	PE		006-3-5		
=F1+L1-K2:2	L3-8	5	006-4-5	L3-8	=F2+L2-M2
=F1+L1-K2:4	L2-8	6	006-4-5	L2-8	=F2+L2-M2
=F1+L1-K2:6	L1-8	7	006-4-5	L1-8	=F2+L2-M2
=F1+L1-X2-4	PE	8	006-4-5	PE	=F2+L2-M2
=F1+L1-X2-12	PE		006-4-5		
=F1+L1-K3:2	L1-9	9	006-5-5	L1-9	=F3+L2-M3
=F1+L1-K3:4	L2-9	10	006-5-5	L2-9	=F3+L2-M3
=F1+L1-K3:6	L3-9	11	006-6-5	L3-9	=F3+L2-M3
=F1+L1-X2-8	PE	12	006-6-5	PE	=F3+L2-M3
=F1+L1-X2-20	PE		006-6-5		
		13	006-6-5		
		14	006-6-5		
		15	006-7-5		
		16	006-7-5		
=F1+L1-K5:2	L1-11	17	006-8-5	L1-11	=F4+L2-M5
=F1+L1-K5:4	L2-11	18	006-8-5	L2-11	=F4+L2-M5
=F1+L1-K5:6	L3-11	19	006-8-5	L3-11	=F4+L2-M5

关闭

图 4-18 【端子排编辑器】界面

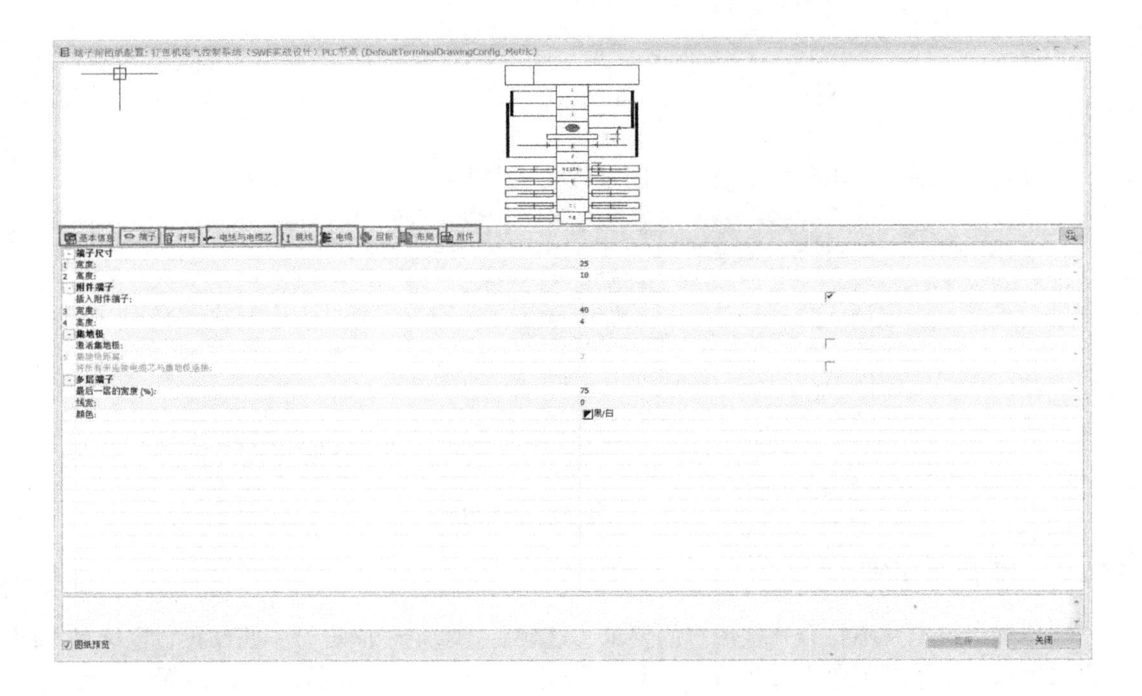

图 4-19 设置端子图

在这个配置中，可以修改图纸布局和端子排的样式等。

端子排设置请扫描二维码观看操作视频。

4-4-5　端子排设置

4.5　报表的生成

4.5.1　生成报表

在原理图设计结束后，项目所需的基本数据都已经得到，这时可以根据需要生成相关的报表。SOLIDWORKS Electrical 软件自带的报表模板有 40 多种，当然，报表也是可以自己定制的，以实现特别需要。

单击【工程】/【报表】，进入【报表管理器】界面，本项目中用到的报表有 7 种，主要是一些材料清单和电线电缆的连接清单，以及图纸清单等，如图 4-20 所示。

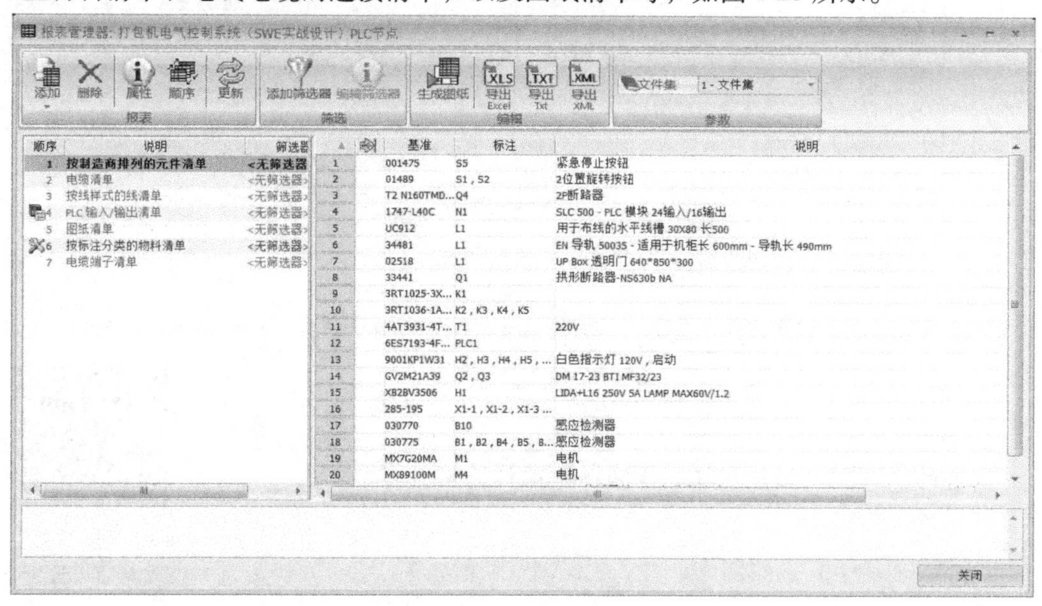

图 4-20　【报表管理器】界面

报表既可生成图纸，也可以导出 Excel 等格式进行交互，保存到相关位置即可。

4.5.2　更新报表

在设计过程中，通过【报表管理器】界面可以实时地查看设计过程中数据的变化。虽然报表是实时进行更新的，但是不能从报表中进行修改反写回项目图纸中。生成图纸以后，生成的图纸不能进行实时更新，因此在每次修改图纸之后，需要在【文档管理器】中对报表进行更新。

4.5.3 设置报表

在 SOLIDWORKS Electrical 软件中，报表的模板虽然有 40 多种，但有些内容可能不符合设计的要求。这时，SOLIDWORKS Electrical 软件提供了供用户自己修改报表的方法，单击【属性】或者右击从快捷菜单中选择“属性”，打开【编辑报表配置】界面，如图 4-21 所示，可以自行对相关报表中的信息进行修改，包括报表的布局和排序规则、报表中断规则等。

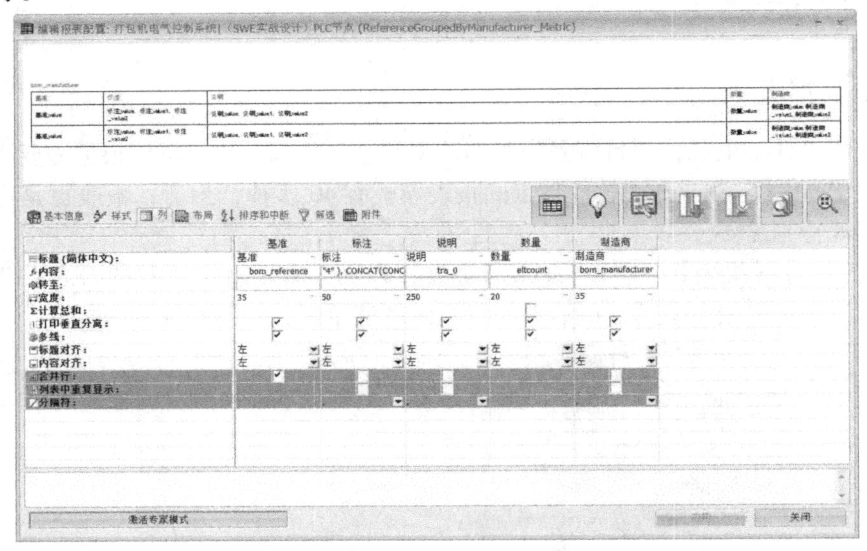

图 4-21　报表的设置

报表的生成和介绍请扫描二维码观看操作视频。

4-5-3　报表的生成与简单设置

4.6 2D 机柜布局设计

4.6.1 生成 2D 机柜布局图

单击【处理】/【2D 机柜布局】命令，打开生成界面，如图 4-22 所示。

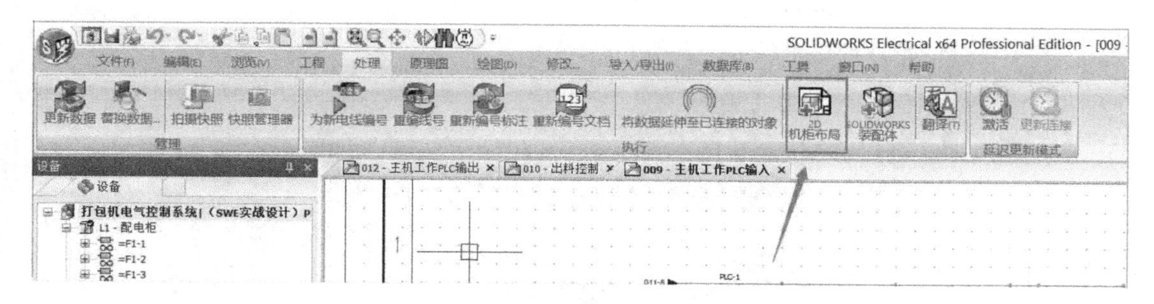

图 4-22　生成 2D 布局图

生成 2D 机柜布局图的界面，是按照位置分割图纸的，勾选需要生成的位置，单击【确定】按钮即可生成一张 2D 布局图空白图纸，并且进入布局图的设计环境，如图 4-23 所示。

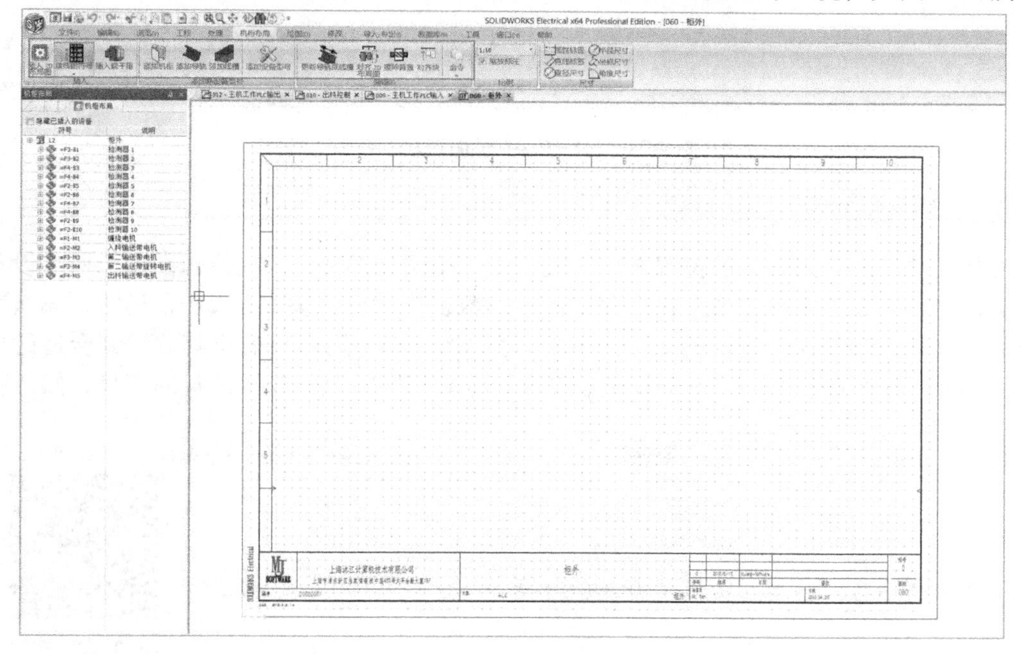

图 4-23　2D 布局图

在布局图的设计界面，左边的列表为打开图纸的位置下所有设备列表，在这个树形结构下，包含了这个位置下的所有设备。

4.6.2　基础器件

在 2D 机柜布局图中，有一些器件是在电气原理图中无法添加的，或者说是没有电气属性的设备，如机柜柜体、导轨、线槽等，这些器件在这里称为基础器件。这些基础器件，需要在 2D 机柜布局设计时进行添加，添加后，在 3D 布局设计中也就添加了。添加方式为：单击【添加机柜】弹出设备选型窗口，选择一个已经建立好的机柜部件后，先单击 ⊞ 图标添加，然后单击【选择】按钮关闭当前对话框，即添加了一个基础器件，如图 4-24 所示。导轨和线槽的添加方式与机柜一样，这样就可以构建出这个柜子的基本条件了。

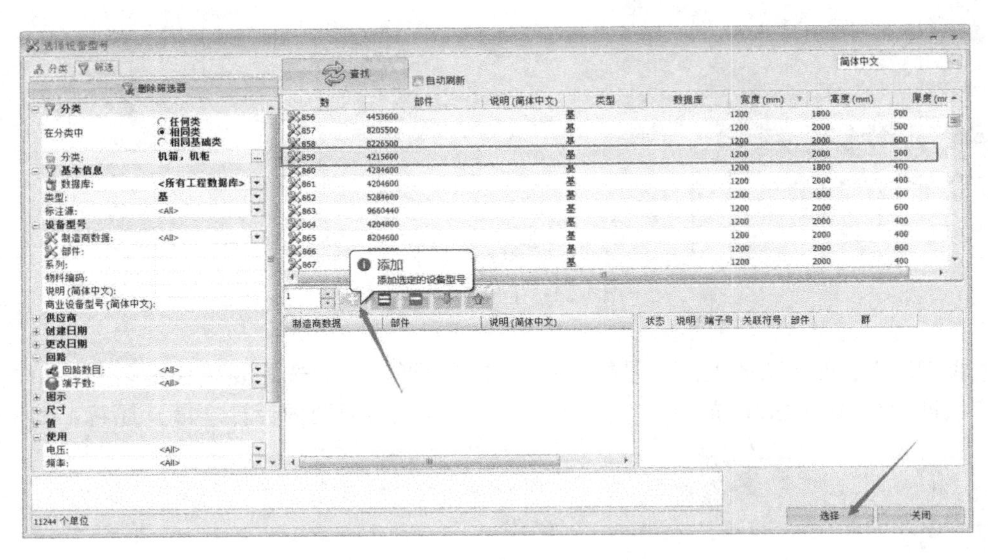

图 4-24　2D 布局图添加导轨和线槽

4.6.3　部件的放置

将基础器件放置到合适的位置之后，就可以开始添加部件了。在原理图中，所有设备部件都会在设备列表中出现，如果在做这些部件的数据库时已经关联了 2D 布局图，那么直接双击部件就会自动将这个部件的 2D 布局图符号添加进来，用户只需将其放置到合适的位置即可。如果没有关联符号，那么就需要在 2D 布局图符号库中先选择设备的符号，然后将其添加到图中。

具体的操作可扫描二维码观看操作视频。

4-6-3　2D 布局图设计操作

4.6.4　更新部件和组件

在设计过程中，有时会出现更换设备或者图纸的情况，但是在 2D 布局图中是不能自动更新设备的，这就需要设计者将更换的部件进行替换，方法是先在 2D 原理图中更换设备，再在 2D 布局图中将原设备删掉，然后再重新插入即可。

4.6.5　优化接线方向

在实际的生产过程中，原理图的排布方式与柜内的排布方式往往是不一致的，在原理图中的接线方向并不一定适合在机柜中实施，有些企业希望使用接线图的方式进行生成，但实际应用过程中很难做得到。在 SOLIDWORKS Electrical 软件中，可用优化接线方向的方式来解决接线图的问题，其基本原理是，在 2D 布局图中将设备布局做好，模拟出设备的排布方式，这样，同电位的设备如果安装得比较近，则可以就近取电，这样就可以和现场安装比较接近，以达到规范布线的效果。

优化接线方向的操作非常简单，只需要在做好 2D 布局图后，单击【工程】/【接线方向】/【优化接线方向】，如图 4-25 所示，打开【优化接线方向】对话框。

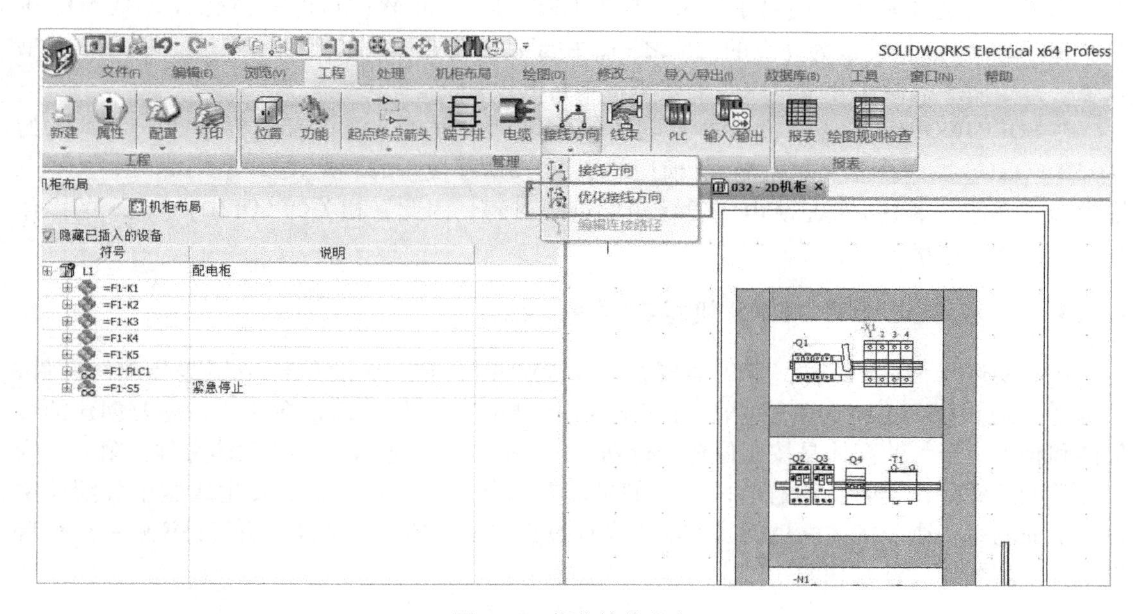

图 4-25　优化接线方向

在优化过程中对一些参数可以进行设置，如图 4-26 所示。根据自身需要进行相关选择后即可进行优化，优化后的接线方向就是 2D 布局图结构下的接线方向。

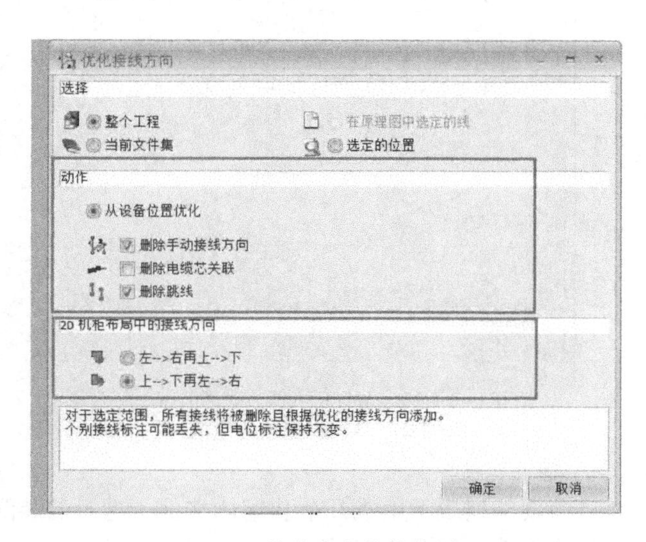

图 4-26　接线方向的优化设置

4.7 机电一体化设计

SOLIDWORKS Electrical 软件最有利于机电一体化设计方式，现在很多企业也逐步意识到这种设计方式会成为未来必须要掌握的设计方式，它能给电气设计及相关工艺提供数据，以达到精细化设计及生产的目的。SOLIDWORKS Electrical 软件机电一体化设计是 SOLID-WORKS Electrical 软件最为亮点的功能之一，由于涉及的技术操作等都非常多，因此，本书只是进行了简单的操作介绍，以及一些基本项目的设计。

在 SOLIDWORKS Electrical 软件机电一体化设计过程中，设计者需要掌握一定水平的 SOLIDWORKS 操作技能，如基本 3D 模型的创建，3D 环境下的装配，3D 草图等一些基本三维模型的操作。本书主要是从电气设计角度进行讲解，因此，相关的 SOLIDWORKS 的操作和基本技能在这里不再展开。

4.7.1 生成 SOLIDWORKS 机柜布局图

在需要进行 3D 布局时，首先需要在 SOLIDWORKS Electrical 软件中创建装配体文件，单击【处理】/【SOLIDWORKS 装配体】，出现创建装配体文件界面，在此选择需要创建的装配体和相关位置。装配体是按照位置进行划分的，每一个位置有一个装配体文件。第一个为工程类型的文件，实际上为总装配体，如果需要总装文件的话，就需要生成这个装配体文件。下面的每一个装配体文件就是在电气设计过程中设置的位置文件，也就是说每一个位置生成一个装配体文件，如图 4-27 所示。

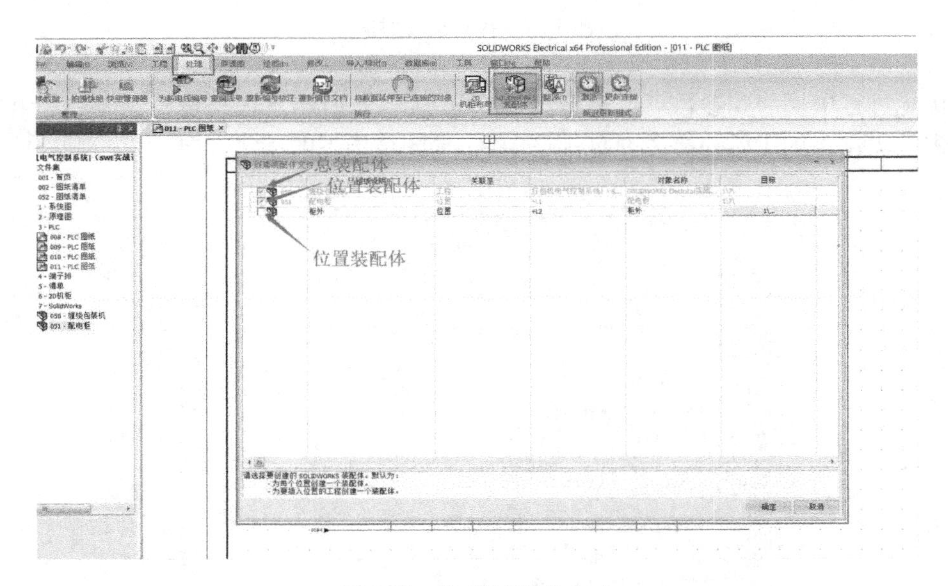

图 4-27　3D 装配体的生成

按照上述步骤在项目的文件列表下生成几个装配体文件，这时的装配体文件还不代表设备，仅仅是一个空的装配体文件，如图 4-28 所示。

4.7.2　机电一体化设计的准备工作

在开始机电一体化设计之前，需要做一些准备工作，主要是给已有的电气设备添加电气属性连接点，只有添加了电气属性的模型才可以进行自动布线。在 SOLIDWORKS Electrical 软件 2018 版本以后，电气设备的电气属性添加已经被打包进了 Routing 模块的 Routing Library Manager 进行设置，该设置是属于 SOLIDWORKS Routing 模块中的内容，这里不再详细介绍 SOLIDWORKS Routing 中的功能，只是将其中的电气模块部分进行一些介绍。

在打开模型之前，需要将 Routing 插件打开，如图 4-29 所示。

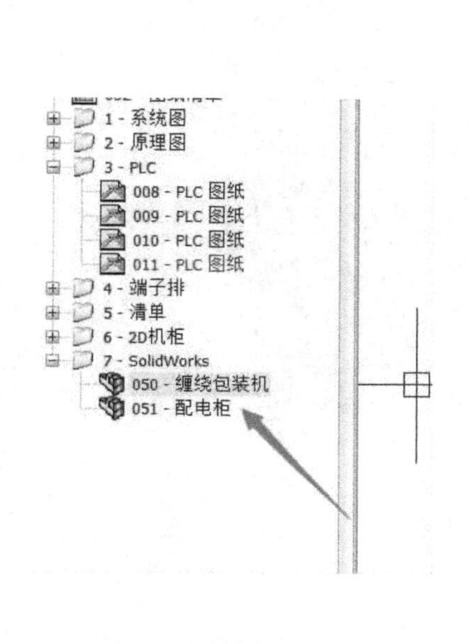

图 4-28　3D 装配体文件

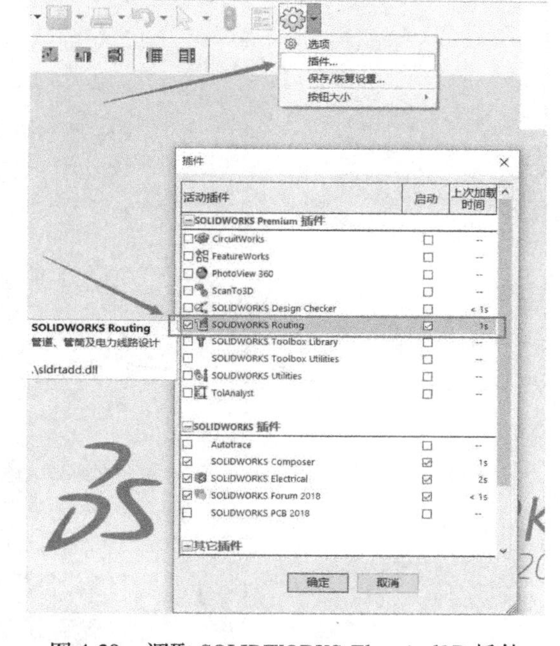

图 4-29　调取 SOLIDWORKS Electrical3D 插件

打开插件后，再打开一个电气模型，这是由 SOLIDWORKS 或者其他三维设计软件设计的，被转化为 stp 等格式后由 SOLIDWORKS 读取打开。打开模型后，单击菜单【工具】/【SOLIDWORKS Electrical 软件】/【电气设备向导】，如图 4-30 所示，此时打开【Routing Library Manager】界面（图 4-31）的电气零部件向导，接下来就要用这个向导来进行电气属性的添加。由于使用向导，这个过程比较简单。

详细过程请扫描二维码观看操作视频。

4-7-2　三维模型的电气属性添加

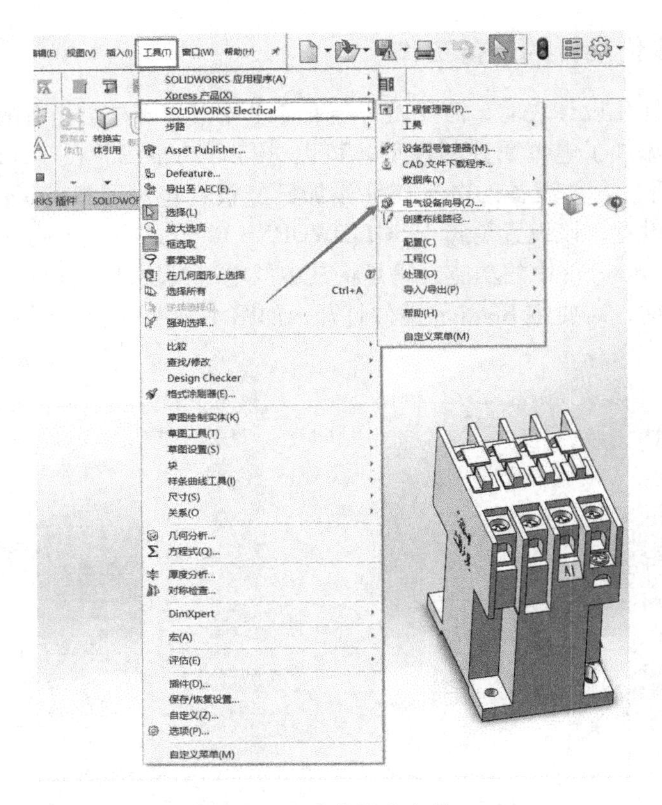

图 4-30　电气设备向导

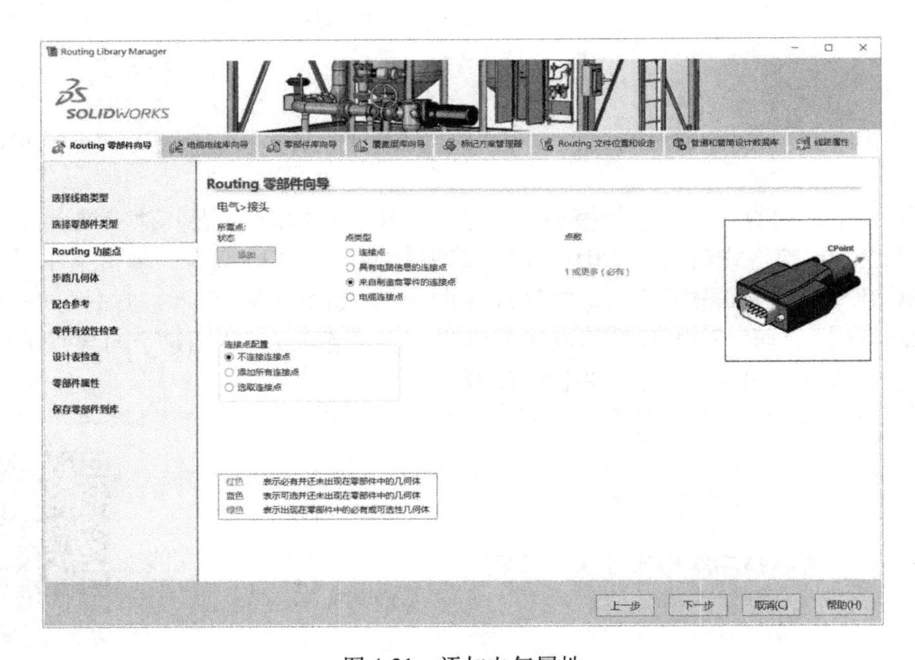

图 4-31　添加电气属性

在添加电气属性时，可以选择几种方法进行添加，一种是根据二维软件中电气设备库里的设备属性进行添加，这样可以将这个设备的电气连接点信息直接读取到向导中，由此获取的设备信息与原有设备完全匹配。另外，也可以在没有电气设备信息的情况下进行电气属性的添加，这样就需要进行一些信息的关联。这里建议大家还是以第一种方法来添加电气属性信息。

4.7.3　在 SOLIDWORKS 中打开项目及项目结构介绍

生成项目的装配体文件后，就可以打开 SOLIDWORKS 软件了。在打开 SOLIDWORKS 之后，可以看到 SOLIDWORKS 软件中【工具】菜单下有一个【SOLIDWORKS Electrical 软件】的菜单，它的第一个图标就是在二维电气原理设计时用到的【工程管理器】，这里的工程管理器和原理图设计模块的工程管理器是完全一致的。打开【工程管理器】后，在本机或者其他计算机上的用户正在打开的项目会显示为红色字体（图 4-32）。

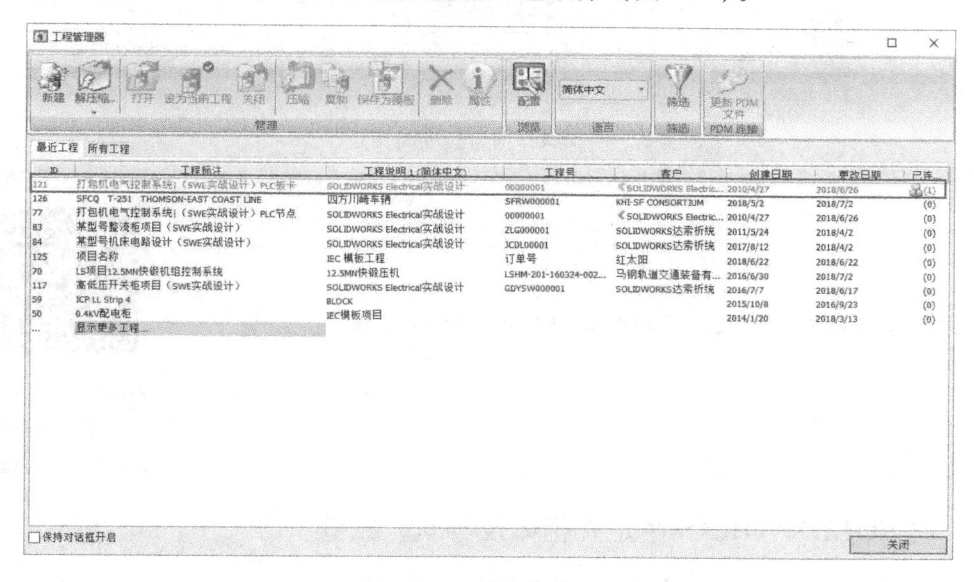

图 4-32　机电协同设计

双击该项目，会有提示，如图 4-33 所示，单击【确定】按钮就可以打开这个项目，这说明了协同设计的具体操作，也就是说二维软件和三维软件在同时编辑同一个项目，数据是实时互通的。

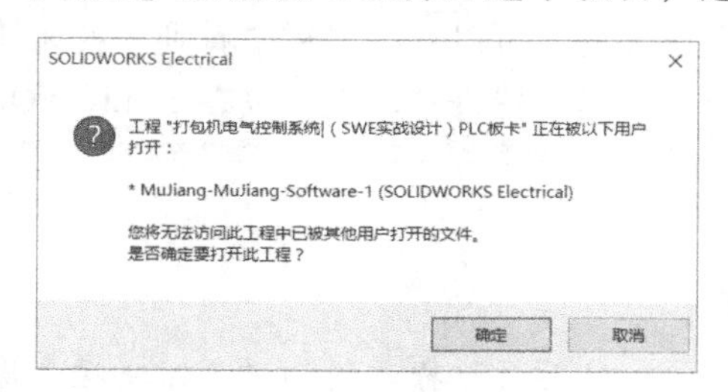

图 4-33　协同提示

在打开项目后，可以看到在 SOLIDWORKS Electrical 软件的右侧有项目树结构，项目树的所有文件和二维原理图设计项目树一致，如图 4-34 所示，当打开图纸或者列表等非装配体文件时，打开的仅仅为只读文档，即只可以查看不能修改。如需修改还是要回到 SOLIDWORKS Electrical 软件中才能进行，这样，就为 SOLIDWORKS Electrical 软件 & SOLIDWORKS 解决方案提供了建议性的设计模式，那就是“电气设计师 + 电气工艺师”的设计架构，这对很多企业来说都是一种突破，它能带来的好处是将原有的粗放式的产品设计过渡到精细化产品设计。

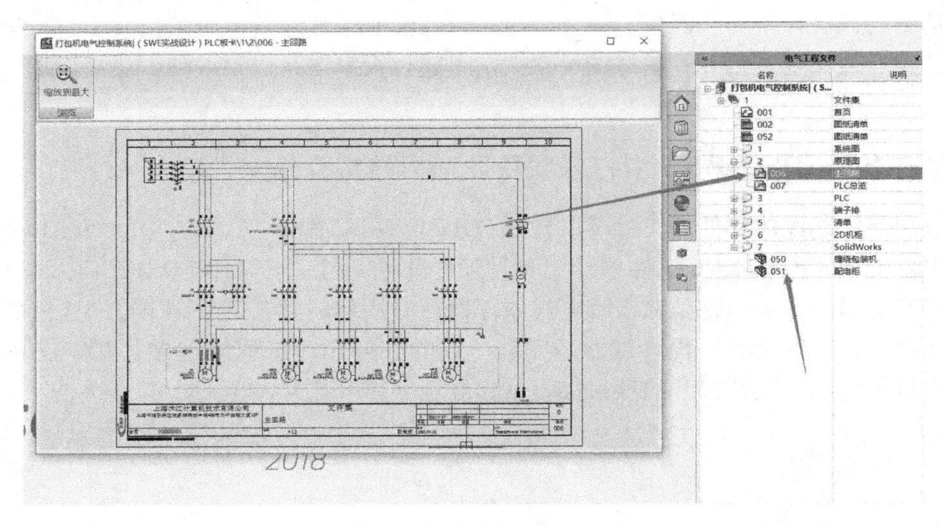

图 4-34　项目数据同步

这部分内容的具体操作请扫描二维码观看操作视频。

4-7-3　机电一体化设计介绍

4.7.4　在 SOLIDWORKS 中定义柜体及导轨、线槽

打开项目后，首先需要在装配体中将需要设计的三维模型加载到项目中来，另外还需要添加一些电气设备，如柜体、导轨、线槽等。这类设备在电气原理图设计阶段是不进行设计的，因此在项目设备树中是没有的，应该在三维环境下进行添加。但是，在 2D 布局图中已经添加的，可以在项目树中看到，就无须添加了。将这些设备以及结构工程师设计的结构装配体一起放置进来，就可以在 SOLIDWORKS 环境下继续进行设备的装配了。

这些具体操作请扫描二维码观看操作视频。

4-7-4　定义柜体、线槽、导轨等

4.7.5　在 SOLIDWORKS 中进行装配

在定义好导轨之后，就可以根据导轨的位置和设计要求进行电气设备的装配了。在装配过程中，电气设备的安装和 SOLIDWORKS 零件的安装装配是一样的，一般来说都是具备电气经验的工程师来进行装配，装配要符合国家电气设备验收标准的相关规定。

装配好设备之后，再根据需要进行线槽的补充或者调整，整个过程与普通机械的装配没有区别，这里不再详细介绍。

4.7.6　路径的设置

装配好设备之后，就要开始进行一些有关电气方面的设计了。首先是设计路径，也就是说，在电气器件之间需要有电线连接，由于线缆的走向需要进行控制，这就需要在设备中进行电气路径的设计。顾名思义，路径就是走线的约束条件，所有的线缆在布线过程中首先是从初始连接点出发的，寻找最近的路径，然后根据路径的指向走线到另外一个连接点。这样，所谓三维布线就是按如下逻辑：由二维电气原理图设计来确定电气设备之间的控制关系（也就是连接关系），然后在原理图阶段进行设备的选型，以确定三维模型，再通过电线样式的设定来确定线缆的信息，然后将这些信息通过 SOLIDWORKS Electrical 软件 3D 模块转到 SOLIDWORKS 项目下，将所有的设备进行装配，在装配过程中线槽会自带路径信息，路径之间的关系不要求终点重合。布线过程中，凡是走线到路径的端点，便会寻找最近距离的下一个路径起始点，直到找到线缆的终点，布线完成。

在 SOLIDWORKS 中，从 SOLIDWORKS Electrical 软件打开装配体文件，在完成设备的装配后，单击【创建布线路径】，即可打开【创建布线路径】操作面板，如图 4-35 所示。其

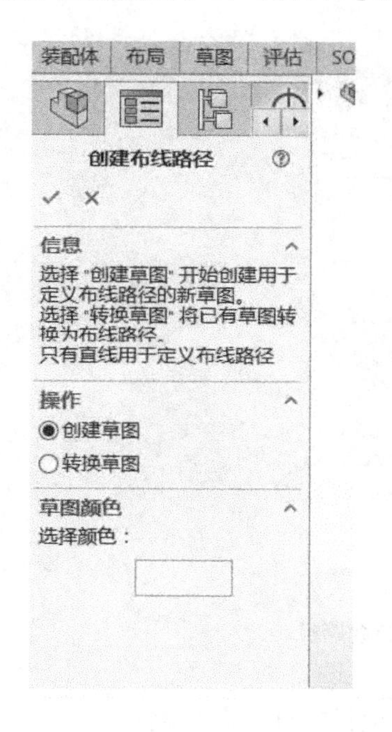

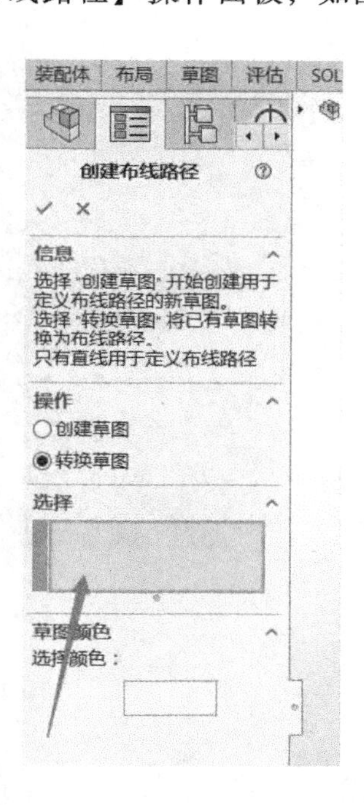

图 4-35　创建布线路径

中，【创建草图】和【转换草图】单选按钮的区别是：创建草图就是需要在装配体中进行3D草图的设计，将需要走线的路径都用3D草图线表示出来；转换草图就是将设计好的草图线转化为布线路径，在图中选择3D草图线就可以在箭头所指的位置下出现所选的3D草图线了，然后单击✓后即可创建出来布线路径。3D草图线会重新进行命名，是以EW_PATH（n）来命名的，3D草图绘制出来后是草图形式，如图4-36所示，转化为路径之后如图4-37所示。因此，要想确定路径是否正确，在装配体文件列表中选择以EW_ PATH命名的文件，即可找到布线路径。

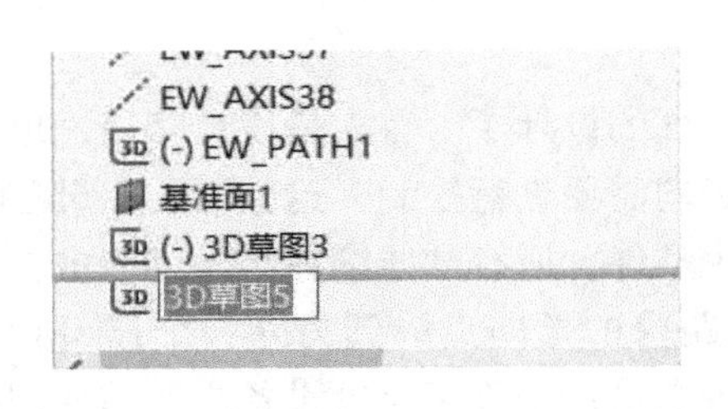

图4-36　生成路径

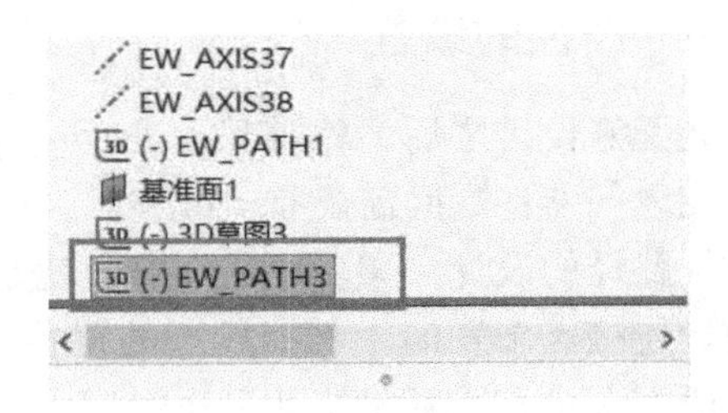

图4-37　生成路径后文件

设置好布线路径以后，单击装配体的相关文件，可以看到整个装配体的路径设置和安排，图4-38中指针指示的线路即为装配体的布线路径。

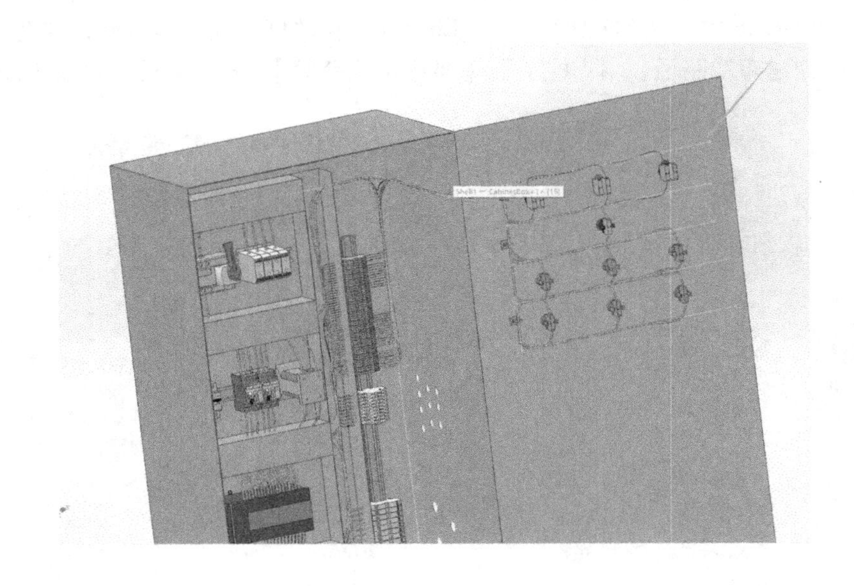

图4-38　布线路径

以上为柜内布线的路径，图4-39所示为本项目柜外的布线路径。

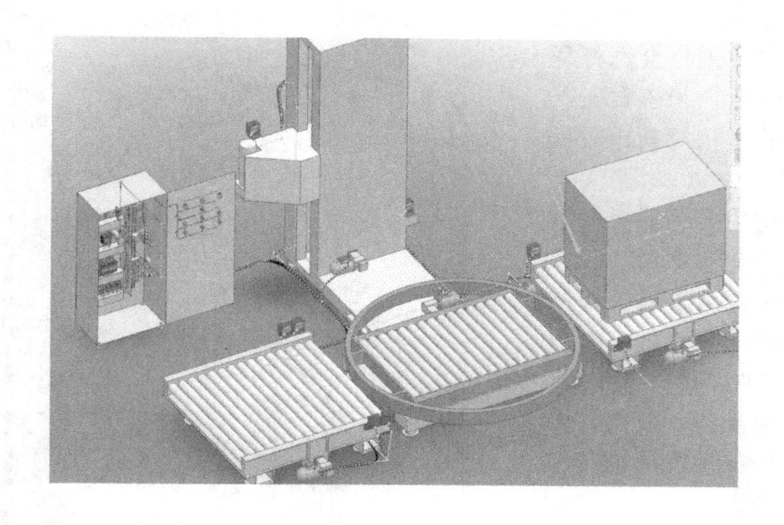

图4-39　柜外布缆路径

路径设计请扫描二维码观看操作视频。

4-7-6　机电一体化设计路径设计

4.7.7　自动布线

在设计好布线路径之后，就可以进行自动布线的操作了，单击【布线】图标，在操作界面左边会出现【布线电线】面板，如图4-40所示。

该面板有4个部分需要进行设置：

(1) 线路的类型，共有两种线路类型，分别是“3D草图线路”和“SOLIDWORKS Route”。两者的区别是：3D草图线路类型布线主要是将所选设备的连接关系用草图线连接起来，布线速度相对来说比较快，而SOLIDWORKS Route类型布线是在草图线的基础上进行截面积扫描后的实体布线效果，布线速度相对来说比较慢。一般来说，大部分情况下设计的起始布线阶段并不能确定布线的效果就一定是所需的，此时就需要用草图布线进行验证，而且对于要求不高的用户，直接使用草图布线就足够了。草图布线后，依然可以获取到布线后的线缆长度信息，这样在接线表中就可以看到每一根线的长度了。如果需要更好的视觉效果和更为精准的布线，那么就需要在确认草图布线已经没有什么问题后，再进行SOLIDWORKS Route布线。

（2）渲染器的类型，共有两个可选项和一项设置。所谓样条曲线，就是指模拟真实曲线进行布线；直线顾名思义就是直线布线。大多数用户会选择样条曲线，这样会更加趋于真实状态，只是布线效率相对就比较低一些。另外还有一项设置就是“添加相切”，这主要是针对样条曲线来设置的，勾选该项后，样条曲线会产生一些用于手工调整的切点，布线时可以通过调整切点的方向和位置来手动调节线路。

（3）布线的设备，就是指选择全部设备进行布线还是选择一部分设备进行布线。

（4）布线参数，主要是指路径之间的关联距离的设置，以及电气连接点到路径的距离设置。在布线过程中，在 SOLIDWORKS Route 布线时，电线之间的间距设置通常设置为 1 ~ 2mm，如果线径较大，那么可以设置得更大，但是一般情况下不能设置为 0。

经过上述设置后，单击✓开始布线，布线操作无须人员干预，布线过程中最好不要做其他操作，否则容易造成死机。

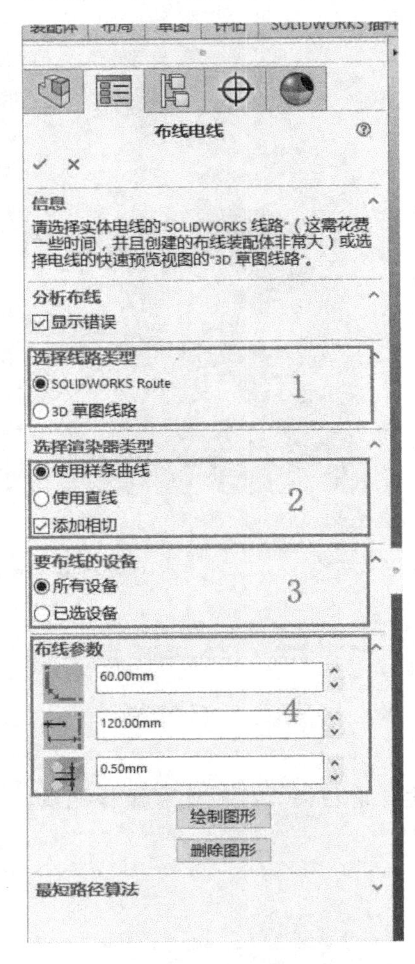

图 4-40　自动布线设置

自动布线的具体操作请扫描二维码观看操作视频。

4-7-7　自动布线

4.7.8　绘制电缆

自动布电缆和自动布线的操作实际上是一样的，但是由于电缆和电线在属性上还是有区别的，因此在绘制电缆时，需要定义电缆的起点和终点，具体操作和绘制电线是一样的，这里就不再重复了。绘制电缆后的效果如图 4-41 和图 4-42 所示。

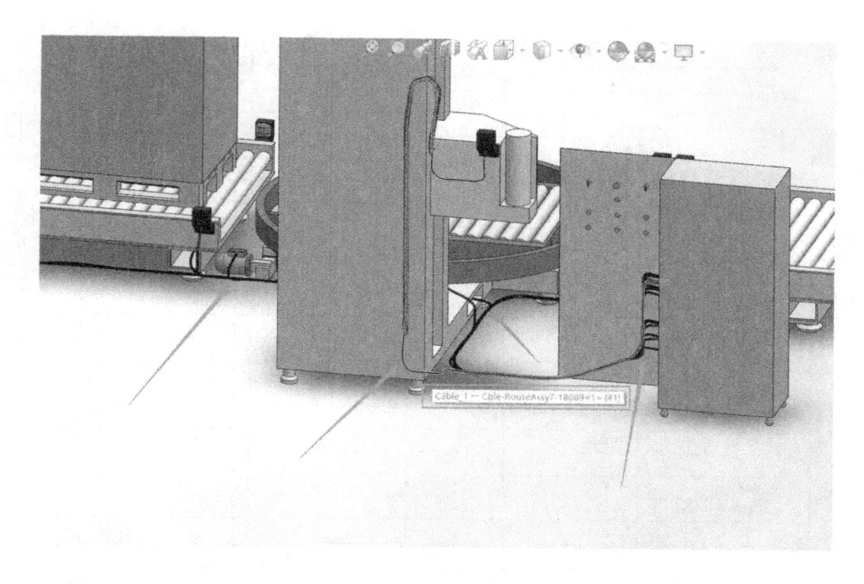

图 4-41　布线后效果 1

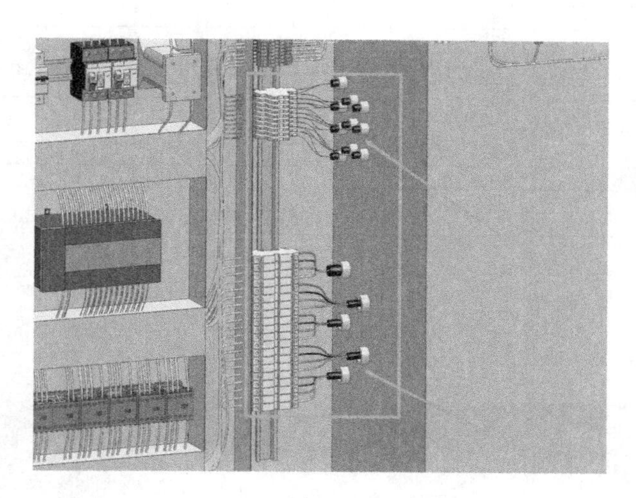

图 4-42　布线后效果 2

4.7.9　后期处理及长度信息回传

在绘制电线和电缆之后，有些线路可能并不符合预期的布线要求，这样就需要进行线路的调整，选中需要进行调整的线路，通过直接拖拽进行调整。整个调整操作与 SOLIDWORKS Routing 里对管路的调整操作是一样的。

在布线之后，软件可以自动将布线的长度信息回传到二维电气设计中电线接线清单的报表中（图 4-43），这样就可以根据实际布线情况进行电线的预先定制。另外，还可以将报表的信息关联相关设备，以便自动将线缆信息生产出来（图 4-44 ~ 图 4-47）。

-> L1-L1,L2,L3,N /

Origin	Destination	Wire number	Section	Length	Part
-T1:4	X2-VAC NEUT	N-10		532	
X2-VAC DC1	-N1:VAC VDC1	N-10		683	
X2-VAC NEUT	X2-VAC DC1	N-10		1058	
-N1:VAC VDC2	X2-VAC VDC2	N-10		630	
-N1:VAC VDC3	X2-VAC VDC 3	N-10		578	
X2-VAC VDC2	X2-VAC VDC 3	N-10		172	
-N1:VAC VDC4	X2-VAC VDC4	N-10		528	
X2-VAC VDC4	-T1:4	N-10		1455	
X2-VAC VDC 3	X2-VAC VDC4	N-10		172	
-H6:X2	-H7:X2			309	
-H6:X2	-H7:X2	L1-10		309	
-H5:X2	-H6:X2			309	
-H5:X2	-H6:X2	L1-10		309	
-H4:X2	-H5:X2			818	
-H4:X2	-H5:X2	L1-10		818	
-H3:X2	-H4:X2			313	
-H3:X2	-H4:X2	L1-10		313	
-H2:X2	-H3:X2			313	
-H2:X2	-H3:X2	L1-10		313	
-Q0:2	-Q3:3			300	
-Q0:4	-Q1:1			232	
X0-1	-Q0:1	N-1		366	
X0-2	-Q0:3	L3-1		370	
X0-3	-Q0:5	L2-1		374	
X0-4	-Q0:7	L1-1		378	
-Q0:6	-Q1:3			235	
-Q0:8	-Q1:5			238	
-H7:X2	-K3:A2			3199	
-H7:X2	-K3:A2	L1-10		3199	
-H1:X1	-H2:X2			1159	
-H1:X1	-H2:X2	L1-10		1159	
-H1:X1	-T1:2			1709	
-H1:X1	-T1:2	L1-10		1709	
				90774	

图 4-43　接线报表

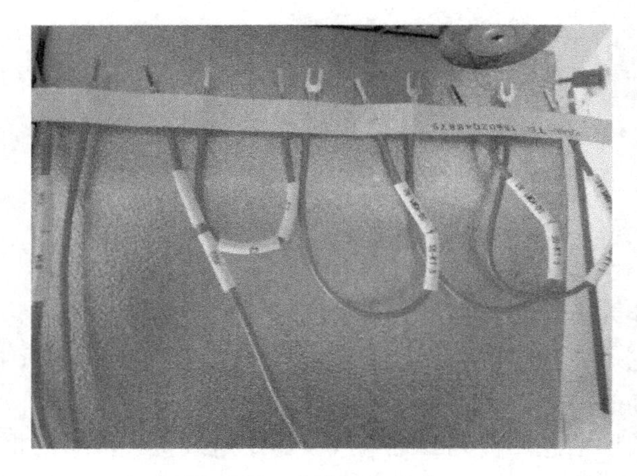

图 4-44　自动设备生产 1

图 4-45　自动设备生产 2

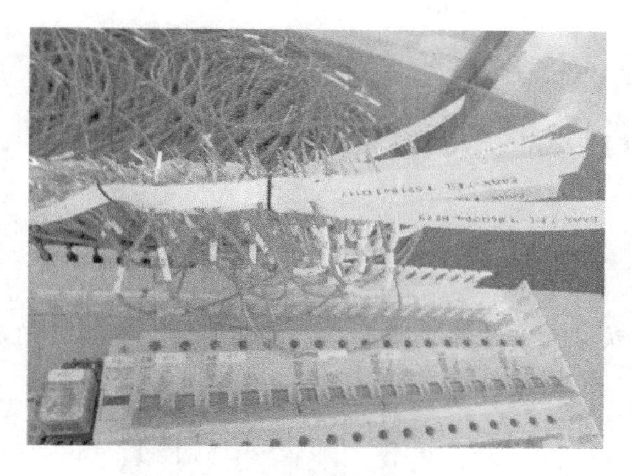

图 4-46　自动设备生产 3

图 4-47　自动设备生产 4

4.8　总结

本章重点介绍了面向对象设计中的 PLC 三种设计方法以及 2D 安装板布局图的设计。根据项目的实际需要以及 PLC 的类型，可以选择其中一种设计方法进行灵活设计。在 2D 机柜布局图的设计过程中，可以在部件库中关联安装板图形宏，软件会根据安装数据信息自动驱动符号宏的大小。

另外介绍了关于机电一体化设计方法及相关简单操作。

第 5 章　某消防风机的设计

项目概述

消防风机项目属于配电柜行业项目，系统分为一次系统图和二次原理图，整个项目的原理控制比较简单。本章重点介绍基础数据定制及企业模板保存内容，这块是企业在使用专业电气设计软件时非常重要的一个环节。消防风机的主回路部分主要由双电源开关、接触器、热继电器和电机组成；控制部分主要通过检测防火阀的开关信号，由中间继电器、按钮、指示灯等装置完成系统的原理控制。消防风机配电柜内电气设备三维装配及布线效果，如图 5-1 所示。

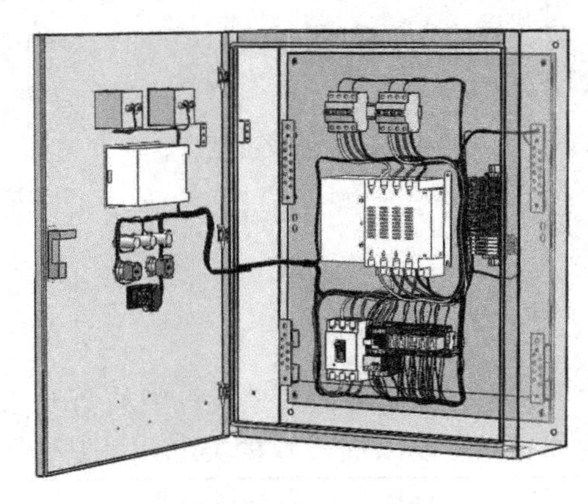

图 5-1　三维装配及布线效果

5.1　项目的新建

单击【工程管理器】/【新建】，在弹出的【新建工程】对话框中选择【IEC】工程模板，单击【确定】按钮后新建工程，如图 5-2 所示。

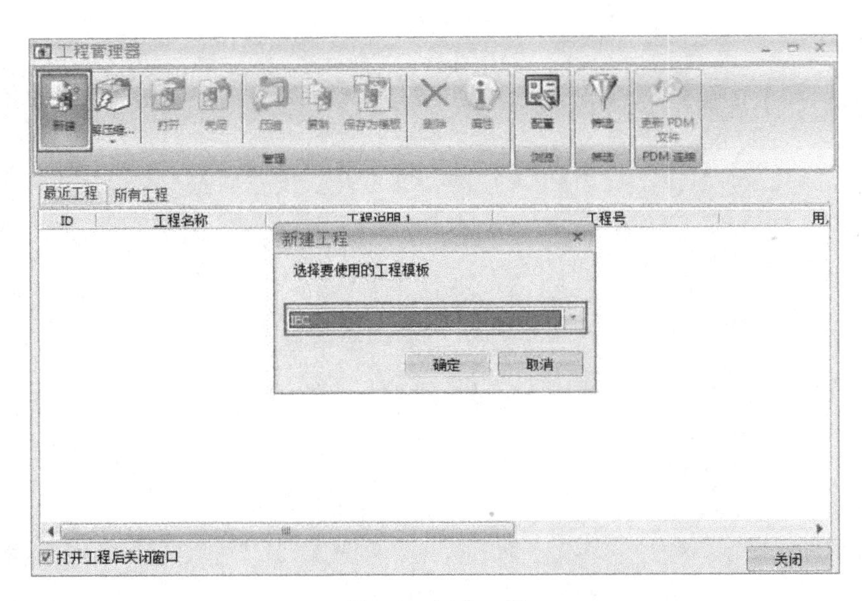

图 5-2　新建工程

新建项目完成后，在文件导航器中新建 9 个文件夹并定义其名称，通过“文件夹”来管理项目中的各类图纸，如图 5-3 所示。

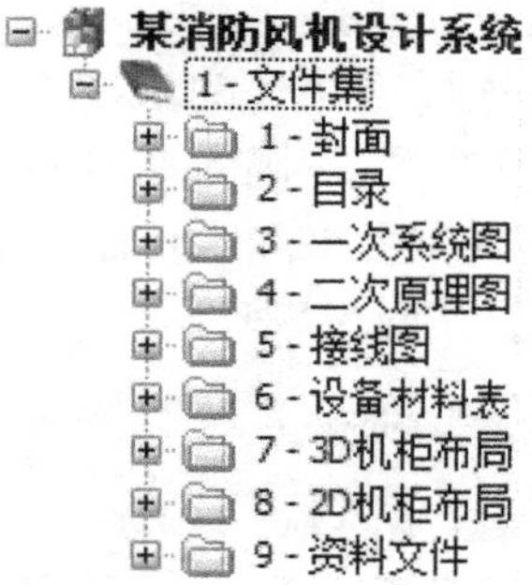

- 某消防风机设计系统
  - 1 - 文件集
    - 1 - 封面
    - 2 - 目录
    - 3 - 一次系统图
    - 4 - 二次原理图
    - 5 - 接线图
    - 6 - 设备材料表
    - 7 - 3D机柜布局
    - 8 - 2D机柜布局
    - 9 - 资料文件

图 5-3　项目结构规划

5.2　基础数据的定制

在项目原理图设计之前，首先要设置项目的常规定义，包括字体、线型、标注、图框和数据库的定义，这些设置在【工程配置】对话框的各个选项中进行。在【图框】选项卡中，根据不同图纸类型关联企业图框（包括封面内容显示），软件在 IEC 模板下默认关联的是 10 列英语图框（图 5-4），所以在企业模板中客户需要关联自己的图框及封面格式，并在相应文件夹下生成电线、端子接线表和物料清单。

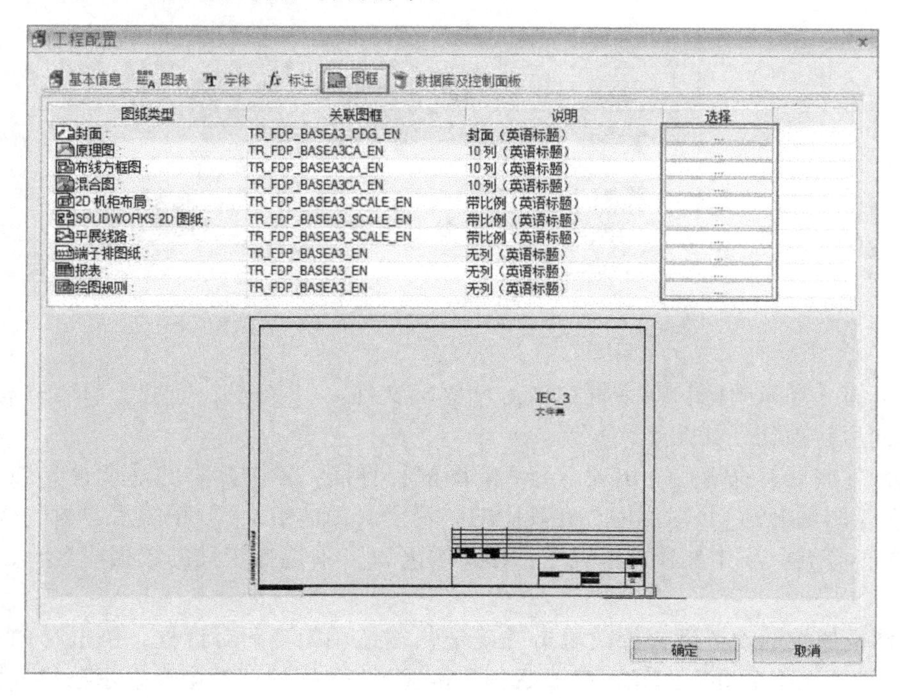

图 5-4　配置图框

5.2.1 定制图框

企业在定制自己的图框时，比较快速有效的方式就是将之前的 CAD 图框导入到 SOLIDWORKS Electrical 图框管理器中，这样可快速完成图框外形及标题栏的绘制。在 SOLIDWORKS Electrical 图框编辑器中，只需添加相应属性便可完成图框的定制。

首先在【数据库】菜单下单击【图框管理器】命令，弹出【图框管理器】对话框，在其中单击【导入 DWG 文件】命令，如图 5-5 所示。

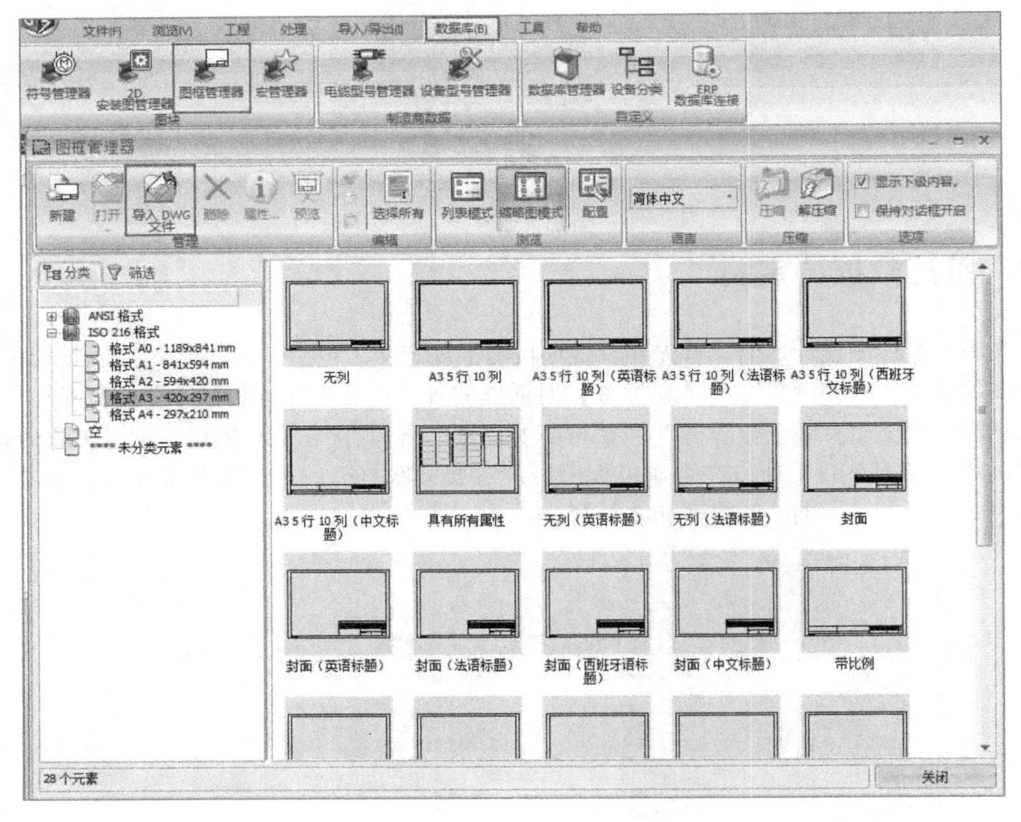

图 5-5 导入 DWG 图框文件

在弹出的【导入图框】对话框中单击【添加文件...】按钮，选择 CAD 图框文件，然后单击【向后】按钮，如图 5-6 所示。

在执行【向后】命令后，出现【导入新图框】界面，单击其中的【属性】按钮，弹出【图框属性［图框名称］】对话框。在其中的“说明（简体中文）”项填写“电气 A3_ 10 列图框”，在“分类”项中选择图框尺寸，在“数据库”项选择定义的数据库名称，如图 5-7 所示。

完成图框属性的设置后，依次单击【确定】按钮关闭当前对话框，单击【向后】按钮完成 DWG 格式图框的导入。导入完成后，在格式 A3 图框的列表中会显示已导入的图框文件，如图 5-8 所示。

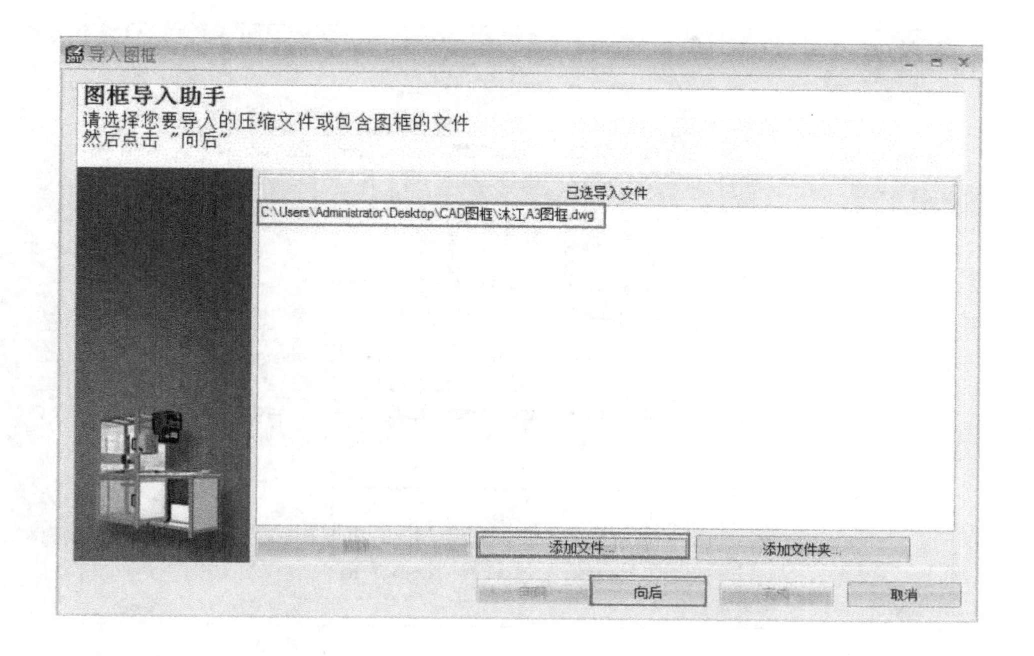

图 5-6　图框导入助手

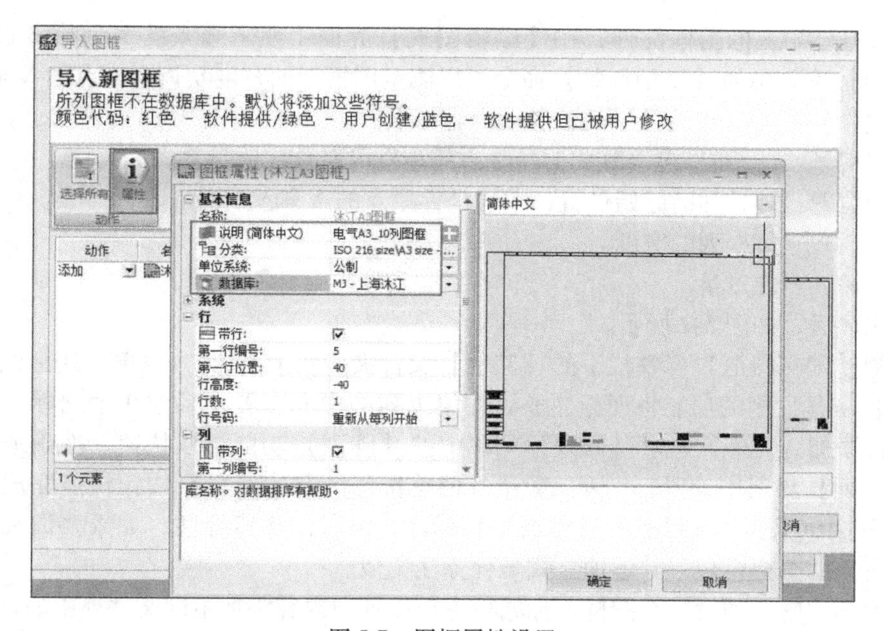

图 5-7　图框属性设置

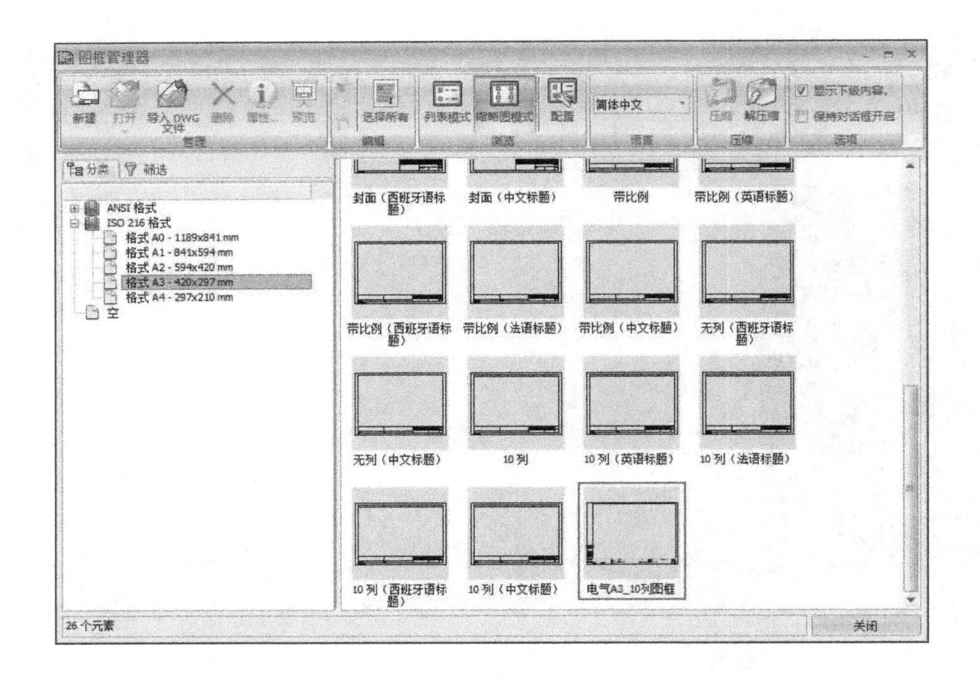

图 5-8　DWG 图框文件

双击打开已导入的图框文件，在【编辑图框】界面中显示导入的 10 列 A3 图框图形。通过【绘图】菜单中的【线型标签】命令可以测量图框列的宽度及偏离原点的 X 轴的坐标。在右侧【属性】栏中，设置关于列的各项内容如下：

第一列编号：1，列号起始值从 1 开始，某些公司列号从 0 开始。

第一列位置：25，列的起始位置，偏移坐标原点的 X 轴坐标值。

列宽度：39，每一列的宽度。

列数：10，列的数量。

设置完成后，如图 5-9 所示。

在左侧【编辑图框】标签栏下的【其他】文件夹中双击添加“#COL”列标注，可以利用【绘图】工具栏中的功能将列标注放置在第 1 列的中心位置，其他 9 个列标注可以手动一个个进行添加。另外，通过【修改】菜单中的【阵列】功能可以快速、准确地添加列标注，在【阵列】界面中设置行、列的数量及偏移量，单击【确定】按钮快速完成列标注的添加，如图 5-10 所示。该图框中只添加了列标注，没有添加行标注，如果要添加行标注可参考软件自带的图框模板，其添加方式与列标注类似。

完成列标注的添加后，在图框的标题栏中根据各项内容添加不同文件夹中的标注，目前常用的标注主要是“工程”和“图纸”标注。单击展开【工程】文件夹，可以看到许多工程的标注及名称，这些工程的标注与项目“工程属性”中的各项信息一一对应，如图 5-11 所示。

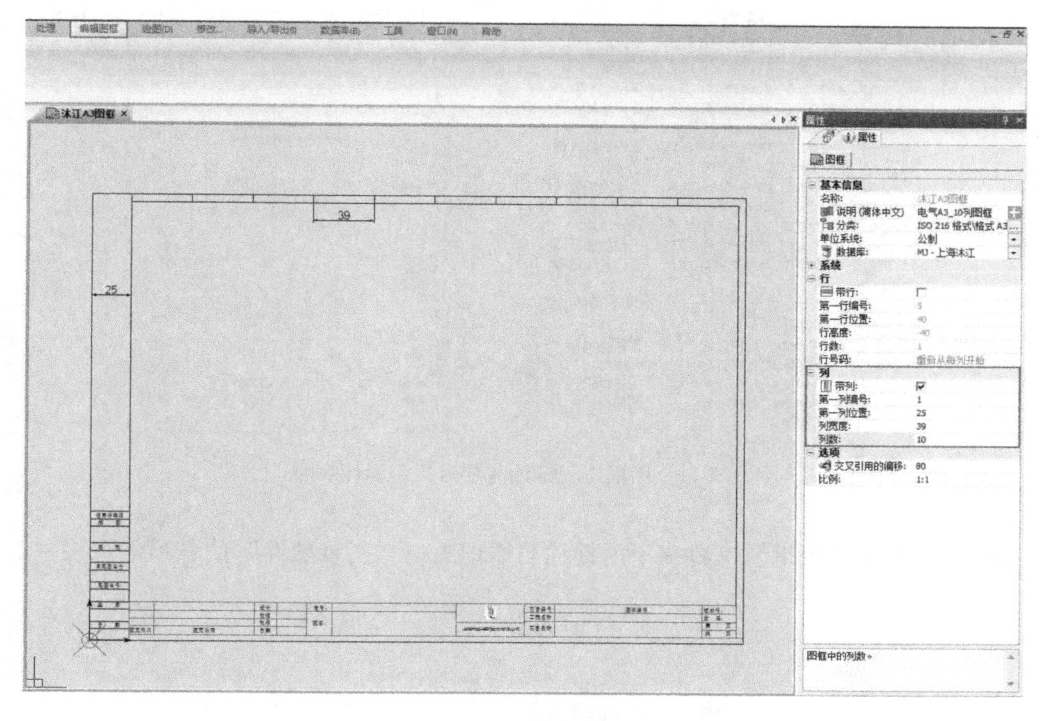

图 5-9　设置图框列

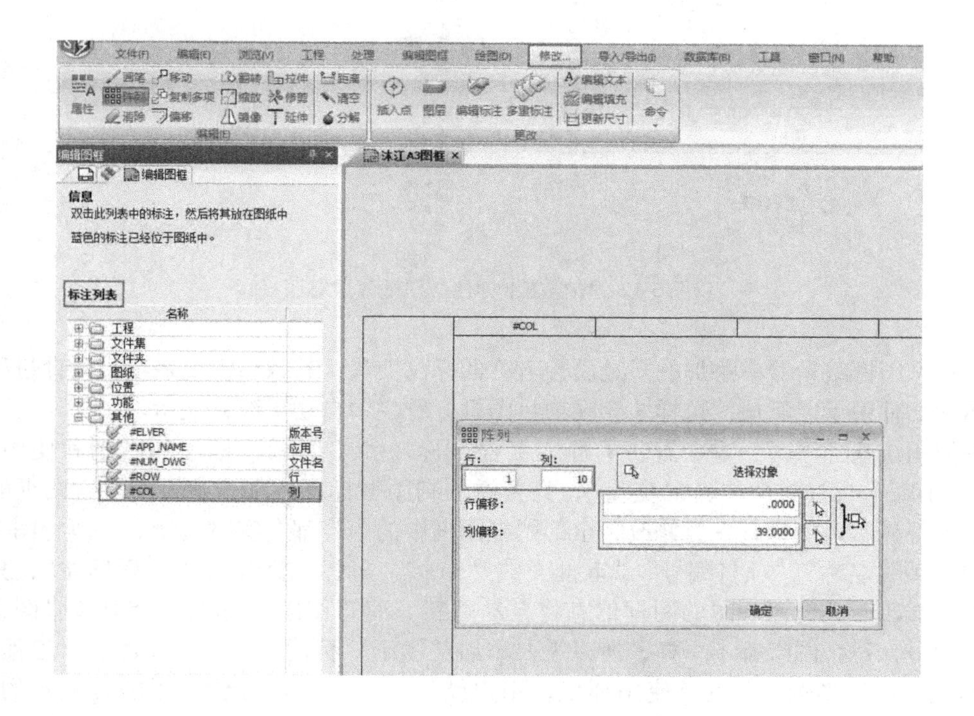

图 5-10　添加列标注

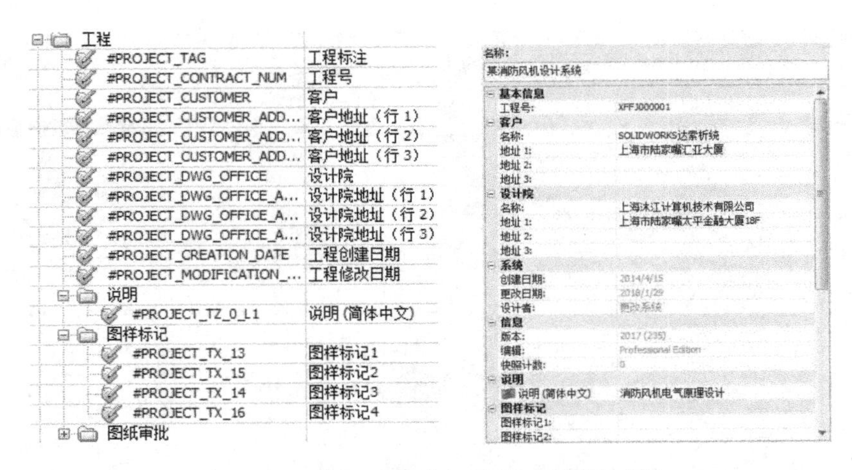

图 5-11 图框工程标注与项目工程属性对照

图框编辑器中【图纸】文件夹下的标注与原理图中“图纸属性”的各项信息一一对应，如图 5-12 所示。

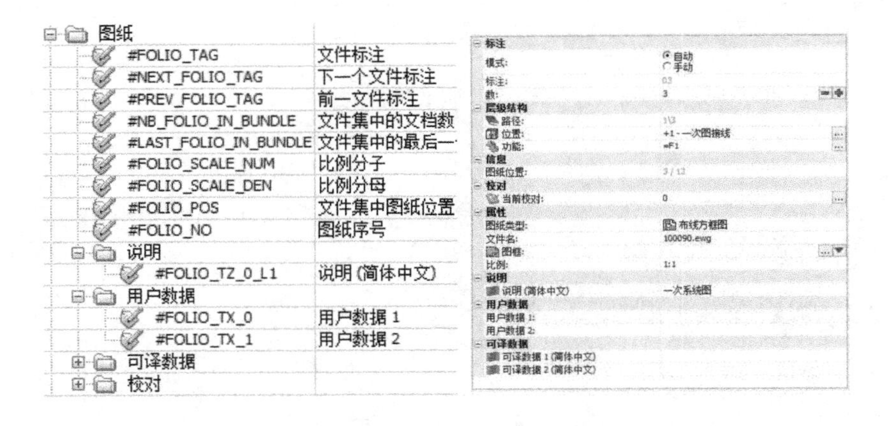

图 5-12 图框图纸标注与图纸属性对照

注意，图框编辑器中添加的只是属性名称的标注变量，其数值需要在项目设计过程中在不同属性文件中予以赋值，这样才会在项目图框标题栏中自动更新并显示。

在使用这些标注时，重点需要了解“工程”标注和“图纸”标注的区别和使用环境。其中，“工程”标注类似“全局变量”，只要添加到图框标题栏中，项目中所有图纸的图框标题栏中都显示该信息，一经修改，全部图纸图框中的内容都会实时更新。一般将图框标题栏中的“项目名称”“项目编号”“审批”或“审核”等标注添加为“工程标注”，只要项目属性一修改，其他原理图的图框信息将自动更新。而“图纸”标注只针对该张图纸，如图名和图号，每张图纸都不一样，所以需要添加“图纸”标注。只要弄清楚了“工程标注”和“图纸标注”影响的范围及使用环境，用户就可以根据图框标题栏中需要显示的信息，自行添加相应的标注了。

现在，根据 DWG 图框标题栏中的文字说明添加列表中的各个标注，添加完成后开启

“栅格”和“捕捉”功能并设置栅格及捕捉间距为 5 ×5，这样在原理图中加载该图框时将自动显示栅格并开启“捕捉”，栅格及捕捉间距为此处设置的数值，如图 5-13 所示。

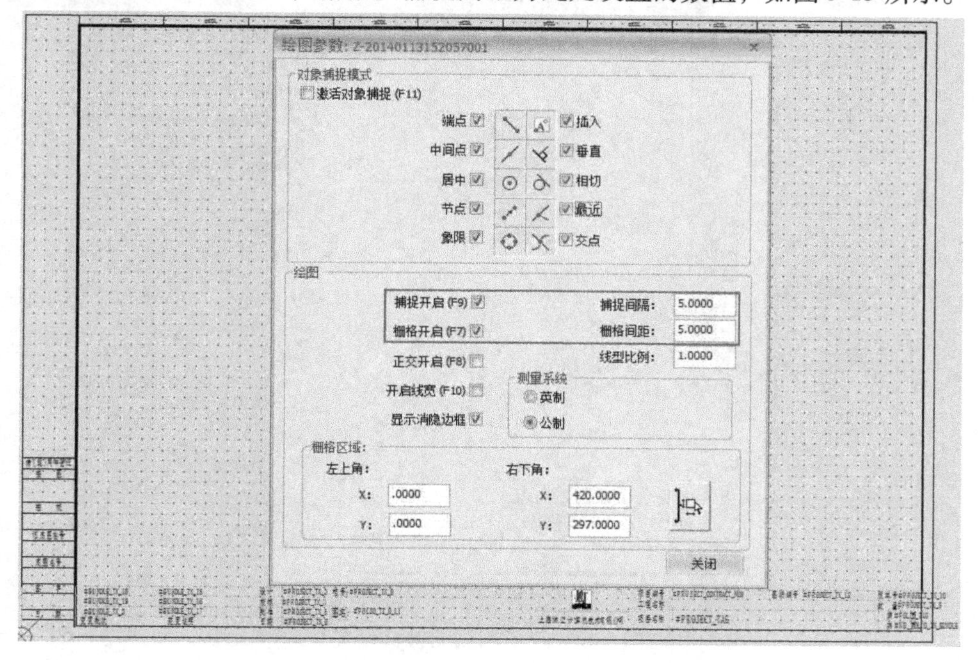

图 5-13 图框标题栏属性及栅格设置

图框标题栏中的图片格式必须为 BMP 格式，可以采用 DWG 文件中自带的图片，也可以通过【绘图】菜单栏下的【插入图片】功能进行添加。如果添加进来的图片不能正常显示，需要先打开该图片，使图片处于编辑状态，然后再插入图片，如图 5-14 所示。

图 5-14 插入图片

【图框管理器】/【属性...】下的【交叉引用的偏移】数值主要作用于原理图中映像触点偏移 Y 轴的距离。在该图框中设置其值为 55，如图 5-15 所示。

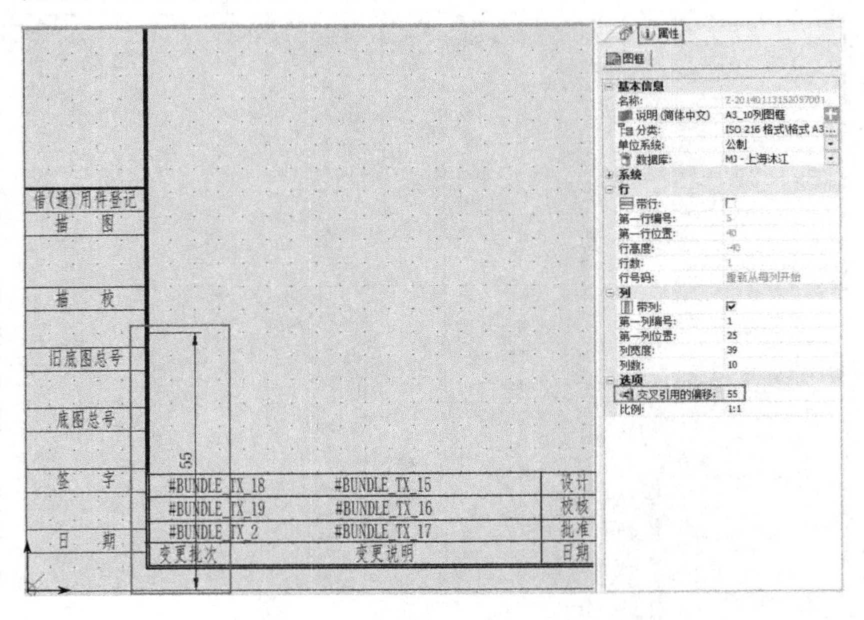

图 5-15　交叉引用的偏移设置

设置完成后，在原理图中调用该图框，可查看映像触点生成的高度位置，如图 5-16 所示。

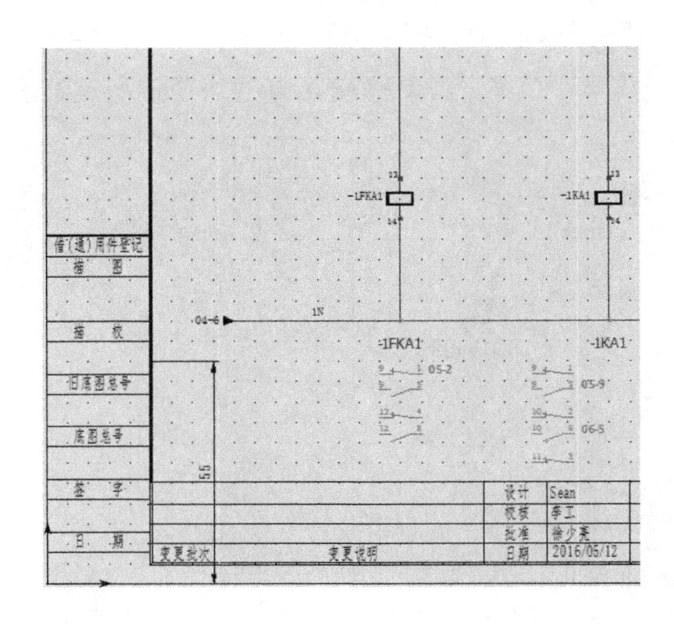

图 5-16　原理图中映像触点的高度

关于 SOLIDWORKS Electrical 图框标题栏标注添加及交叉引用的设置，请扫描二维码观看操作视频。

5-2-1 图框自定义

5.2.2 定制封面

在 SOLIDWORKS Electrical 中，“封面”属于图框的另外一种形式，在【图框管理器】中首先复制一个图框，在【图框属性】中可以修改其“名称”和“说明”信息，如图 5-17 所示。

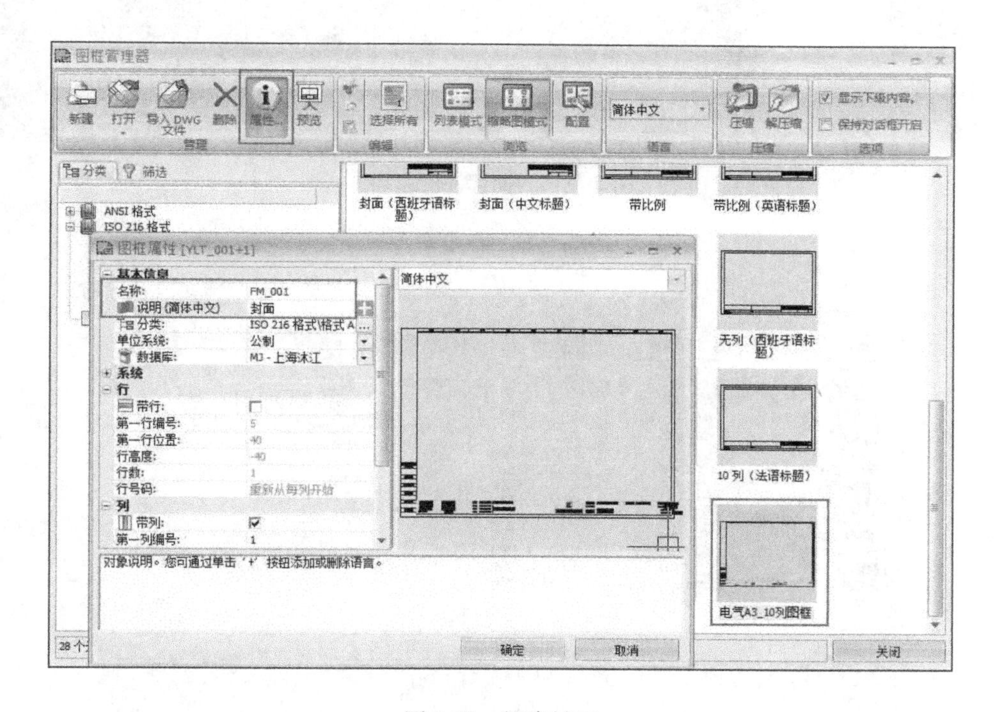

图 5-17 新建封面

单击【确定】按钮关闭【图框属性】对话框，完成“封面”文件的新建。双击“封面”的名称打开“封面”文件，在绘图区添加需要显示的属性标注，与图框标题栏的标注添加方式一样。已添加的属性在标注列表中显示“蓝色”，固定字符可添加文本，如图 5-18 所示。

完成图框及封面的定制后，在【工程配置：[项目名称]】界面中的【图框】选项卡中选择各类图纸所对应的图框文件，如图 5-19 所示。设置完成后，下次新建原理图或自动生成图纸时，软件会自动选择此处设置的图框格式。

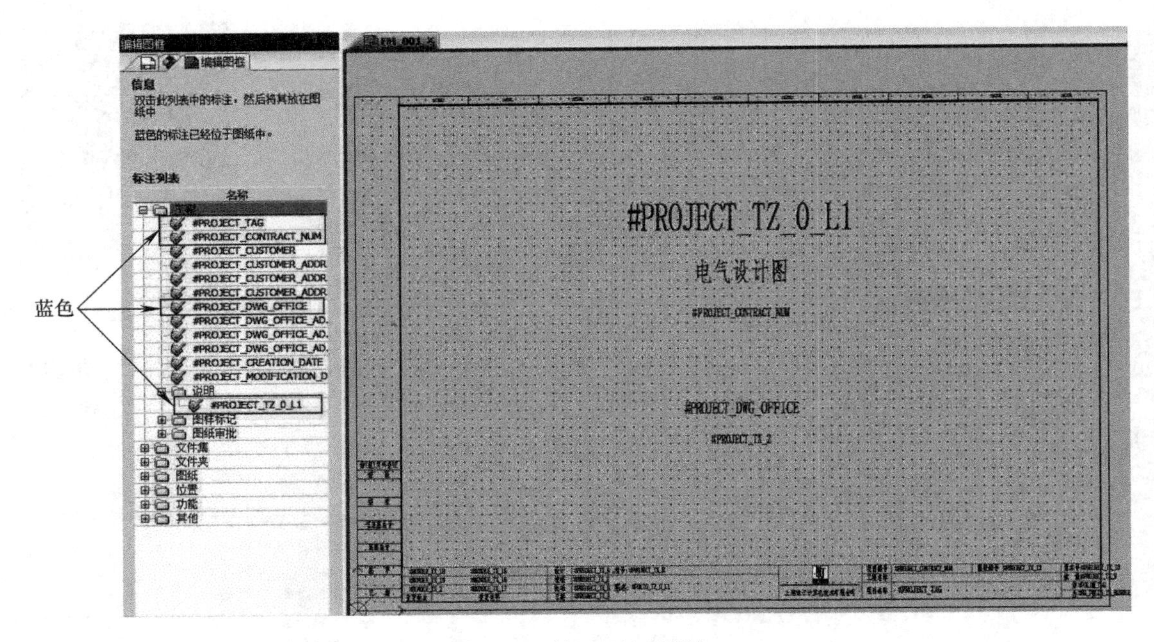

图 5-18　封面标注的添加

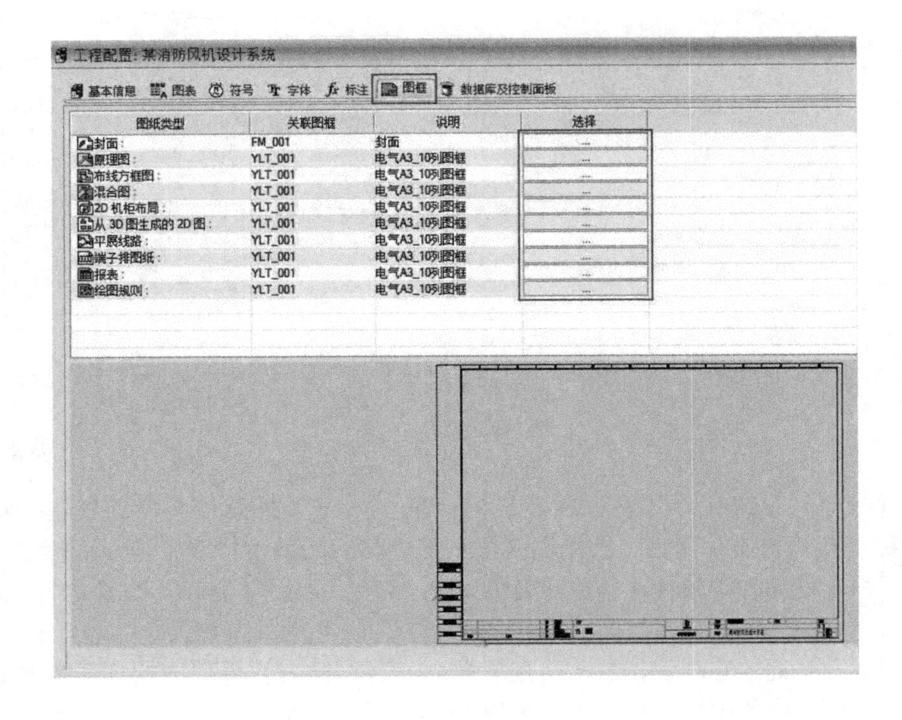

图 5-19　各类图纸的默认图框设置

关于 SOLIDWORKS Electrical 封面文件的新建及标注的添加，请扫描二维码观看操作视频。

5-2-2　封面文件新建及标注添加

5.2.3　定制端子排接线表

端子排接线表在 SOLIDWORKS Electrical 中包括 ISO（International Organization for Standardization，国际标准组织）标准格式和 DIN（Deutsches Institut für Normung，德国标准化学会）标准格式，如图 5-20 所示。

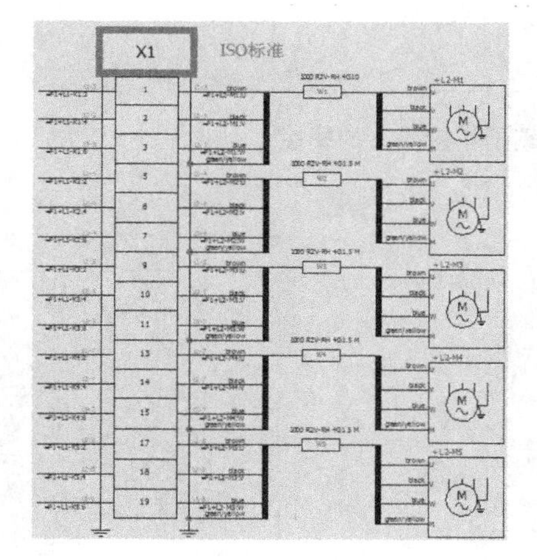

图 5-20　ISO 与 DIN 标准的端子排接线表

本消防风机项目中采用 DIN 标准格式的垂直端子排接线表。由于端子排接线表中的属性标注比较多，建议在定制企业端子排接线表之前首先复制一个软件自带的模板，在此模板基础上再进行个性化添加和修改。

单击【数据库】/【符号管理器】命令，在“端子”分类中复制一个 IEC 数据库中的 DIN 垂直端子排符号，单击【属性】打开【符号属性】对话框，修改端子排接线表的名称为“DIN 端子排，垂直中文排列”，如图 5-21 所示。

双击打开新建的端子排接线表文件，自定义端子表图形格式，在【编辑符号】菜单下单击【插入标注】命令，在弹出的【标注管理】对话框中展开【DIN 端子排】文件夹列表，添加“端子标注”“源设备”“目标设备”“电位”等标注到端子排表格中，其对应关系分别是：“端子标注”对应表格中的“端子号”；“源设备”对应表格中的“从”；“目标设备”对应表格中的“到”；“电位”对应表格中的“线号”，如图 5-22 所示。

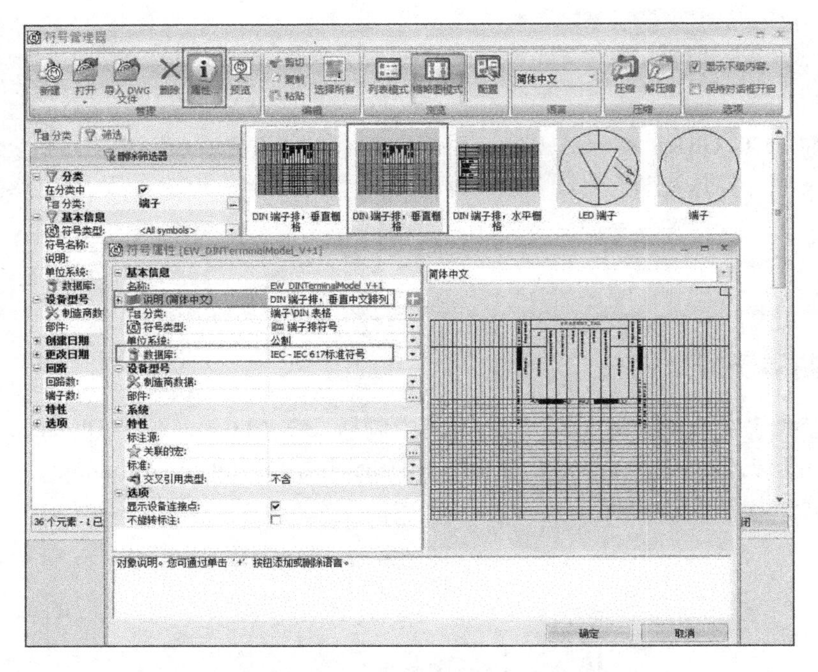

图 5-21　编辑端子排接线表的属性

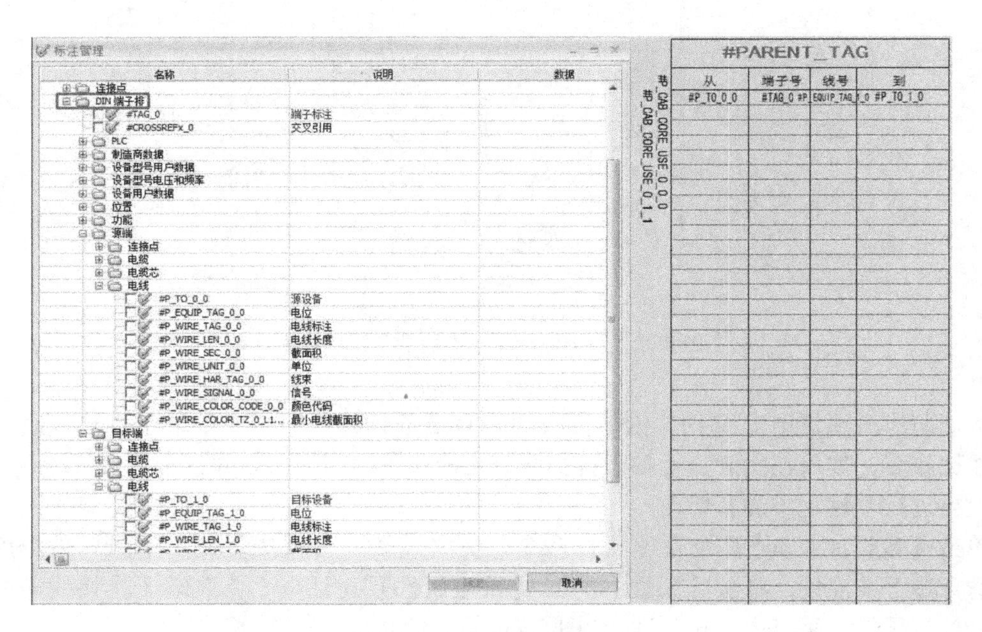

图 5-22　DIN 端子排的标注

端子排表格左侧的#P_CAB_CORE_USE_0_1_1、#P_CAB_CORE_USE_0_1_1 两个标注很关键，只有添加了这两个标注，而且在垂直方向之间相差一个表格宽度，这样表格中添加的属性标注才能垂直往下递增，如图 5-23 所示。

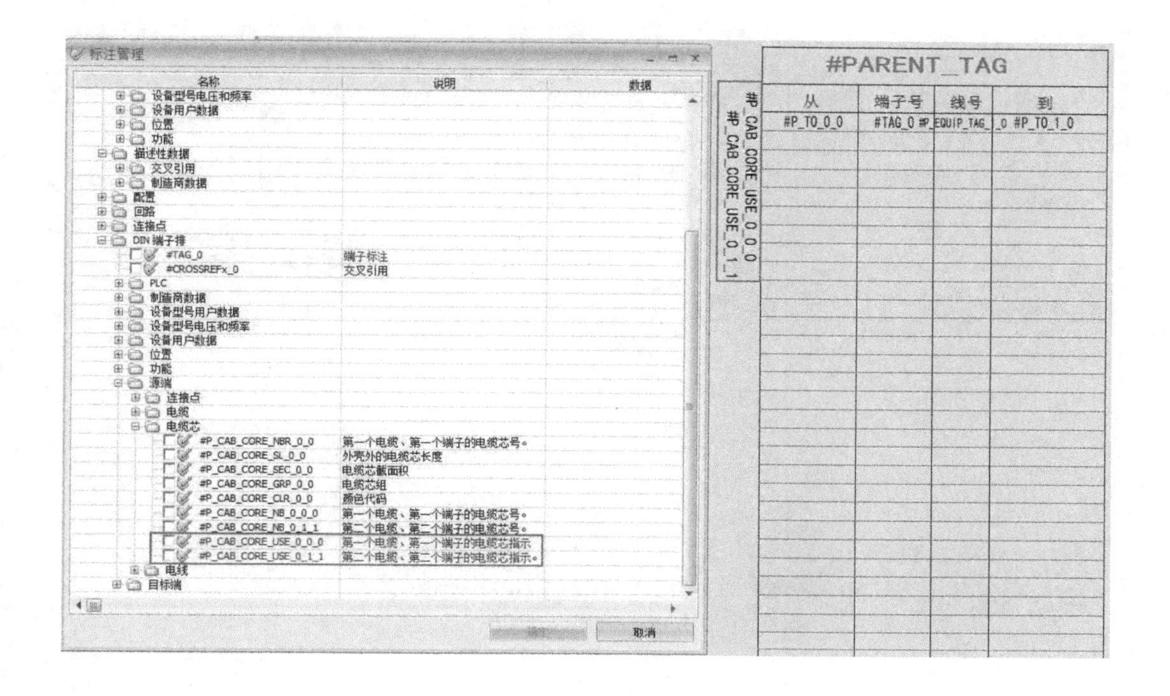

图 5-23　电缆芯指示标注

关于 SOLIDWORKS Electrical DIN 垂直端子排报表的配置，请扫描二维码观看操作视频。

5-2-3　垂直端子排报表的配置

DIN 端子排接线表定制完成后，单击【工程】菜单下【配置】下拉选项中的【端子排图纸】命令，在弹出的【端子排图纸配置管理：［项目名称］】界面中，单击菜单栏中的【添加到工程】图标，将左侧【应用程序配置】中的“DIN_Vertical_metric”垂直端子排配置文件添加至右侧【工程配置】栏中，如图 5-24 所示。

双击打开【工程配置】栏中的“DIN_Vertical_metric”配置文件，在【栅格】选项卡的“栅格”选择区中，单击图标选择已定制的 DIN 端子排接线表符号，并选择该配置的特定图框；在【基本信息】选项卡中设置 DIN 端子排符号在图纸中的 XY 坐标位置、端子排方向及缆芯数目，其中“绘制的缆芯数目”的数值代表一页最多显示多少个端子后自动分页，如图 5-25 所示。

在【跳线】选项卡中设置跳线点的大小及颜色，根据跳线点在上方图形中的预览调整 3、4 选项的数值，将跳线点放置在端子排表格中的合适位置，如图 5-26 所示。

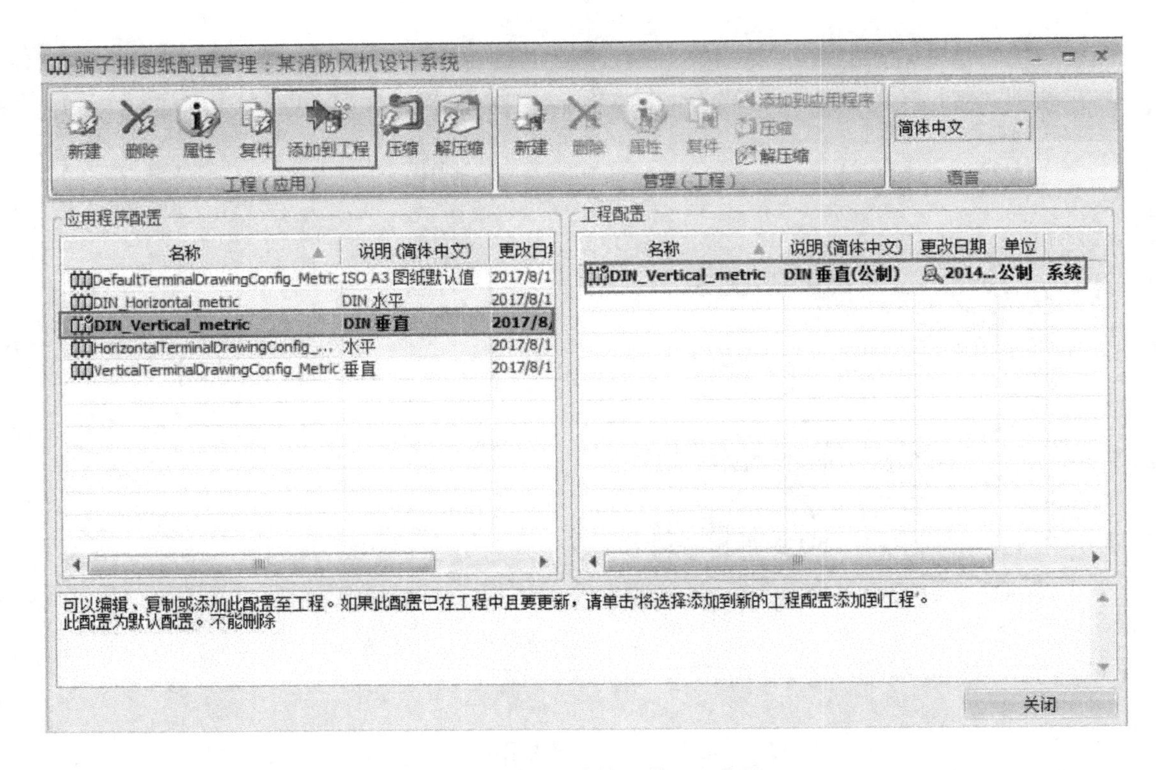

图 5-24　DIN 垂直端子排工程配置

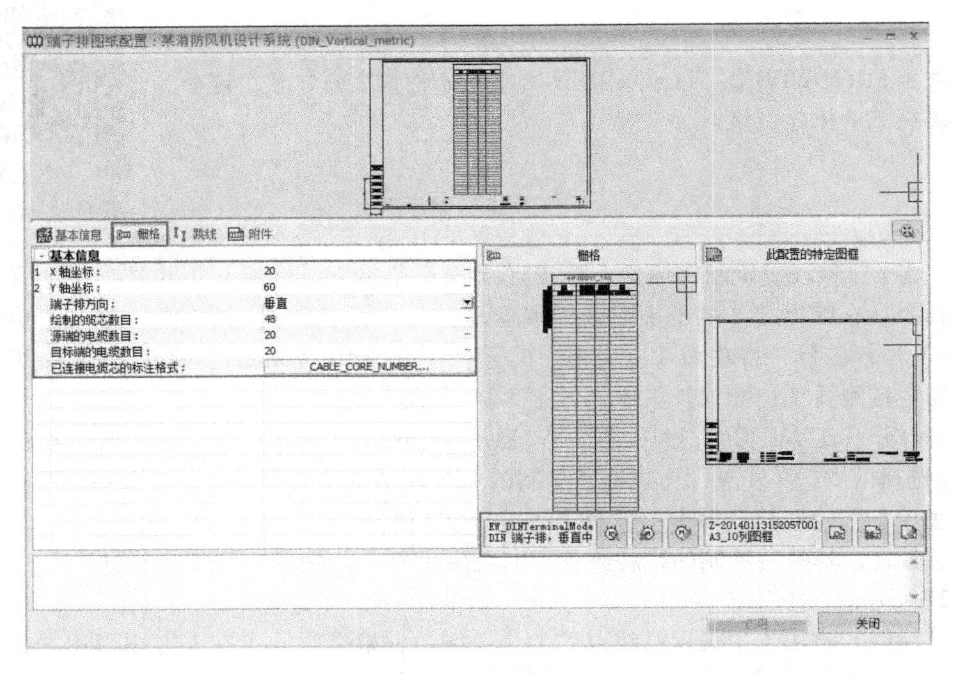

图 5-25　栅格的设置

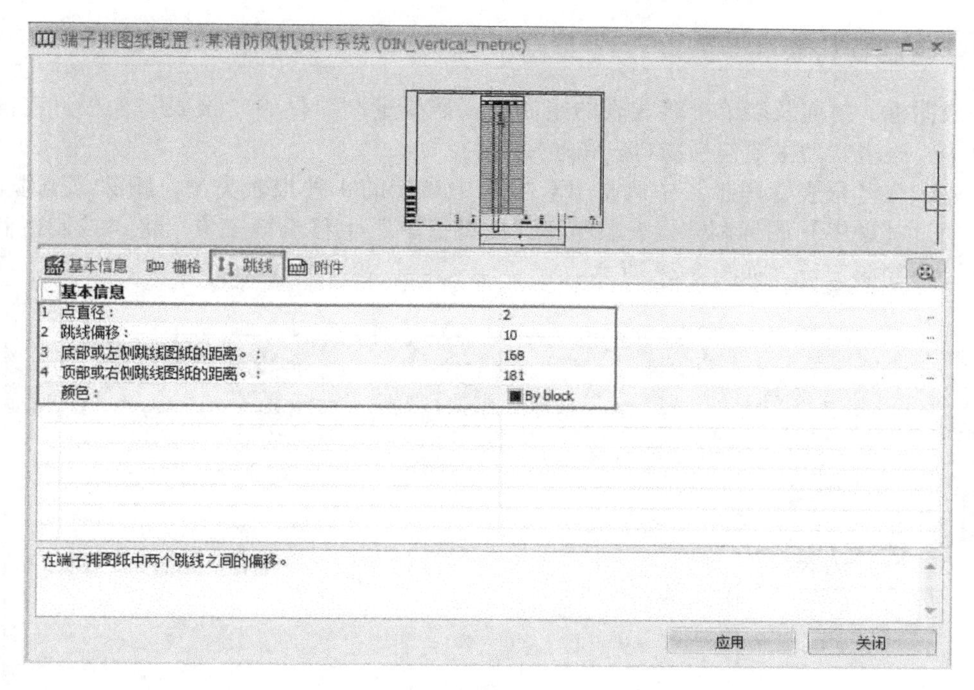

图 5-26　跳线的设置

设置完成后，单击【应用】按钮并关闭当前对话框。在【端子排图纸配置管理：[项目名称]】对话框中，在【工程配置】栏下右击“DIN_Vertical_metric”配置文件选择【设置为默认配置】，如图 5-27 所示。

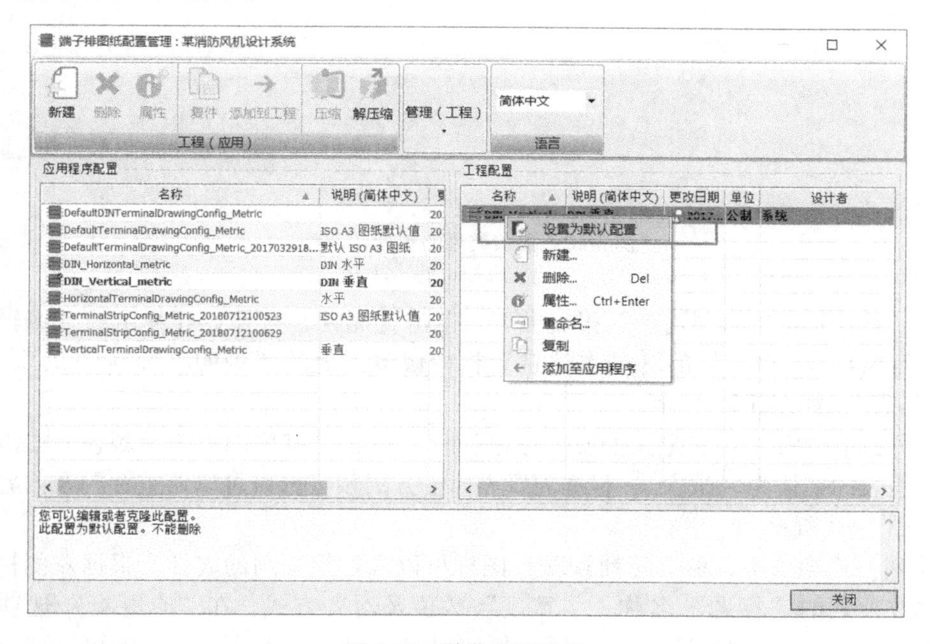

图 5-27　默认配置设置

5.2.4 定制物料表

完成图框、封面及端子排接线表的定制后，需要定制项目的“报表”模板。在消防风机项目中，报表类型主要包括物料表和连接列表。

首先，在【报表管理器】中调整 IEC 模板中自带的 4 种报表类型，删除“电缆清单”报表，通过【顺序】图标调整报表顺序将“图纸清单”上移至第一位，将“按制造商的材料清单”移至第二位，如图 5-28 所示。

图 5-28 报表类型的选择及调整

选中“按制造商的材料清单”报表类型，单击【属性】按钮，在弹出的【编辑报表配置：［项目名称］】对话框的【基本信息】栏中修改报表的“说明（简体中文）”信息为“设备材料表”，如图 5-29 所示。

在【样式】选项卡中，定义报表“标题”和“内容”字体的大小及颜色。本消防风机项目定义报表的字体为“仿宋”，根据配置界面上方的预览窗口可以调整标题及内容的字体大小，如图 5-30 所示。

在【列】选项卡中，单击【列管理】图标可以添加报表列的属性。根据左侧栏中的各行名称修改每列的“标题”名称、“宽度”数值及对齐方式，在“合并行”选项中勾选“规格型号”列，将相同型号的设备进行“行合并”，并将“代号”和“备注”列内容“重复显示”。在配置界面的上方可预览各项设置效果，如图 5-31 所示。

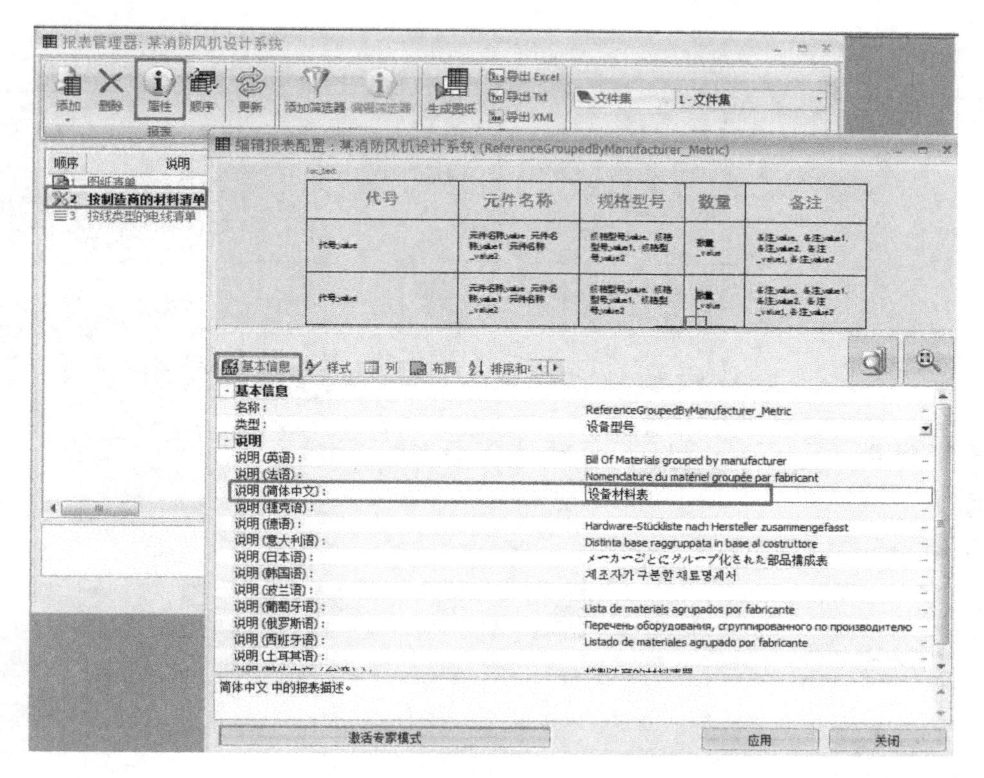

图 5-29　修改材料表的说明

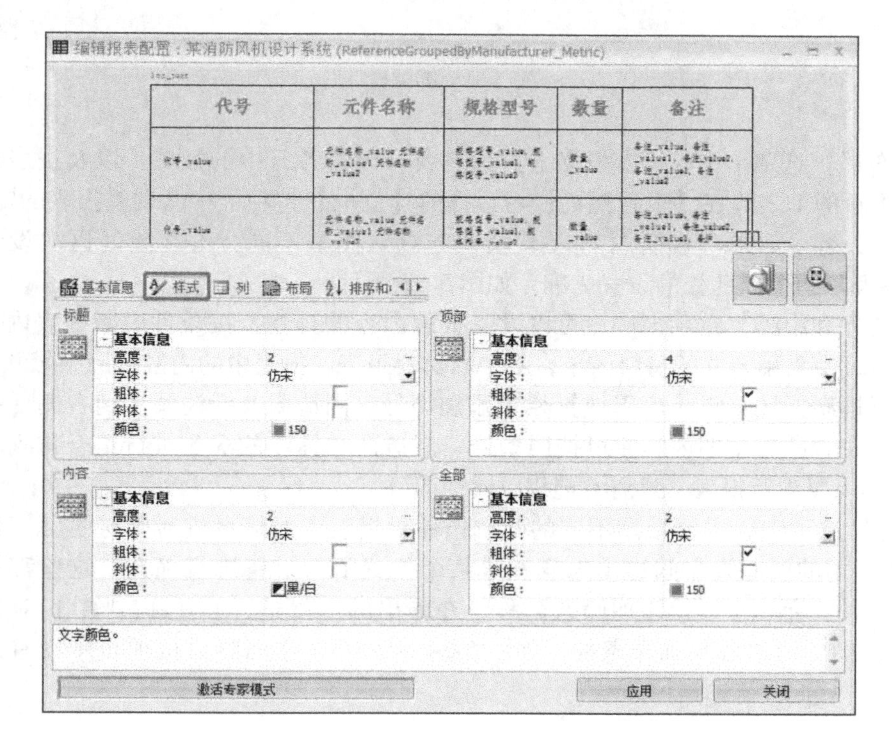

图 5-30　定义报表的字体

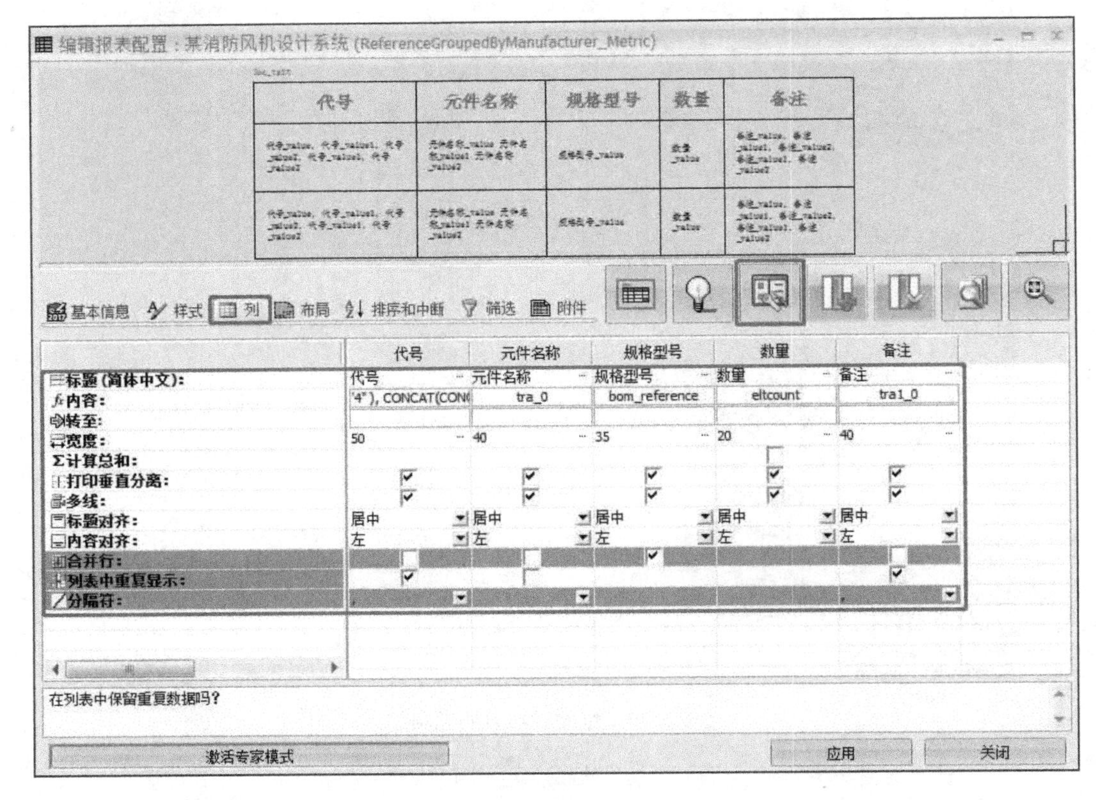

图 5-31　列编辑

在【布局】选项卡中，可以根据上方预览窗口调整各行中的数值，以及报表在图纸中的布局。本章的 1.2 节在【工程配置】对话框的【图框】选项卡中已设置报表的默认图框，此处无须再设置。如果“设备材料表”图框与默认图框不同，可在此处再次设置，最终“设备材料表”图框以此处的设置为准，如图 5-32 所示。

在【排序和中断】选项卡中，可以设置报表内容的排序及按条件中断报表内容。在本消防风机项目中采用合并的材料清单，不中断材料报表。报表中的内容按照型号和制造商字母顺序进行排序，从左侧【可用域】栏中添加型号、制造商及标注属性到右侧【排序和中断条件】栏中，报表中的内容便可按照型号、制造商和标注的次序进行组合排列，如图 5-33 所示。如果要中断报表，只需勾选相应属性即可。

【筛选】选项卡，主要根据不同的筛选条件对报表中的信息进行筛选过滤。例如，可以将 ABB 公司的所有设备筛选出来或者对某个位置下的设备进行筛选，这些都是需要添加筛选条件的。单击按钮添加筛选名称，在弹出的【筛选：［项目名称］】对话框中单击【添加】图标可以添加筛选条件，如图 5-34 所示。在本消防风机项目中没有添加筛选条件。

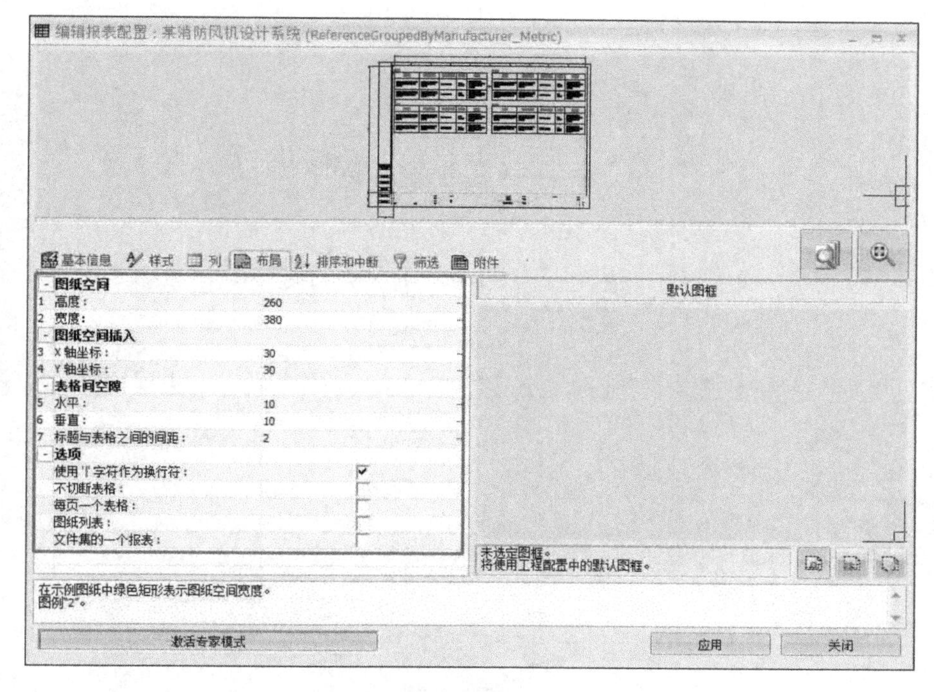

图 5-32　图纸布局

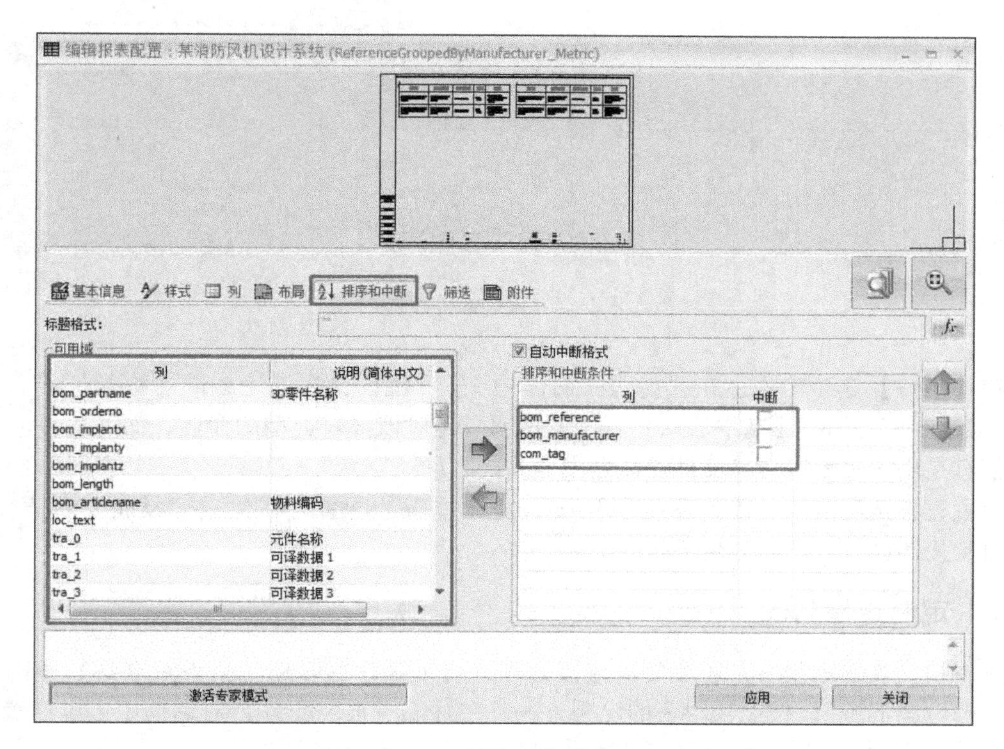

图 5-33　排序和中断设置

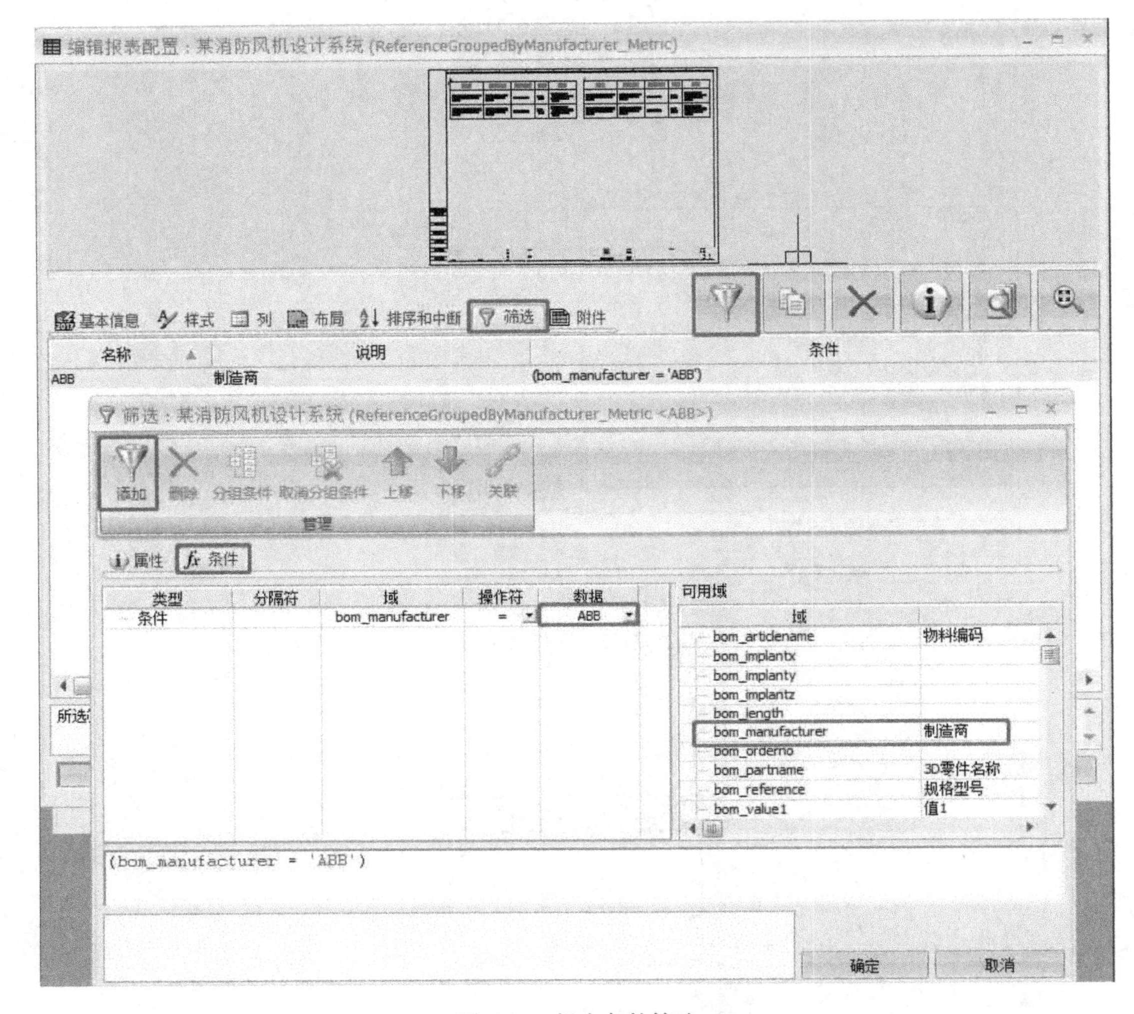

图 5-34　报表条件筛选

在【附件】选项卡中，在“说明（简体中文）”栏设置报表生成的名称为“设备材料表”，如图 5-35 所示。【基本信息】栏中的说明只是对该报表类型的命名，而【附件】说明中的信息是生成报表以后在文件导航器中显示的名称。

设置完各选项卡后，单击【应用】按钮完成报表的配置。在生成“设备材料表”时，软件自动按照已设置的内容生成报表。

5.2.5　定制连接列表

完成物料表的定制后，还需要对连接列表进行定制，也就是【报表管理器】中的“按线类型的电线清单”。按照物料表的定制方法，在【编辑报表配置】对话框中可以设置报表的【样式】及【布局】，这里重点讲述【列】选项卡中添加的属性。

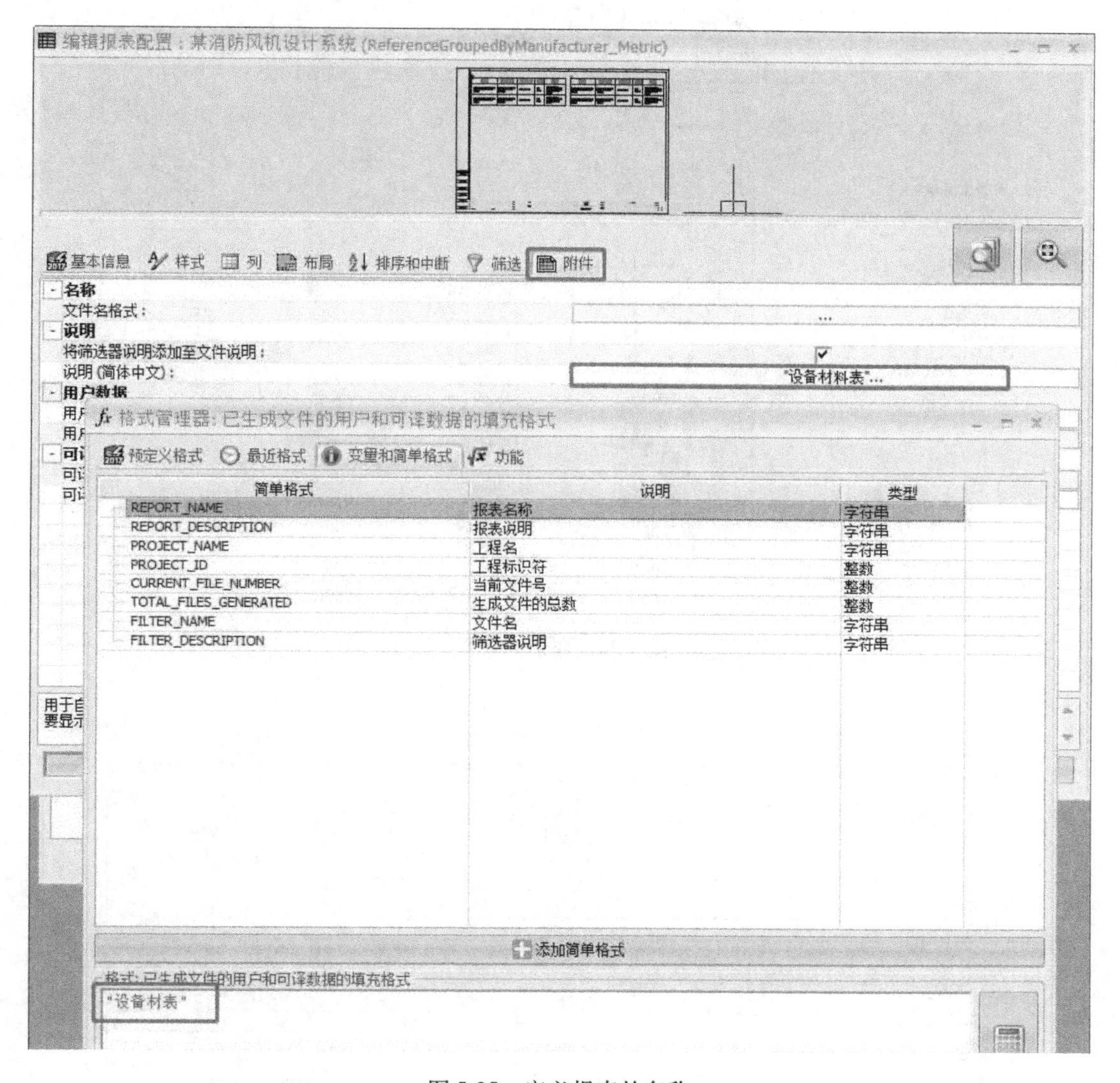

图 5-35　定义报表的名称

在【列】选项卡中，单击【列管理】按钮，在弹出的【列配置】对话框中勾选要添加的属性名称，通过上、下箭头来调整属性的排列次序，如图 5-36 所示。

将软件默认的列名称：源、目标、电线编号、截面积、长度和基准标题名称分别修改为：从、目标地、线标注、截面积、长度和线缆规格，对“长度”数据进行“计算总和”，如图 5-37 所示。

在【附件】选项卡中，设置电线清单“说明（简体中文）”内容为：连接列表，如图 5-38 所示。

设置完成后，单击【应用】按钮，完成连接列表定制。在生成“连接列表”时，软件自动按照已设置的内容生成报表。

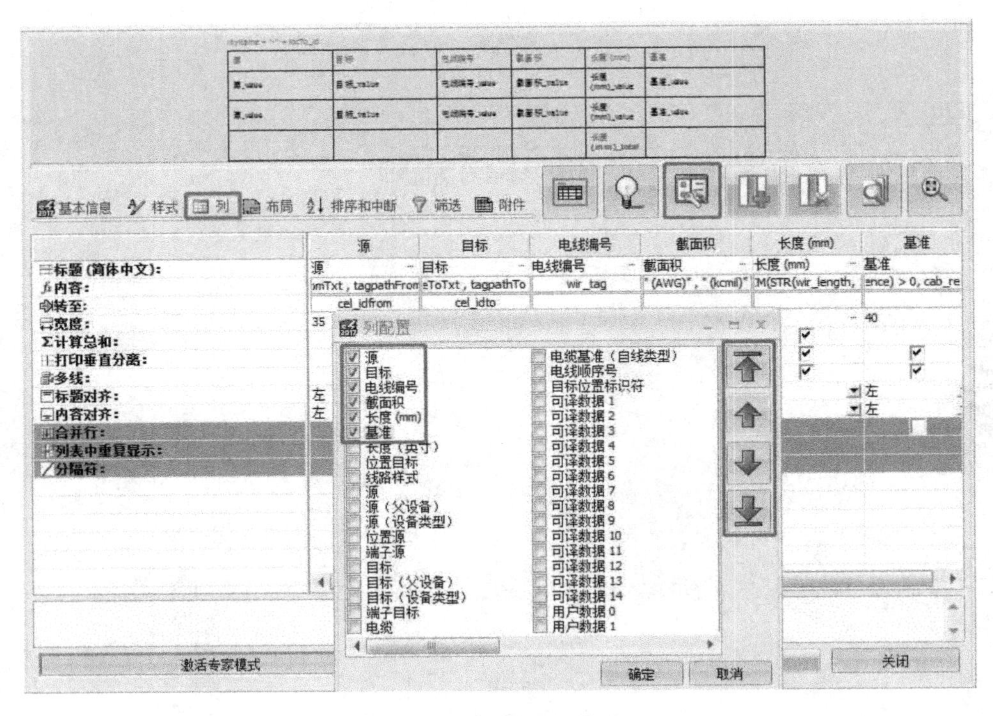

图 5-36　添加列属性

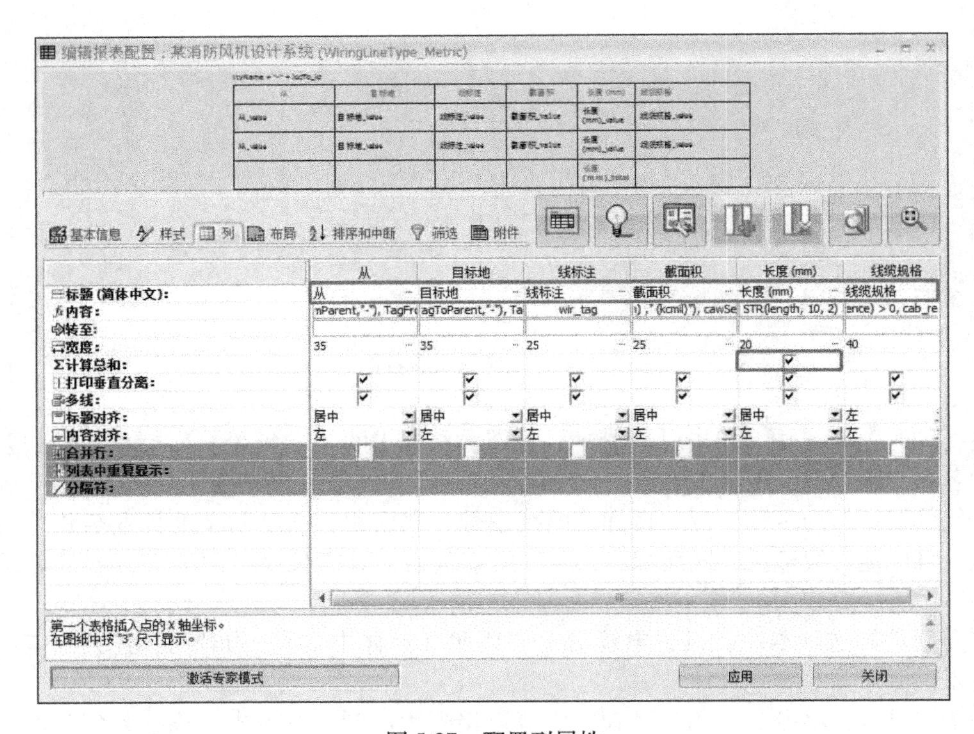

图 5-37　配置列属性

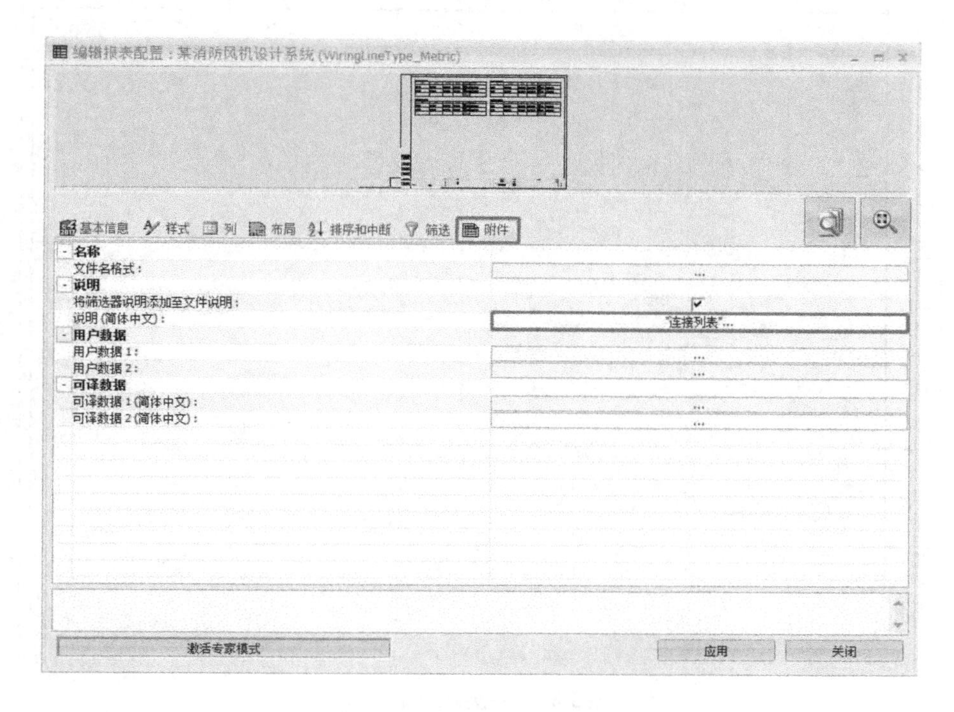

图 5-38　修改连接列表说明

关于 SOLIDWORKS Electrical 物料表定制功能，请扫描二维码观看操作视频。

5-2-5　报表定制

5.3　原理图的绘制

完成基础数据的定制后，接下来进行项目原理图的绘制。在消防风机项目中，原理图设计包括“一次系统图”和“二次原理图”。其中，“一次系统图”中主要是核心设备之间的连接原理，“二次原理图”中主要是设备之间的详细连接及控制原理。

（1）在“一次系统图”文件夹下新建“布线方框图”，单击【原理图】菜单下的【插入符号】图标，打开【符号选择器】插入一次图符号。在插入一次图符号之前，根据客户要求将软件默认的布线方框图符号中的图片替换成了符号。在消防风机项目中，一次系统图主要绘制了电源回路及风机主回路设备之间的连接原理。系统有两路进线电源，分别通过两个断路器设备连接到一个双电源转换开关上，通过接触器完成风机的启停控制。完成一次系统图设计后，对所有一次图符号进行设备选型，如图 5-39 所示。

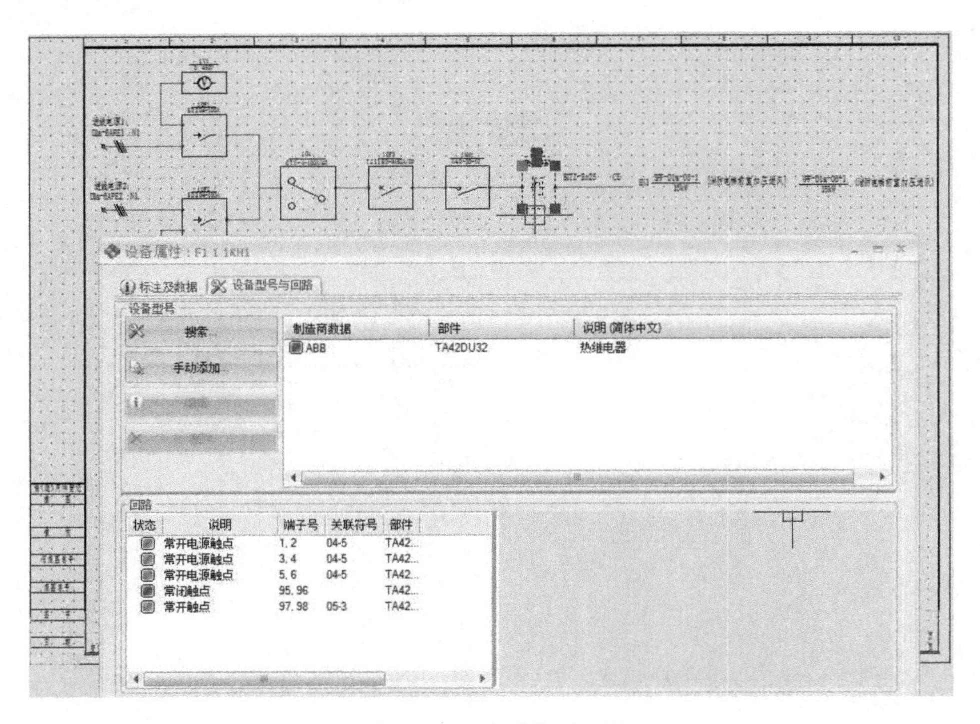

图 5-39　一次系统原理图

（2）完成一次系统图的绘制后，在“二次原理图”文件夹下新建“主回路”原理图。单击【原理图】菜单下的【插入符号】图标，在弹出的【符号选择器】对话框中选择“四极热磁断路器”符号，如图 5-40 所示。

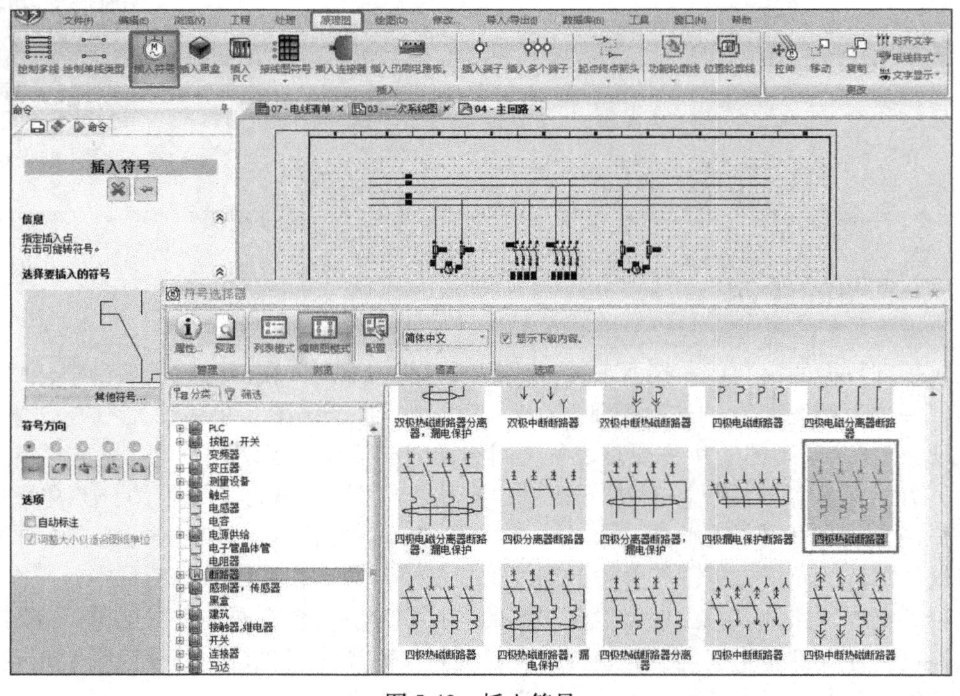

图 5-40　插入符号

插入断路器符号后，在弹出的【符号属性】对话框中关联“一次系统图”中的“ =F1-1QF1”设备，如图 5-41 所示。二次原理图中的电源 1 进线断路器与一次系统图中的 1QF1 断路器为同一个设备，由于在不同类型的图纸中放置，因而要进行关联。

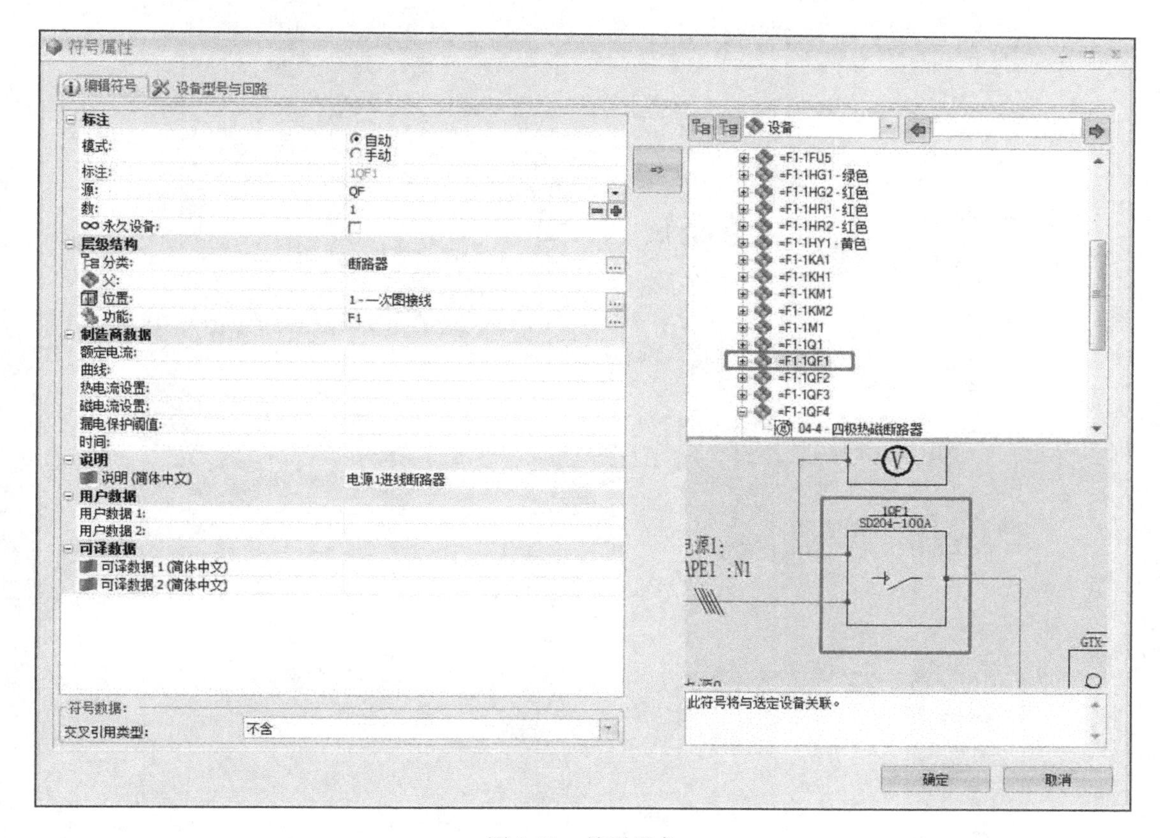

图 5-41　关联设备

单击【原理图】菜单下【绘制多线】图标，在主回路原理图中绘制多线。如果【电线样式选择器】中没有要添加的电线类型，单击【管理器...】按钮可以新建电线（关于新建电线样式功能请参考 1. 3. 1 章节内容），如图 5-42 所示。

在【电线样式】属性中，不管是多线还是单线都要进行电缆选型，如图 5-43 所示。后期在生成的“连接列表”中会自动显示连接电线的电缆型号。

按照以上方法，完成消防风机主回路原理图的设计，如图 5-44 所示。

（3）在“二次原理图”文件夹下新建“控制回路”原理图，通过按钮、转换开关及信号检测完成 1KM1 接触器线圈的通、断电功能，从而实现风机的启停控制，通过“位置轮廓线”将柜外设备进行框选，如图 5-45 所示。

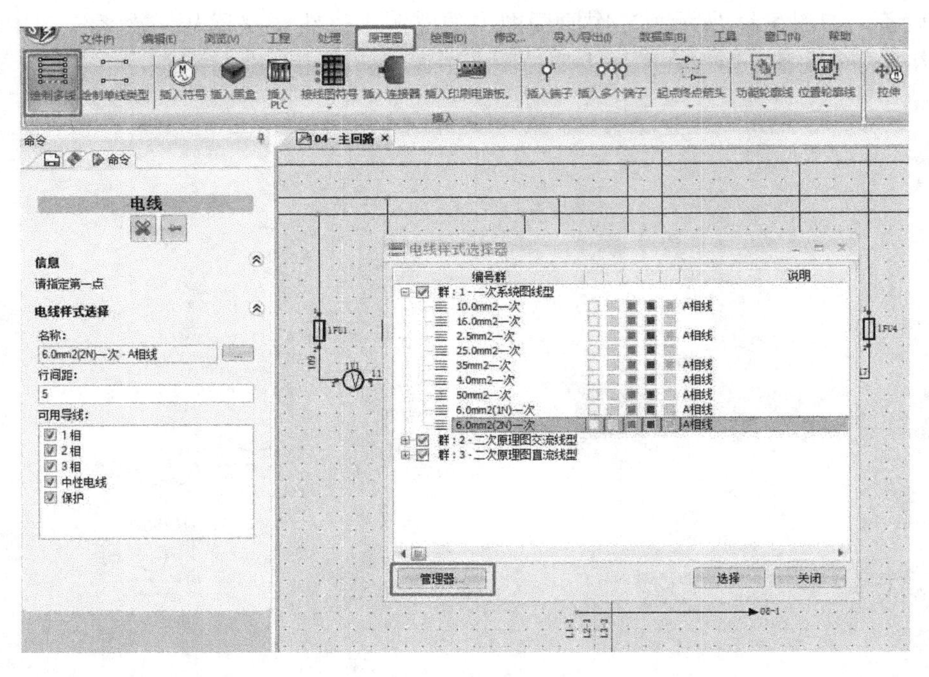

图 5-42　绘制多线

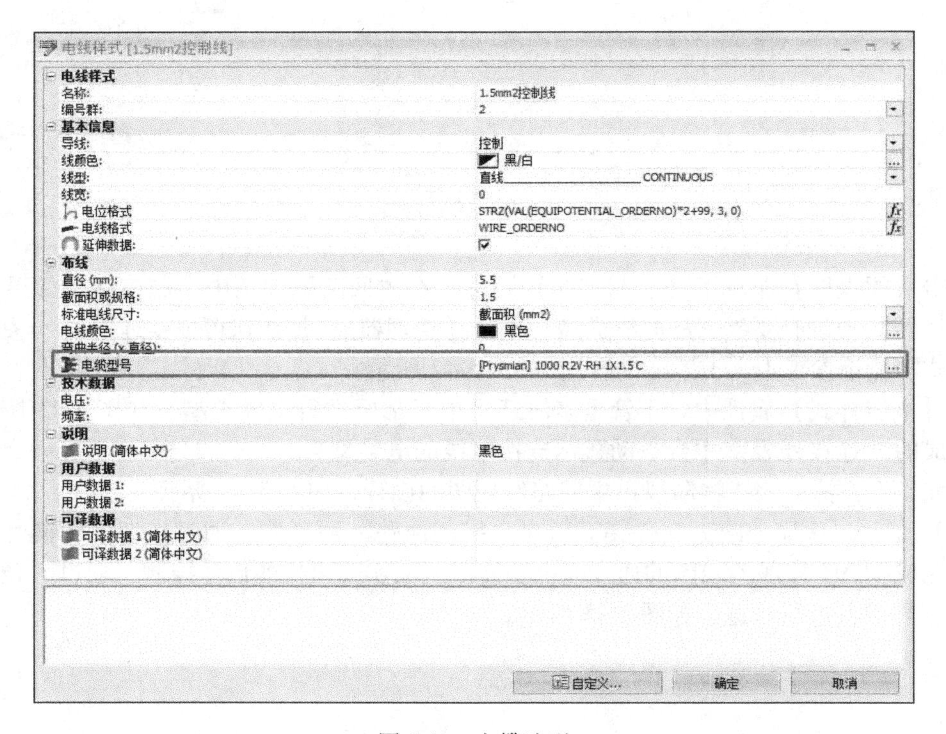

图 5-43　电缆选型

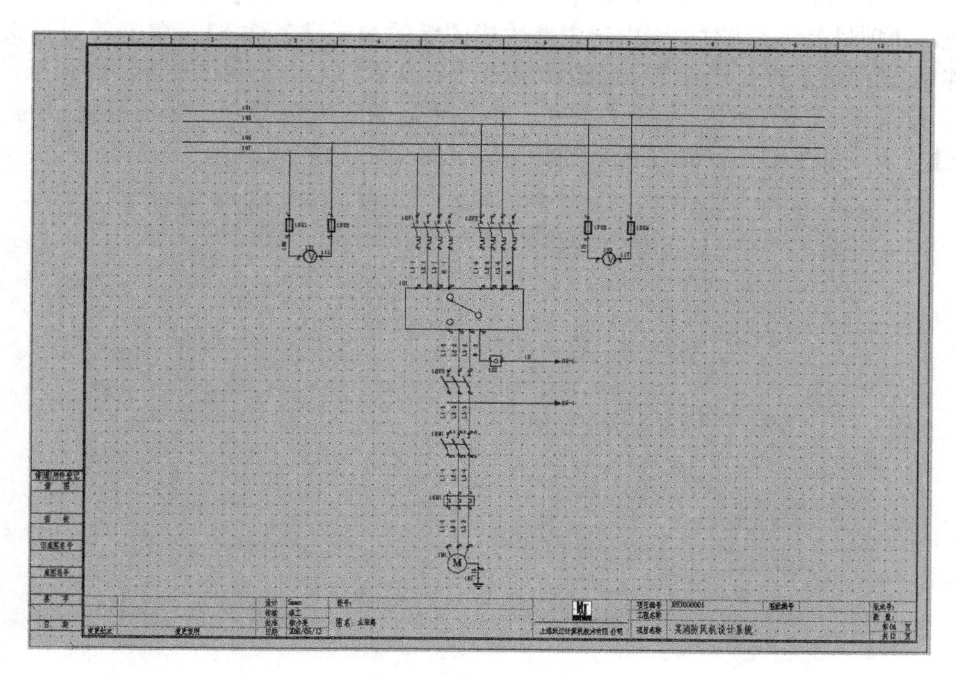

图 5-44　主回路原理图

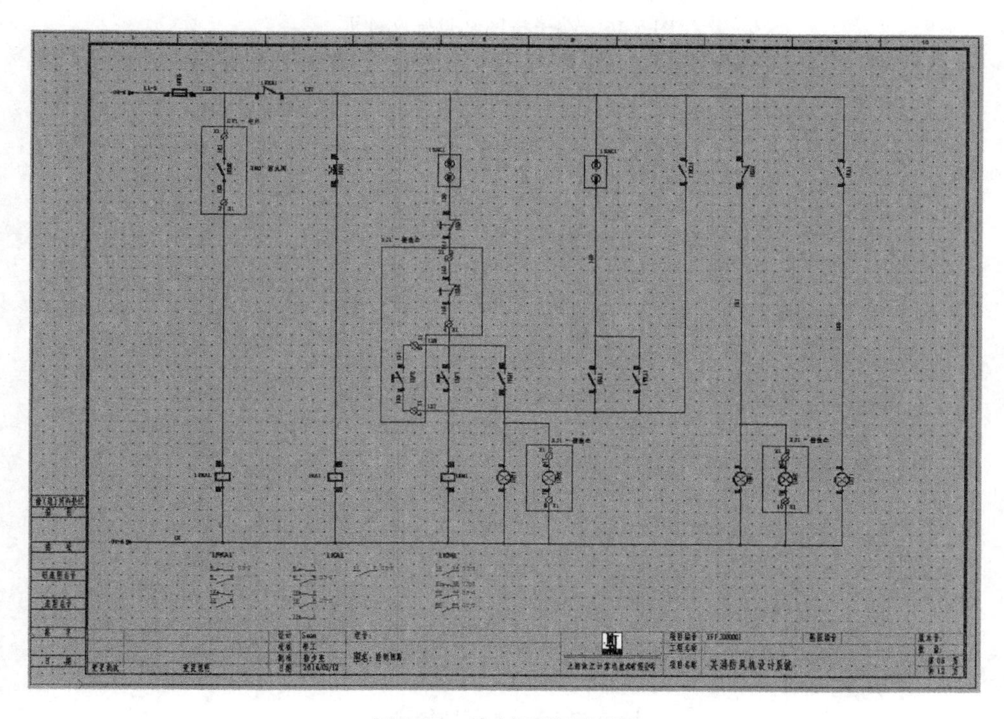

图 5-45　控制回路原理图

完成项目原理图的设计后，单击【工程】菜单下的【端子排】图标，在弹出的【端子排管理器：(项目名称)】对话框中选中要生成图纸的端子排名称 X1，单击【目标文件夹】按钮，将生成的端子排图纸放置在已经新建的【接线图】文件夹中，如图 5-46 所示。

端子排【目标文件夹】选择完成后，单击【生成图纸】命令，在项目树中的【接线图】文件夹下自动生成了定制的端子排接线表，如图 5-47 所示。

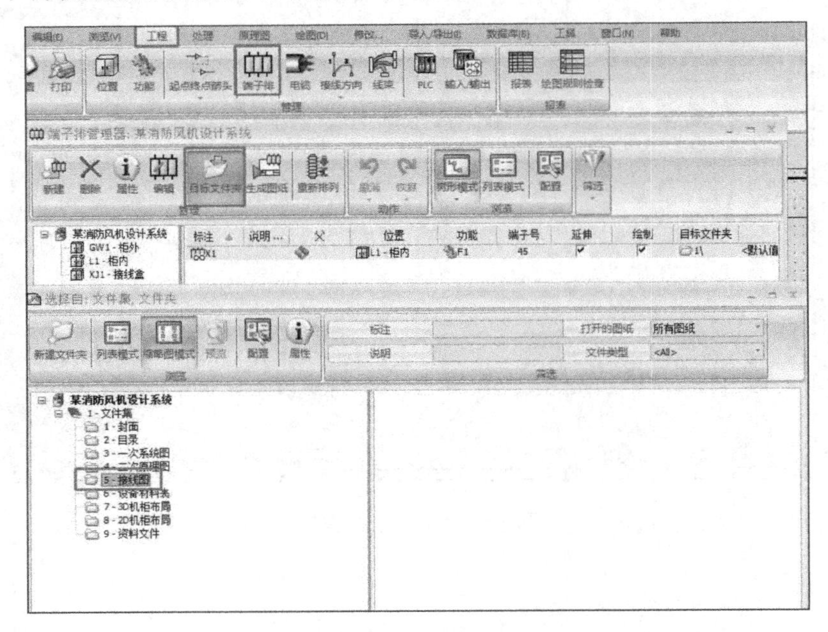

图 5-46　端子排图纸目标文件夹

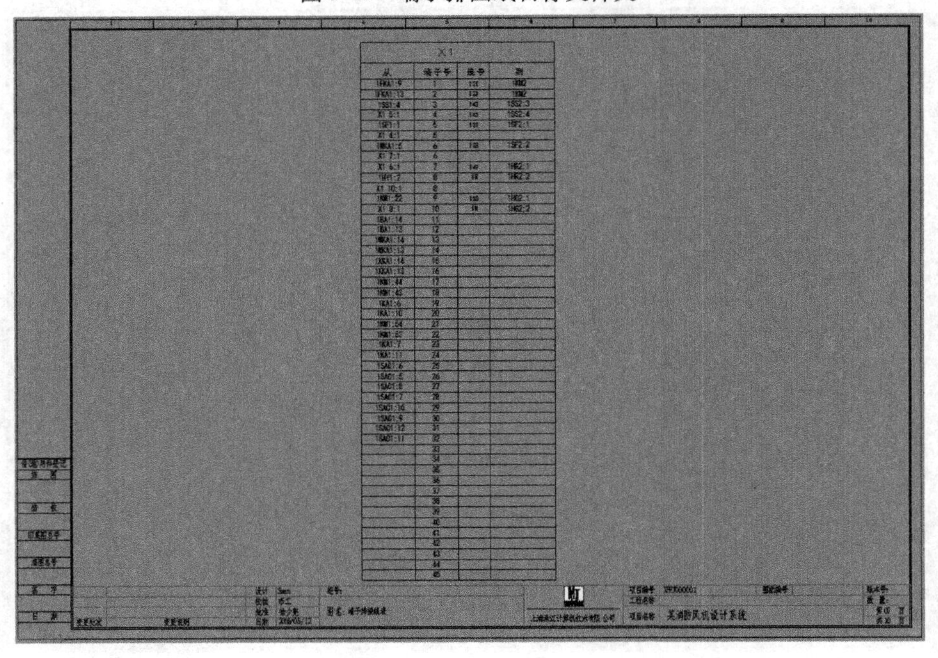

图 5-47　X1 端子排接线表

生成端子排接线表后，单击【工程】菜单下的【报表】图标，在弹出的【报表管理器】中单击【生成图纸】图标，弹出【报表图纸目标】对话框，在其中指定“图纸清单”“设备材料表”和“连接列表”生成的目标文件夹，如图 5-48 所示。

单击【确定】按钮后关闭当前对话框，软件自动生成“设备材料表”图纸，如图 5-49 所示。

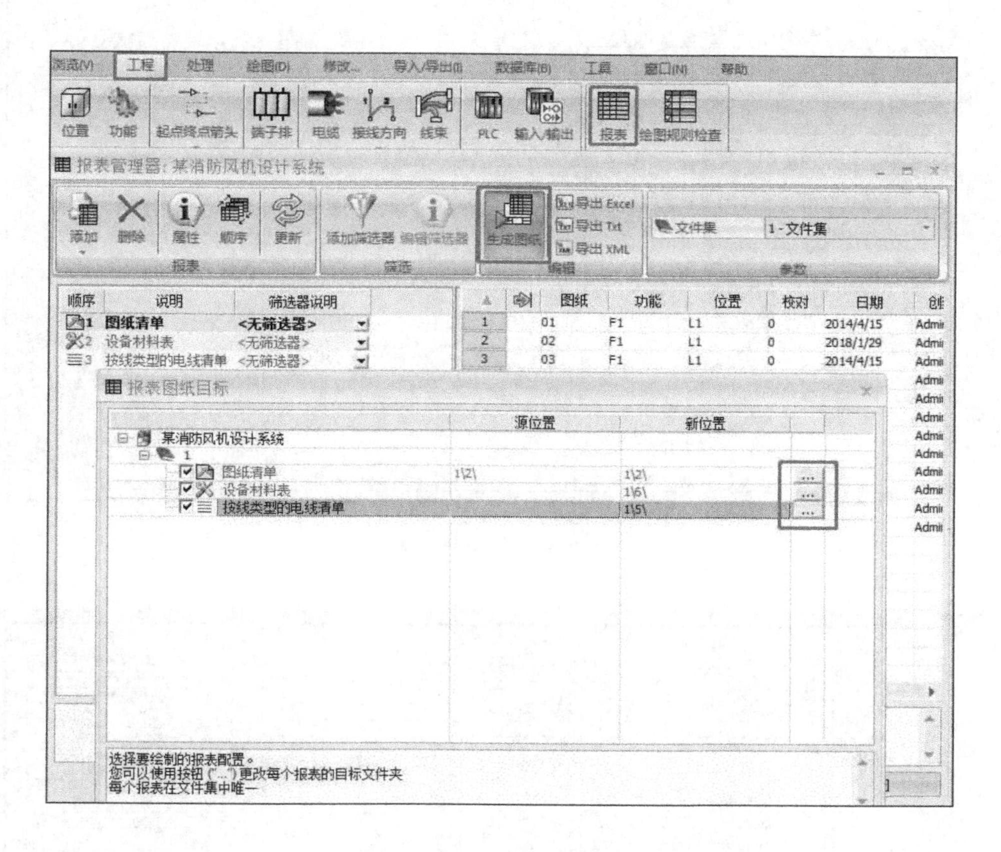

图 5-48　生成各类报表

在自动生成的“连接列表”中，软件按照“电线名称”自动切断报表，统计了每根电线的长度及电线的总长度，显示了定制连接列表格式内容及电线型号，如图 5-50 所示。

在文件导航器中的“封面”文件夹中，右击更新封面图框，软件会自动显示定制的封面内容，如图 5-51 所示。当【工程属性】中的信息发生变化时，软件会自动更新封面及图框内容。

在文件导航器中双击打开【目录】文件夹下已生成的图纸清单报表，如图 5-52 所示。

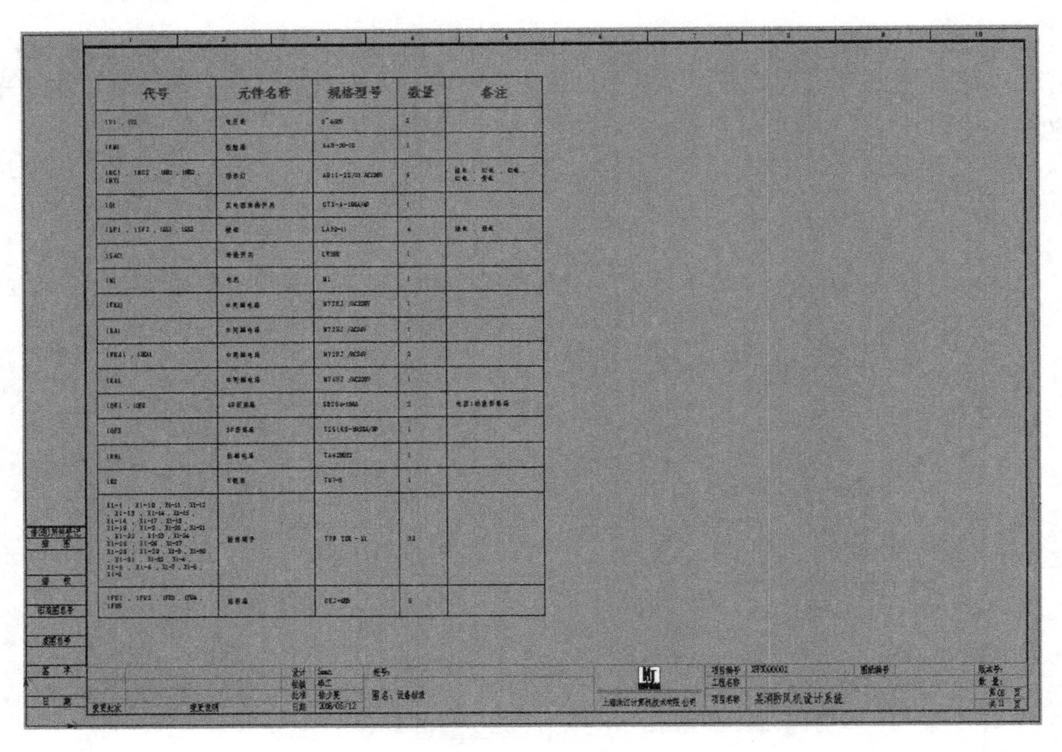

图 5-49　设备材料表

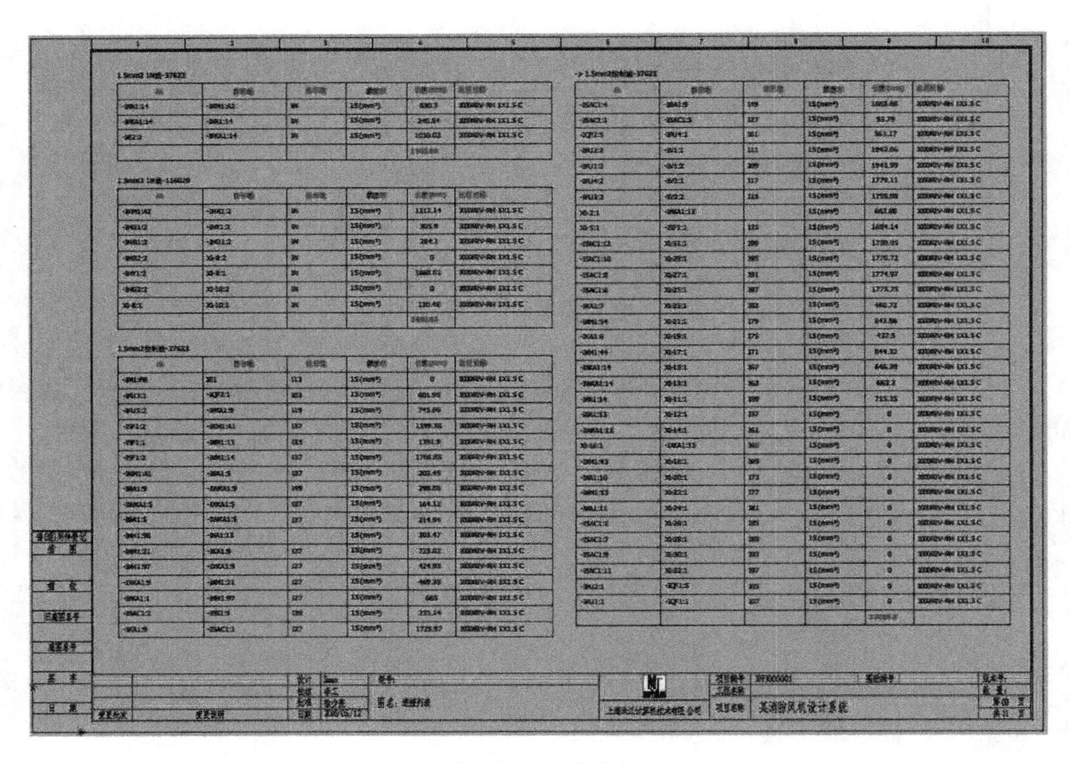

图 5-50　连接列表

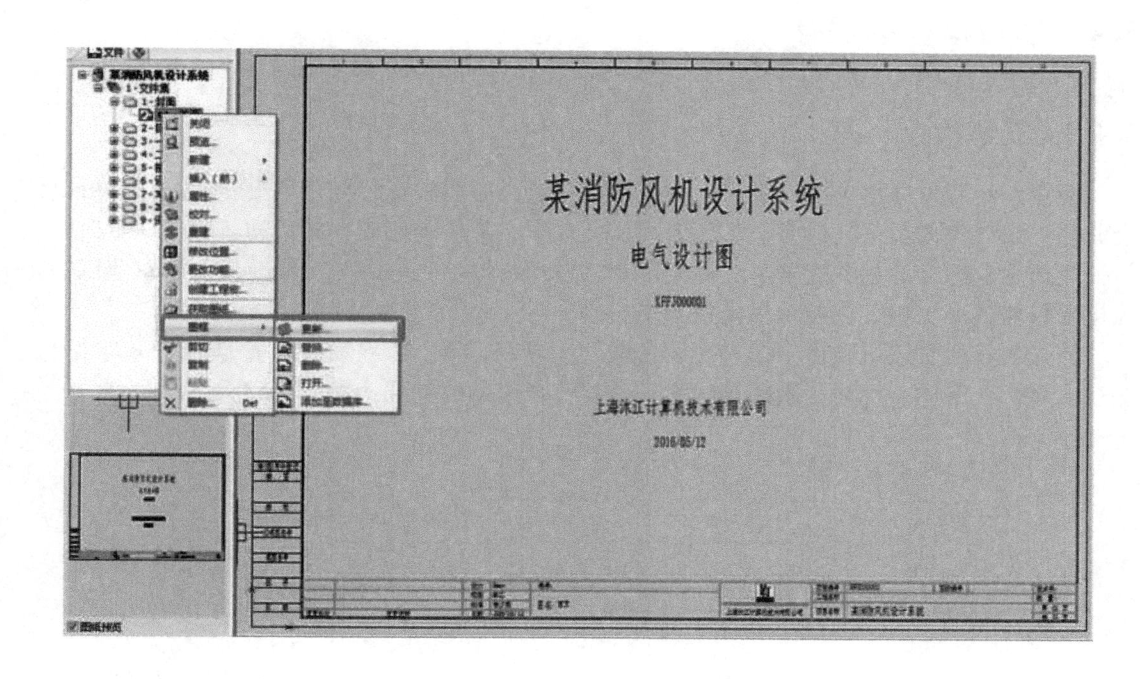

图 5-51　封面显示

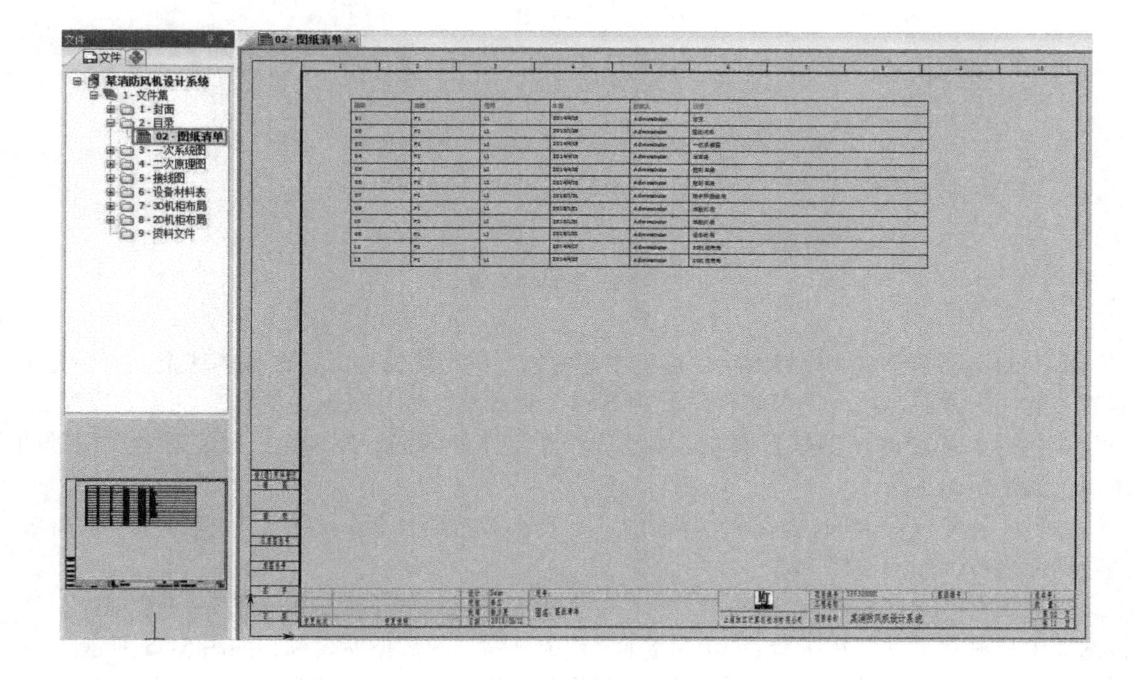

图 5-52　图纸清单

5.4 项目模板的保存

5.4.1 定制模板

模板的定制贯穿整个项目设计，是在企业各个产品线中不断优化和更新的过程，可以使企业统一设计规范及工艺标准，达到提高设计效率、降低企业成本的目的。通过一个典型项目，完成企业标准的相关配置及个性化定制，进而将该项目保存为工程模板。本章节以消防风机项目为典型工程，创建项目模板。

首先，在消防风机项目中的【工程配置：[项目名称]】界面中设置模板的基本信息、图表、符号、字体、标注、图框等信息，使其符合一定的标准，如图 5-53 所示。

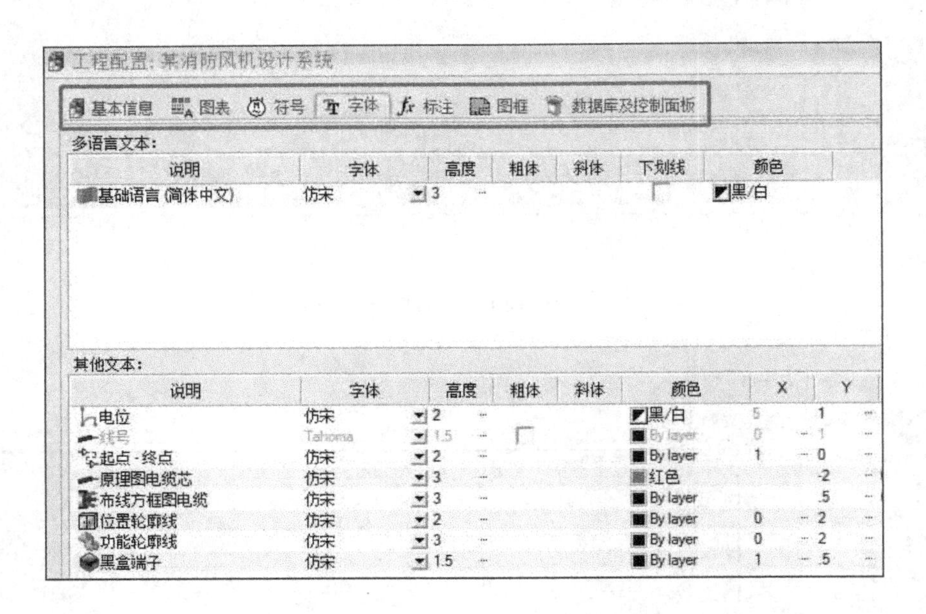

图 5-53 工程的配置

图框的定制属于企业模板的定制过程中非常重要的一项内容，这也是体现企业个性化定制需求的一个方面。在【图框管理器】中新建企业封面及各类图框文件后，在【工程配置：[项目名称]】界面的【图框】选项卡中选择企业定制的封面、原理图、报表等各类图纸的图框，如图 5-54 所示。

在【工程配置：[项目名称]】界面的【数据库及控制面板】栏中，勾选模板需要加载的数据库名称，如图 5-55 所示。

当插入符号或选择设备型号时，在【符号选择器】左侧【筛选】面板的【数据库】下拉选项中只显示了【工程配置：[项目名称]】中已勾选的数据库名称，如图 5-56 所示。

在【工程】菜单下的【配置】下拉选项都是工程模板中需要定制的内容，如图 5-57 所示。在本消防风机项目中，主要定义了“电线样式”“端子排图纸”“报表”配置。

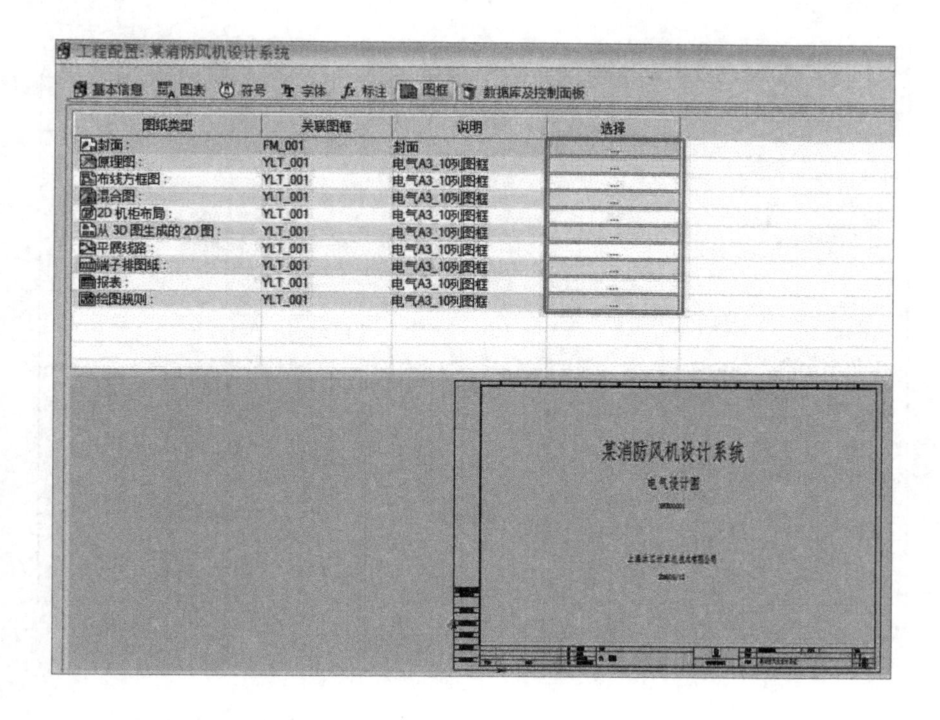

工程配置：某消防风机设计系统

基本信息　图表　符号　字体　标注　图框　数据库及控制面板

图纸类型	关联图框	说明	选择
封面：	FM_001	封面	...
原理图：	YLT_001	电气A3_10列图框	...
布线方框图：	YLT_001	电气A3_10列图框	...
混合图：	YLT_001	电气A3_10列图框	...
2D 机柜布局：	YLT_001	电气A3_10列图框	...
从 3D 图生成的 2D 图：	YLT_001	电气A3_10列图框	...
平展线路：	YLT_001	电气A3_10列图框	...
端子排图纸：	YLT_001	电气A3_10列图框	...
报表：	YLT_001	电气A3_10列图框	...
绘图规则：	YLT_001	电气A3_10列图框	...

图 5-54　模板图框的配置

工程配置：某消防风机设计系统

基本信息　图表　符号　字体　标注　图框　数据库及控制面板

显示的数据库

使用	名称	说明	类型
☐	ELECTRONIC	电子符号	符号
☐	GRAFCET	GRAFCET符号	符号
☐	IEC	IEC 617标准符号	符号
☐	IEC_SINGLE_WIRE	IEC 单线图	符号
☐	INSTRUM	仪表	符号
☐	ISO	ISO 标准图框	图框
☐	JIS	JIS 日本标准	所有对象类型
☐	KCMIL_CABLE	截面积kcmil的电缆	电缆型号
☐	LINE_DIAGRAM	单线图符号	符号
☑	MJ	上海沐江	所有对象类型
☐	MM2_INDUS_CABLE	mm²格式电缆	电缆型号
☐	Onboard	板载	符号
☐	PLC	可编程PLC符号	所有对象类型
☐	PNEU_HYDRAU	气动 - 液压 ISO1219-1	符号
☐	USER	创建自用户	所有对象类型

使用的控制面板

控制面板类型	关联控制面板
原理图符号：	IEC 符号栏
布线方框图符号：	布线方框图符号栏 - IecSynopticSymbolPalette.xml
原理图宏：	宏栏（IEC 符号）
布线方框图宏：	布线方框图宏栏 (mm)
混合图宏：	混合图宏 (IEC)
PLC 宏：	输入/输出宏栏

图 5-55　显示数据库设置

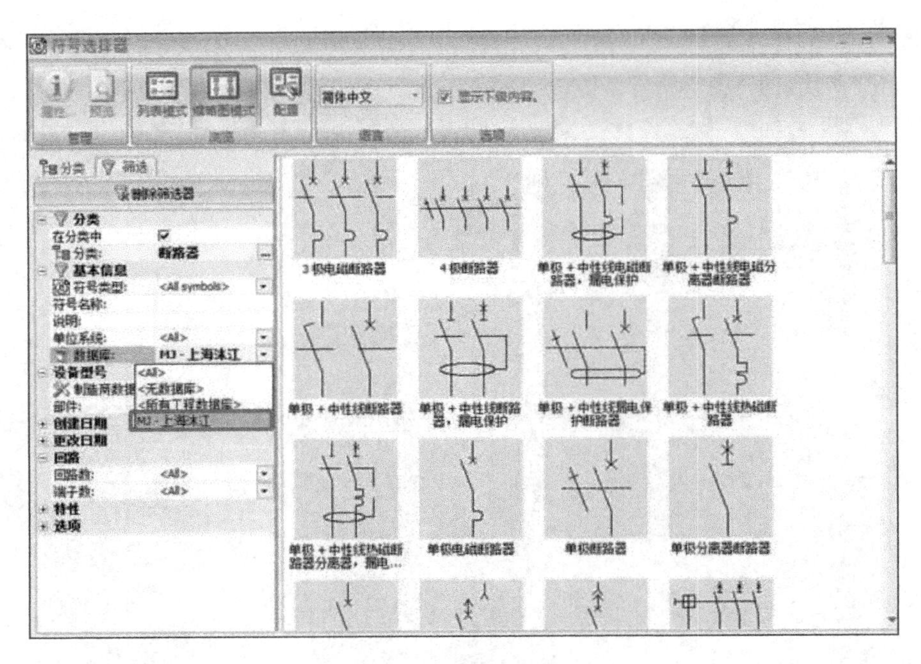

图 5-56　数据库列表

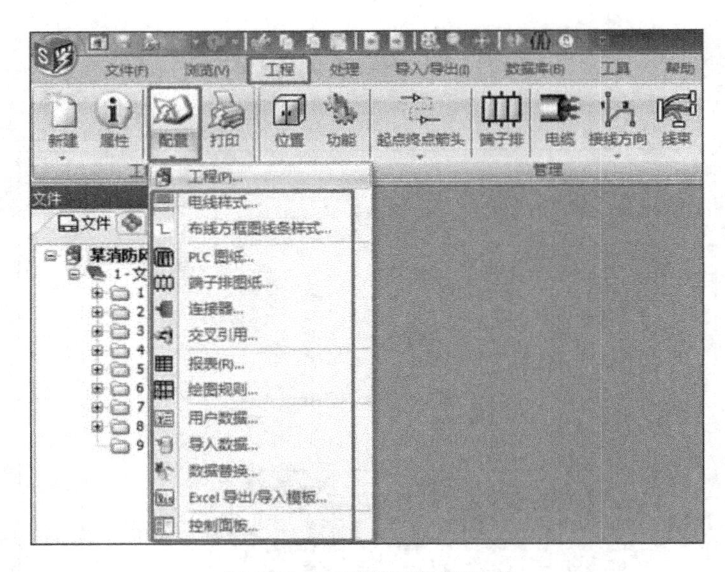

图 5-57　工程模板配置选项

工程模板中的“电线样式”是随着项目的不断增加逐渐进行完善的。本消防风机项目将常用“电线样式”先作为模板的常规电线样式，如图 5-58 所示。

在【端子排图纸配置管理】对话框中，模板的端子排图纸使用“DIN 垂直（公制）”格式，如图 5-59 所示。关于【端子排图纸配置管理】中工程文件的配置，请参考本章 1.2.3 节内容。

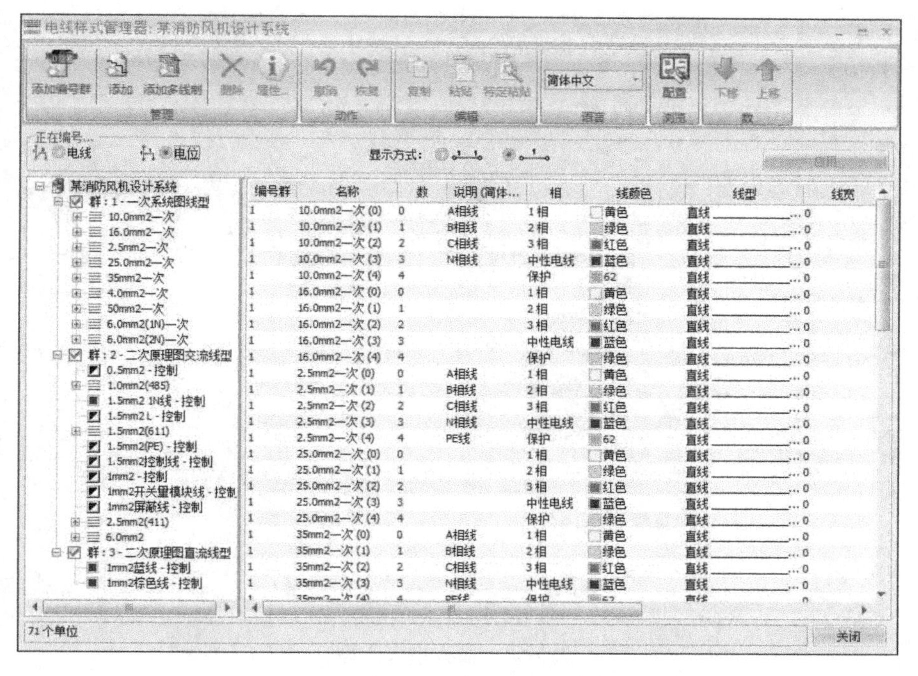

图 5-58　工程模板的电线样式

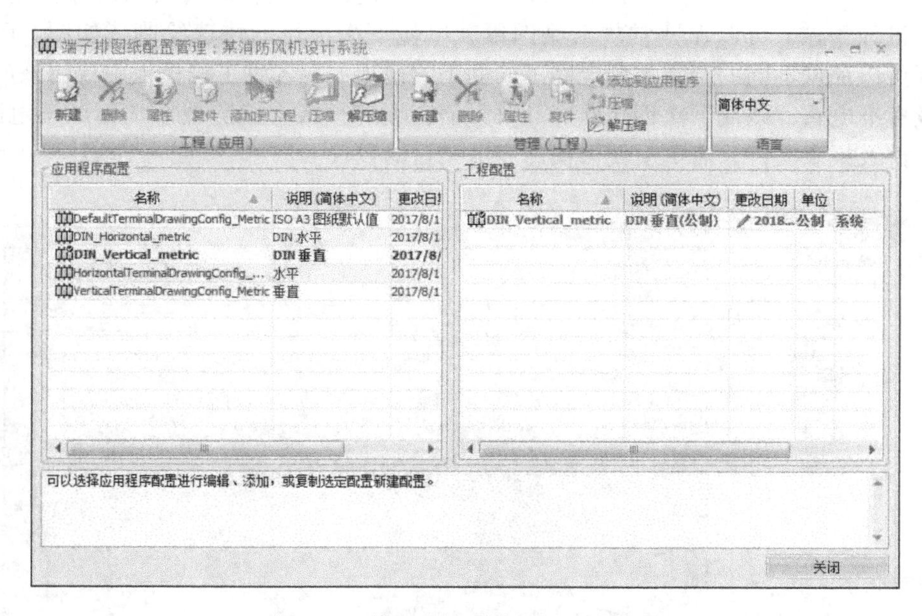

图 5-59　模板的端子排图纸配置管理

在【报表配置管理：［项目名称］】对话框中，添加模板中要使用的图纸类型，由于消防风机项目中只使用了“图纸清单”“设备材料表”及“连接列表”3 种报表类型，因而将这 3 种报表类型添加到工程模板中，如图 5-60 所示。

图 5-60　模板报表类型

完成【工程】/【配置】下的相关设置后，将消防风机项目的树结构保存为模板结构，将原理图设计删除，可以保留常规典型图纸，以便下次项目的快速绘制，如图 5-61 所示。企业模板可以根据不同的产品类型定制不同的工程模板，在各种工程模板中保留该产品的典型电路及标准电路，以便下次创建新产品时只需在原有模板上删除或添加新原理电路即可，接线图文件及报表文件只需更新便可快速完成项目的设计。

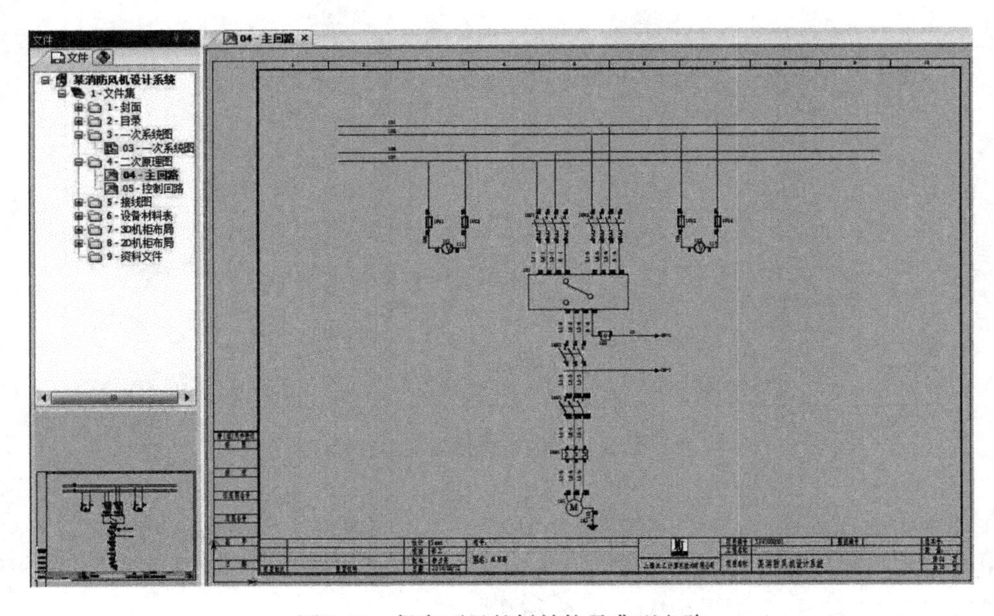

图 5-61　保存项目的树结构及典型电路

5.4.2　创建模板

以消防风机项目为典型工程来配置企业模板，在【工程管理器】中关闭并选中该项目，单击【保存为模板】图标打开【工程】对话框，在其中填写工程模板的名称“电气模板”，如图 5-62 所示。

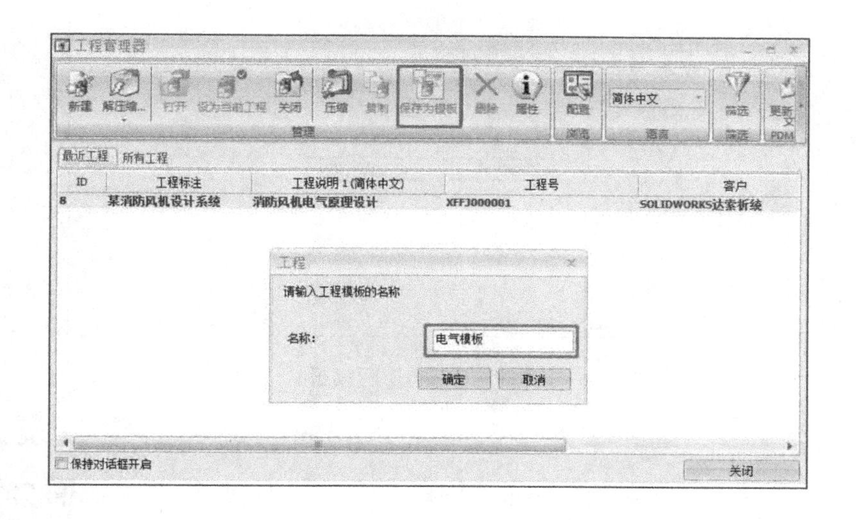

图 5-62　模板名称

单击【确定】按钮后关闭当前对话框，软件自动完成“电气模板”工程的创建。电气模板创建完成后，软件自动将模板工程保存在软件安装目录下的 ProjectTemplate 文件夹中，如图 5-63 所示。

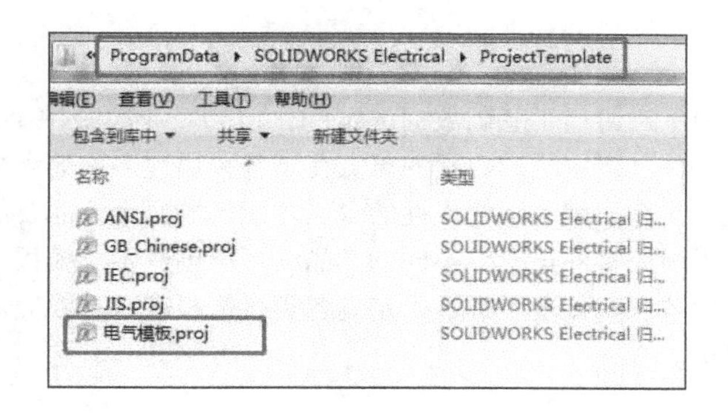

图 5-63　模板保存路径

企业可以将模板工程放在网络版服务器上，或复制给单机版设计人员，将模板工程放置在相同的路径文件夹中，在下次新建项目选择模板工程时便可看到已创建的【电气模板】，如图 5-64 所示。

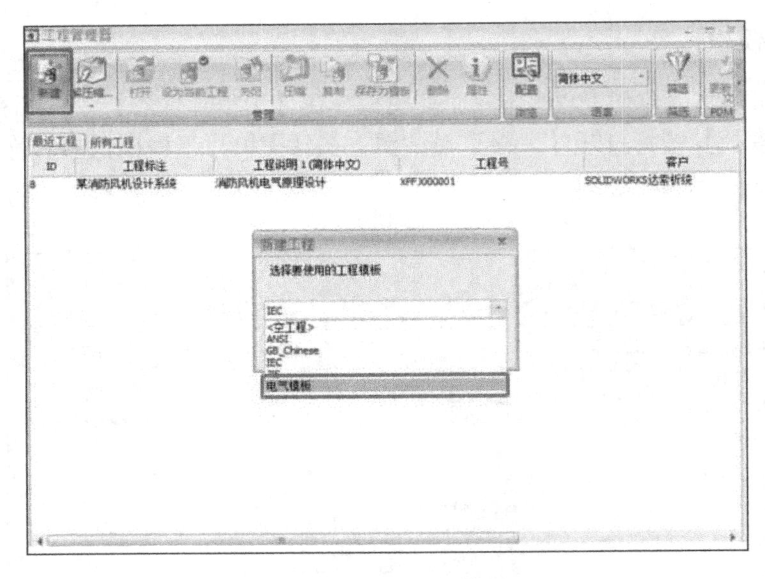

图 5-64　选择工程模板

关于 SOLIDWORKS Electrical 模板的制作，请扫描二维码观看操作视频。

5-4-2　模板的制作

5.5　总结

在消防风机项目中重点讲述了基础数据的定制，包括企业模板中要用到的图框、封面、端子排图纸及报表等文件。定制基础数据的难点在于各种属性名称的含义及用途，这个需要不断地去尝试和验证，只有了解了这些属性的含义才能定制出企业需要的模板样式。

企业模板是一个不断完善的过程，不同的产品线可以创建多个模板。通过不断地创建新工程，加载新配置，设置统一规范及标准，定制各类生产报表，最终完成满足企业设计标准及工艺规范的工程模板。

第6章　某大型控制系统的设计

项目概述

某大型控制系统项目在自动化行业中具有典型代表，整个项目从功能上分为主控系统、液压单元、模拟屏单元和远程单元共4个单元，从物理结构或位置上分为13个不同功能的配电柜及柜外设备。整个项目的所有图纸有600多页，其中原理图有200多页，使用的电气设备有上千个，其中PLC模块就达上百个。类似这种上百页原理图设计的大型项目，在项目设计之初需要合理地规划项目结构，建立统一的设计标准，在多人协同设计时才能保证项目图纸的顺利拼接。本章重点介绍项目结构规划、协同设计环境搭建及宏管理下的模块化设计。

6.1　项目规划

6.1.1　项目的组成与分割

首先在项目开始之前，由负责该项目的总工组成一个4~5人的项目小组。由项目总工规划项目结构，分配任务给其他成员并建立绘图标准，如图6-1所示。

图6-1　项目前期准备

项目任务分配完成后，在软件的【工程管理器】对话框中单击【新建】图标，在弹出的【新建工程】对话框中选择“IEC”模板新建工程，如图6-2所示。

工程新建完成后，如图6-3所示，在【工程】菜单下的【位置】和【功能】中分别定义项目的物理结构和逻辑功能块。

（1）位置。该大型控制系统由13个不同功能的配电柜及柜外设备组成，所以从“位置”层面主要分为14个并列位置，如图6-4所示。

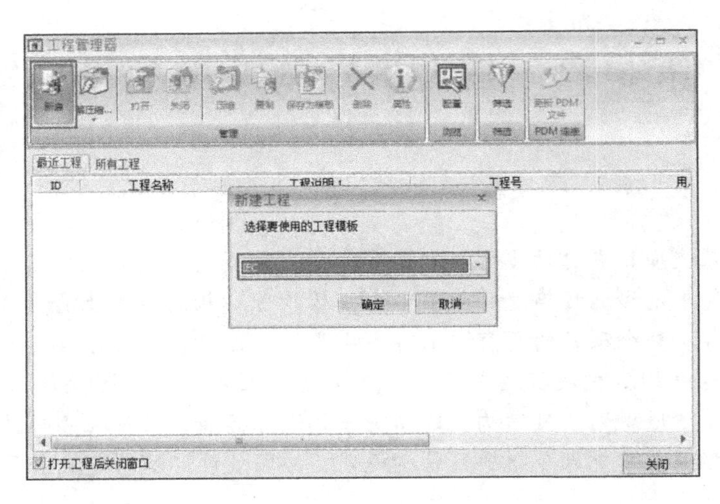

图 6-2　新建工程

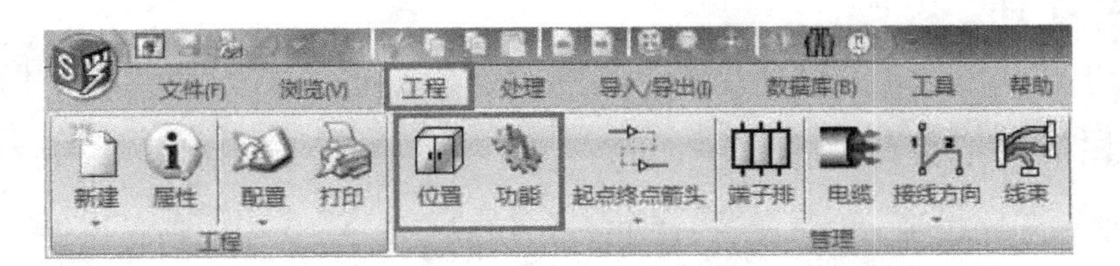

图 6-3　位置、功能命令

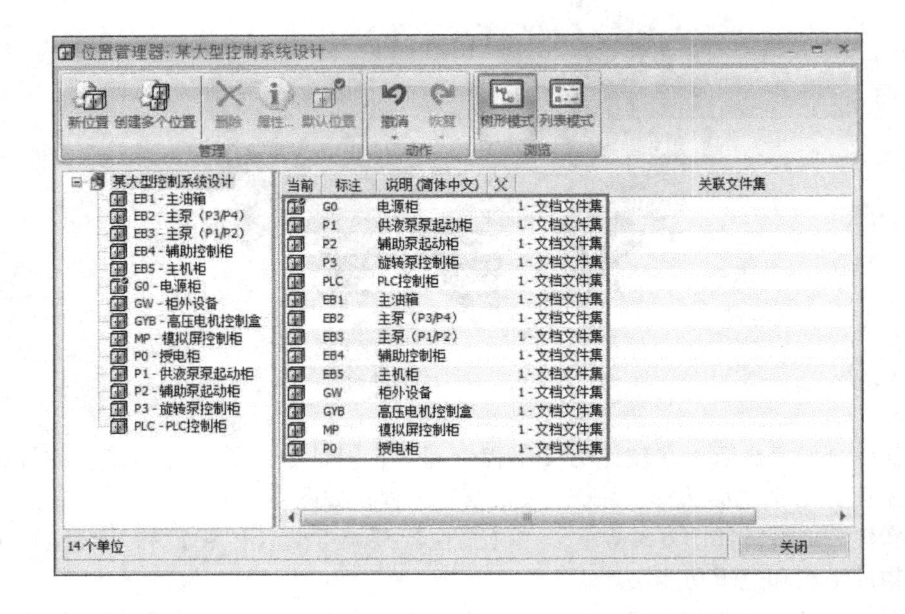

图 6-4　位置划分

（2）功能。项目从逻辑功能上主要分为主控系统、液压单元、模拟屏单元和远程单元。单击【功能】图标可以打开【功能管理器：［项目名称］】对话框，在其中定义项目的功能块，如图 6-5 所示。

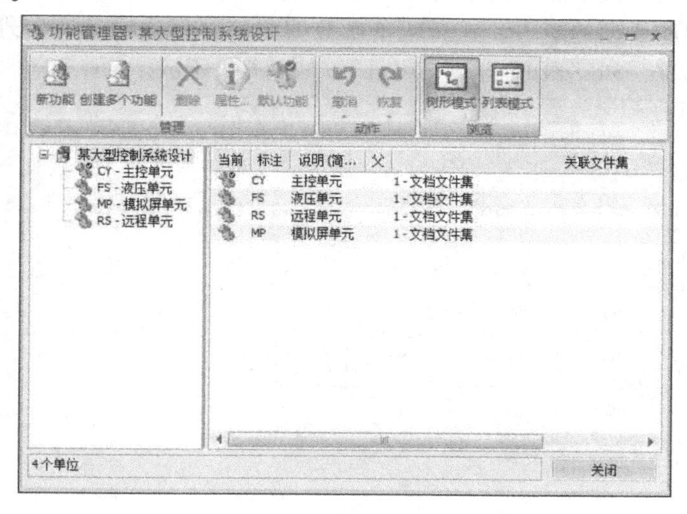

图 6-5　功能划分

6.1.2　分组设计规划

项目结构规划完成后，在项目树结构中通过“文件夹”的方式可以对不同类型的图纸进行管理，并将原理图按“位置”结构进行划分，如图 6-6 所示。

某大型控制系统设计
1 - 文档文件集
1 - 封面
2 - 图纸清单
G0 - 电源柜
P0 - 授电柜
P1 - 供液系统
P2 - 辅助系统
P3 - 旋转泵起动柜
PLC - 西门子PLC400柜
EB1 - 主油箱
EB2 - 3-4#主泵
EB3 - 1-2#主泵
EB4 - 辅助系统
EB5 - 蓄能器与上砧部分
GYB - 高压电机远程站
MP - 模拟屏
3 - 电缆清单
4 - 电线清单
5 - 物料清单
6 - 端子清单表
7 - PLC I/O表
8 - 2D安装布局图
9 - 3D文件

图 6-6　图纸结构划分

在原理图设计过程中，由项目组成员分别承担各“文件夹”原理图的设计，例如：

- 甲主要负责 G0、P0 电源供给的原理图设计。
- 乙主要负责 P1、P2、P3 三个主系统回路设计。
- 丙主要负责 PLC 设计。由于在 PLC 设计过程中需要定义 I/O 及地址说明，因此在 PLC 选型界面中需要添加 PLC 模块并与预定义的 I/O 进行关联。此项目中 PLC 数量比较多，所以由项目熟悉者负责绘制。
- 丁主要负责 EB1、EB2、EB3、EB4、EB5 主泵及辅助系统原理图设计。
- 戊主要负责 GYB、MP 远程站及模拟屏的原理设计。

关于 SOLIDWORKS Electrical 项目分组设计与规划，请扫描二维码观看操作视频。

6-1-2　项目分组设计与规划

6.1.3 项目标准的建立

多人协同设计时，最重要的就是要确定统一的标准。在项目原理图的设计过程中，首先是基础数据的新建和线型的统一。在新建基础数据之前，首先在【库管理器】对话框中新建统一的数据库名称，如“ZDH-自动化项目”，如图 6-7 所示。

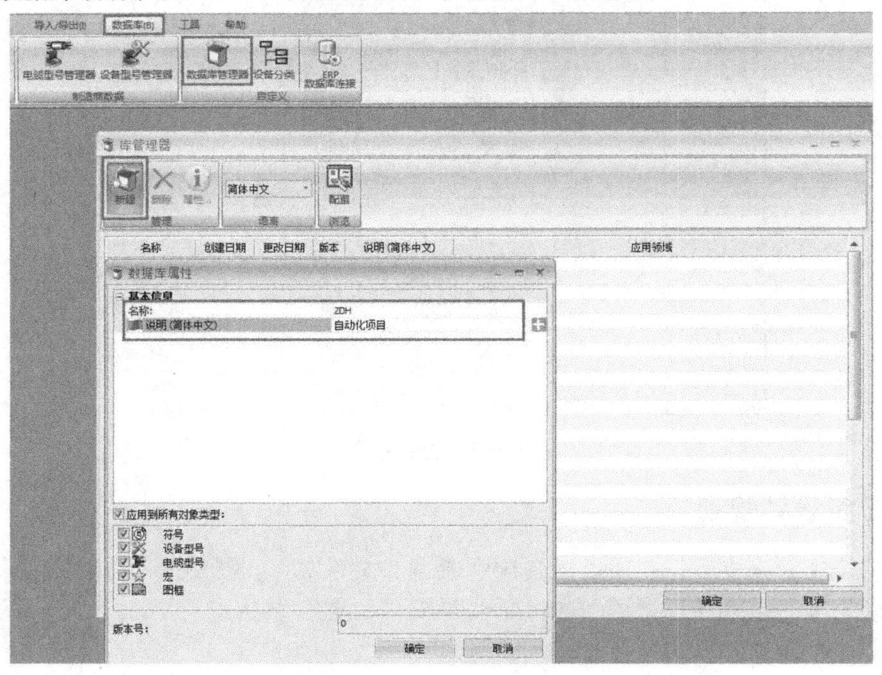

图 6-7　统一数据库名称

在新建符号时，首先将符号选择放置在“ZDH-自动化项目”数据库中，设置符号栅格的间距为 5×5，符号相邻回路的间距为一个栅格（即 5mm）。为了便于前期符号的绘制，在符号左侧先放置 4 个标注，分别为设备标注、制造商、型号及设备用户说明，如图 6-8 所示。

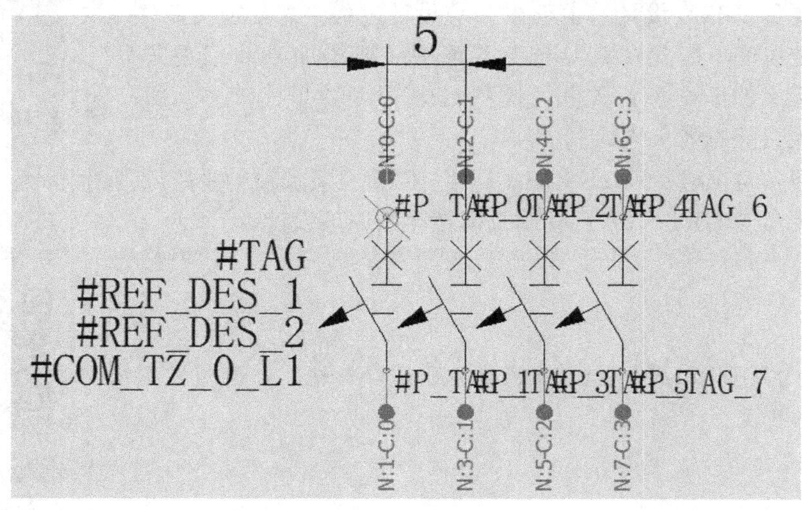

图 6-8　规范符号

在新建制造商数据库时，选择统一的数据库名称，必须填写部件、制造商数据、说明，以及宽、高、厚等数据，如果有其他栏信息，可一起完善该部件库内容，如图 6-9 所示。

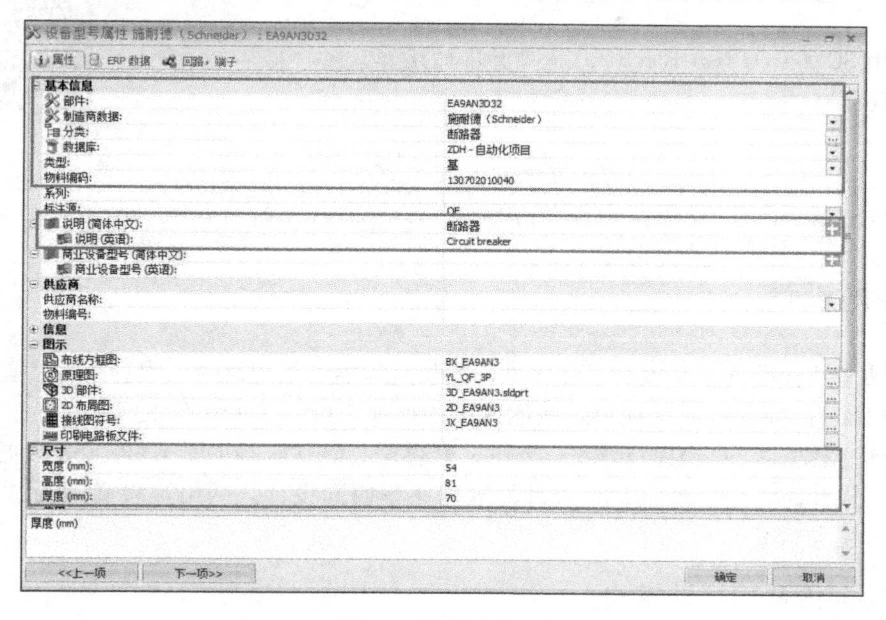

图 6-9　部件库规范

在【电线样式管理器：[项目名称]】中定义项目中要使用的多线及单线样式，如图 6-10 所示。

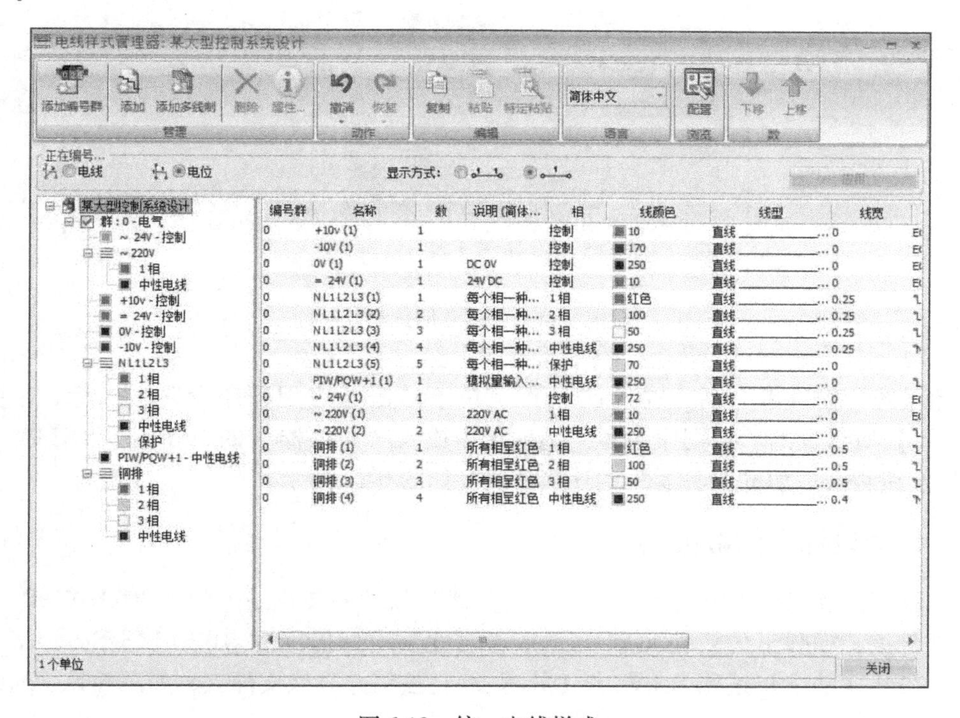

图 6-10　统一电线样式

关于 SOLIDWORKS Electrical 项目标准的建立，请扫描二维码观看操作视频。

6-1-3 项目标准的建立

6.2 协同设计

项目结构及标准确立完成后，在多人协同设计时需要搭建统一的设计平台，首先将其中一台计算机作为“服务器”，项目组其他成员的计算机以“客户端”的形式访问“服务器”中的数据库。在安装 SOLIDWORKS Electrical 软件时，默认选择的是 EXPRESS 数据库，所以在多人协同设计时，建议最多 5 个人进行数据共享协同设计，网络连接必须为“网线”连接（无线有丢包现象）。

6.2.1 协同设计环境的搭建

在操作系统中关闭“服务器”及“客户端”计算机的“防火墙”，如图 6-11 所示。

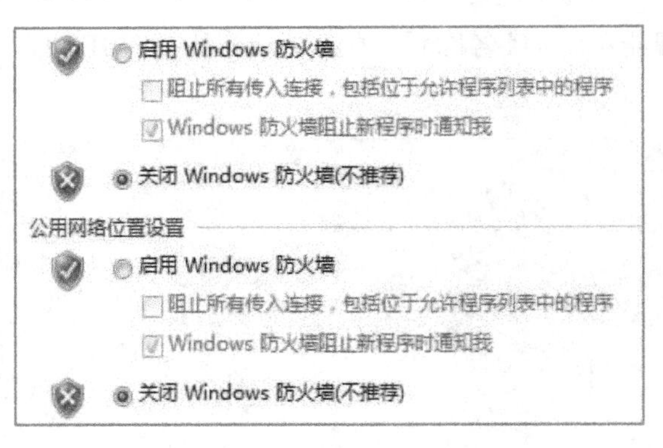

图 6-11 关闭“防火墙”

关闭系统“防火墙”后，在【工具】菜单下单击【应用程序设置】图标，在弹出的【应用配置】对话框的“协同服务器”选项卡中输入“服务器”的 IP 地址及端口号，单击【连接】按钮测试“协同服务器”的连接情况，如图 6-12 所示。

6.2.2 协同设计中的数据共享

协同服务器及网络连接成功，右击“服务器”软件安装目录下的“SOLIDWORKS Electrical”文件夹，在弹出的快捷菜单中选择“属性”，打开【SOLIDWORKS Electrical 属性】对话框，在其【共享】选项卡下单击【共享...】按钮共享该文件夹，如图 6-13 所示。

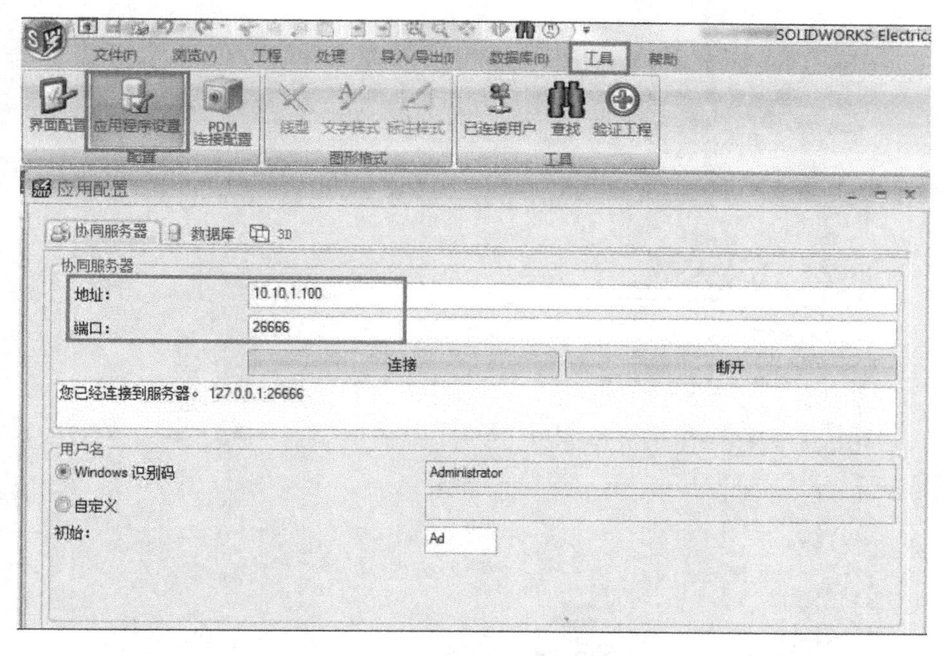

图 6-12　“协同服务器”的配置

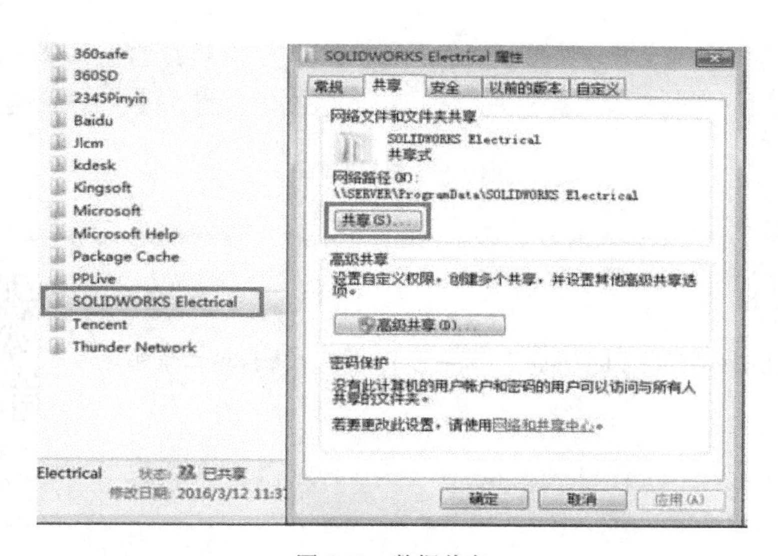

图 6-13　数据共享

6.2.3　协同设计中的数据库配置

将“服务器”端的数据文件夹进行共享后，在“客户端”的【工具】菜单下单击【应用程序设置】图标，在弹出的【应用配置】对话框的【数据库】选项卡中设置“应用程序数据文件夹”为“服务器”中共享的“SOLIDWORKS Electrical”文件夹路径，设置“服务器名称”为“服务器”地址与数据库实例名称，如图 6-14 所示。

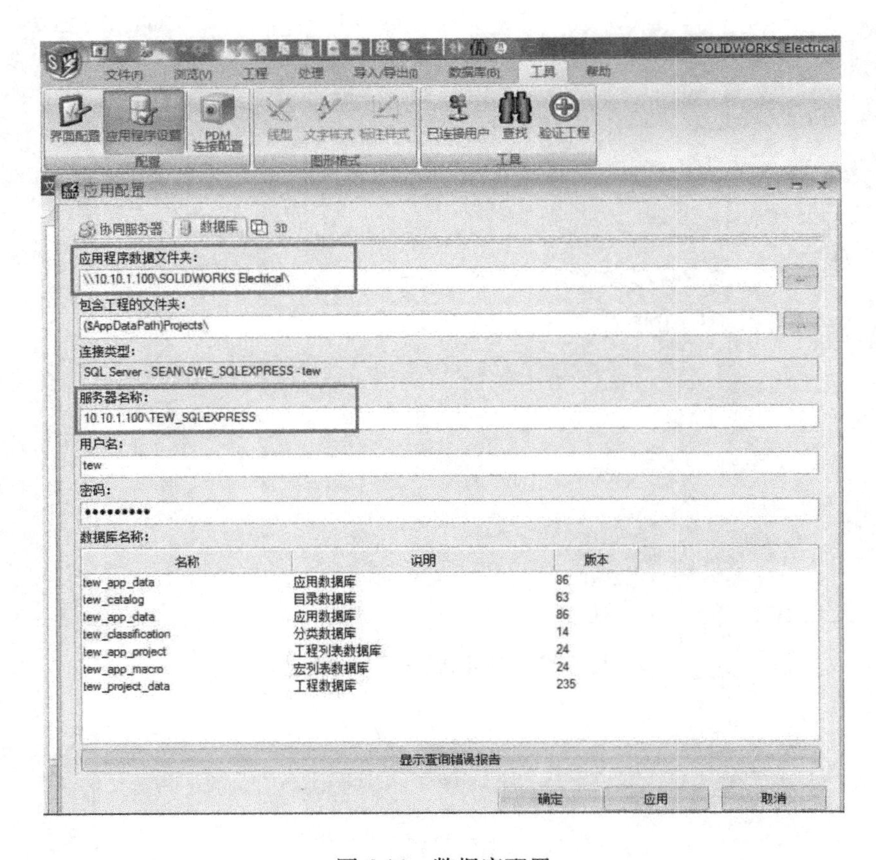

图 6-14　数据库配置

关于 SOLIDWORKS Electrical 协同平台的搭建，请扫描二维码观看操作视频。

6-2-3　协同平台的搭建

6.3　原理图的绘制

6.3.1　文件夹的应用

协同平台搭建完成后，项目组成员在“客户端”计算机的【工程管理器】中打开“某大型控制系统设计”项目，根据分配的任务在相应的文件夹中新建原理图进行项目原理图的设计。在“G0-电源柜”文件夹下绘制进线电源及总开关电路，如图 6-15 所示。

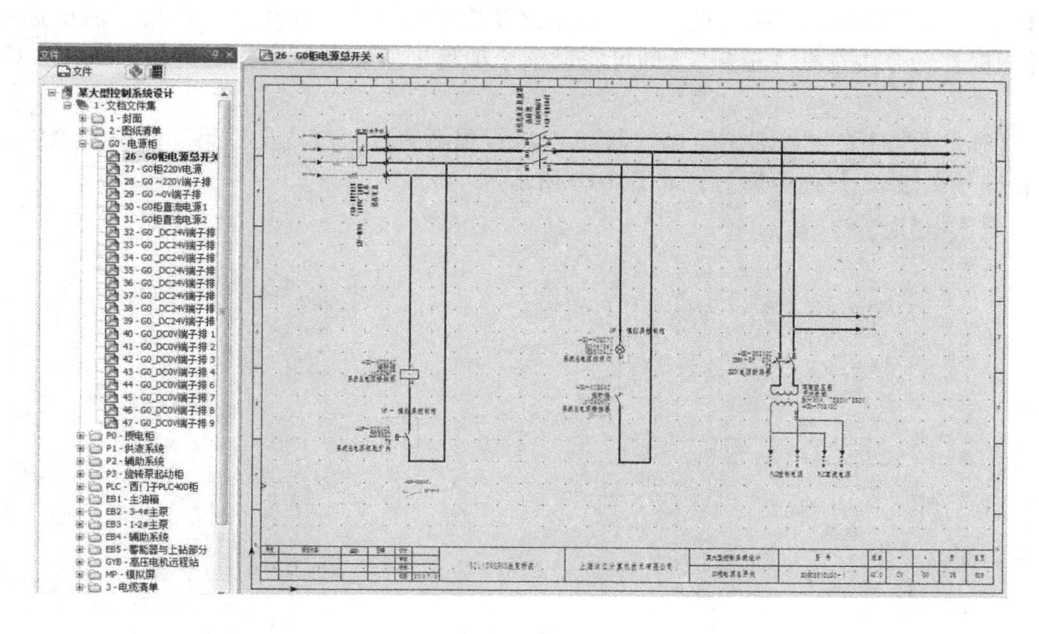

图 6-15　进线电源

在“PLC-西门子 PLC400 柜”文件夹中配置 PLC400 总览图，如图 6-16 所示。

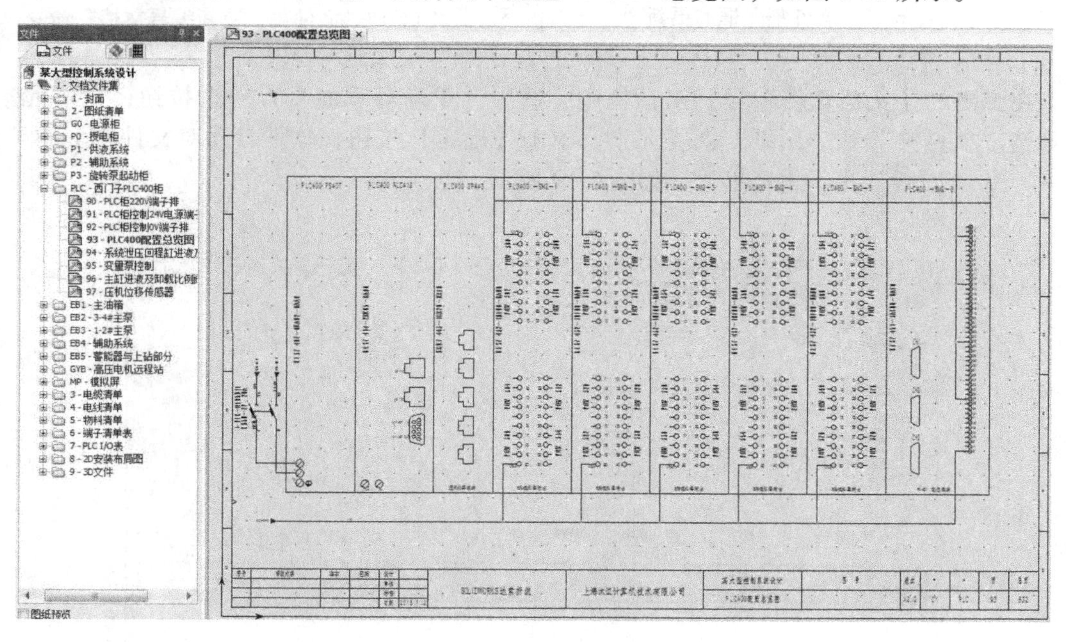

图 6-16　PLC400 总览图

6.3.2　文件集功能的应用

在原理图的设计过程中，由于“图框”模板还未完全确定，因而需要对图框进行修改编辑。修改后的图框为了统一更新，可以用比较快捷的方式，即在“文件集”右键选项中的【图框】命令中选择“更新”，即可完成整个项目中所有图纸图框的更新，如图 6-17 所示。

要对文件集下的“文件夹”或“图纸”进行重新编号，在“文件集”右键选项中执行【重新编号文档...】命令即可，如图 6-18 所示。

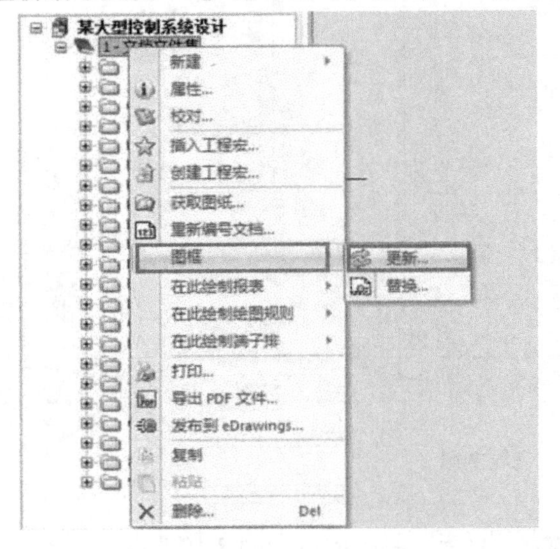

图 6-17　文件集图框的更新

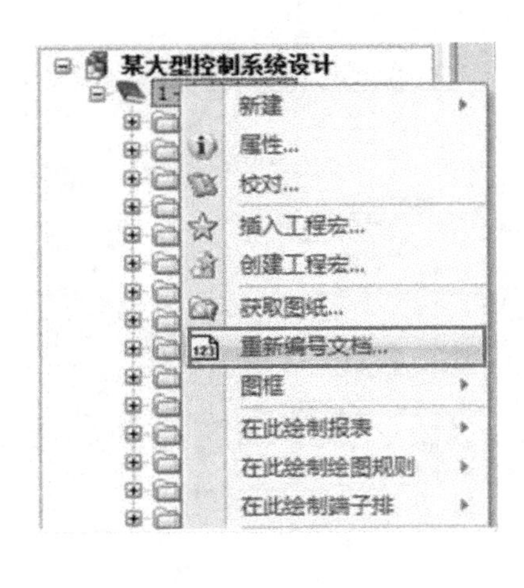

图 6-18　文件集“重新编号文档”命令

在弹出的【文档重新编号】对话框中，选中【重新计算序号】单选按钮，在“元素”列勾选“文件夹”和“图纸”两类元素，单击【确定】按钮，软件自动对文件集下的“文件夹”和“图纸”进行重新编号，如图 6-19 所示。

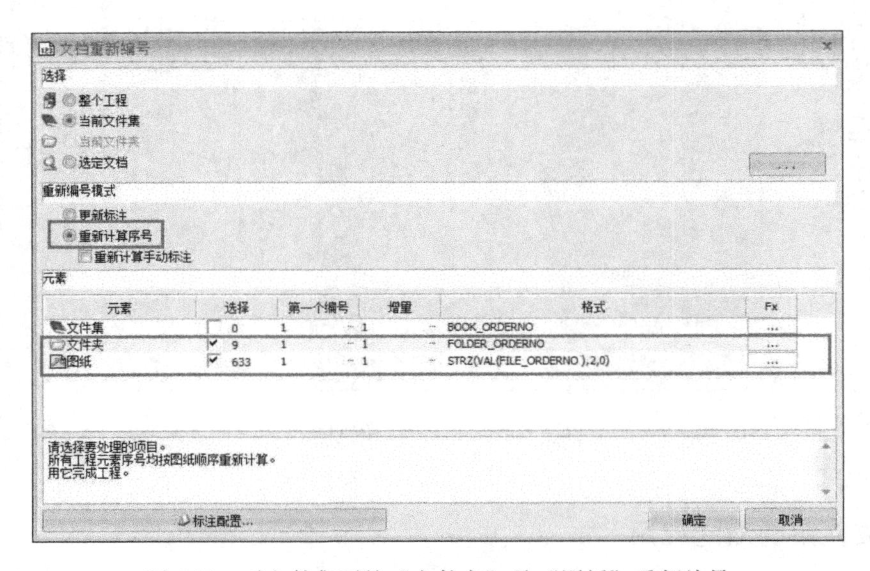

图 6-19　对文件集下的“文件夹”及“图纸”重新编号

6.4　部件的管理

在多人协同设计环境下，先将原理图设计完成，再对设备进行选型。将项目的“设备列表”中具有相同部件型号的设备选中后右击进行批量选型，这样可大幅提高选型效率，如图 6-20 所示。

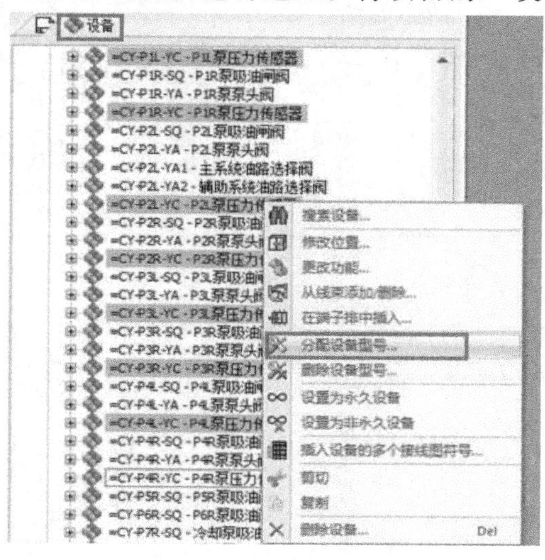

图 6-20　批量选型

在对设备进行选型时，如果“设备型号库”中已有该设备的型号，那么可直接进行选择；如果部件库中缺少当前需要的型号，那么需要进行新建；如果该设备为标准设备且回路数比较少，如断路器、接触器、按钮、指示灯等设备，那么可以按照软件中已有的回路类型进行选择设置。

如果该设备的连接点数比较多，考虑到设备选型时部件的回路类型必须与符号的回路类型完全匹配，否则部件型号中的连接点代号不能被赋予原理图符号中，后期三维布线时就不能自动出线，针对这样的设备可以采用“手动添加”的方式进行设备型号的创建。

6.4.1　部件的创建

将“软启动器”符号插入到原理图中，选中符号右击，从弹出的快捷菜单中选择【编辑符号端子】命令，在弹出的【编辑端子】对话框中修改软启动器的端子号，如图 6-21 所示。

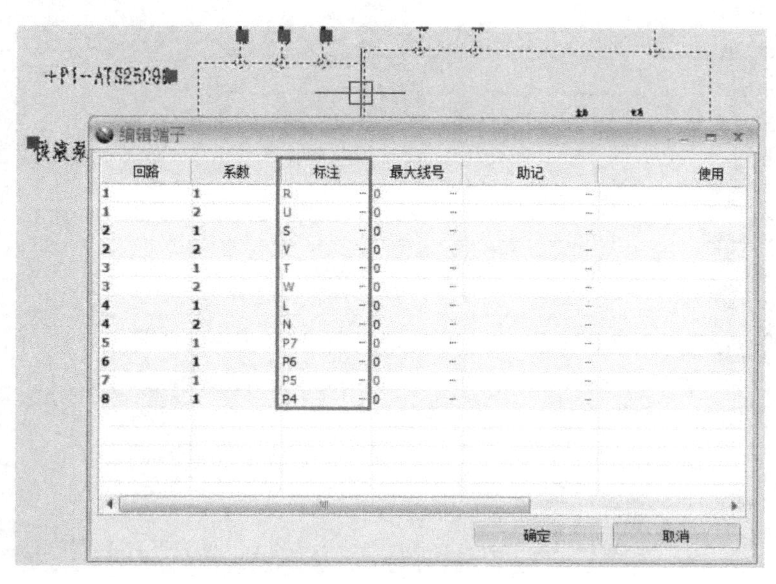

图 6-21　编辑端子的标注

修改完成后，双击“软启动器”符号对其进行选型，由于部件库中还未创建该软启动器的型号，因而采用“手动添加”的方式进行创建。在【设备属性】对话框的【设备型号与回路】选项卡中，单击【手动添加...】按钮，如图 6-22 所示。

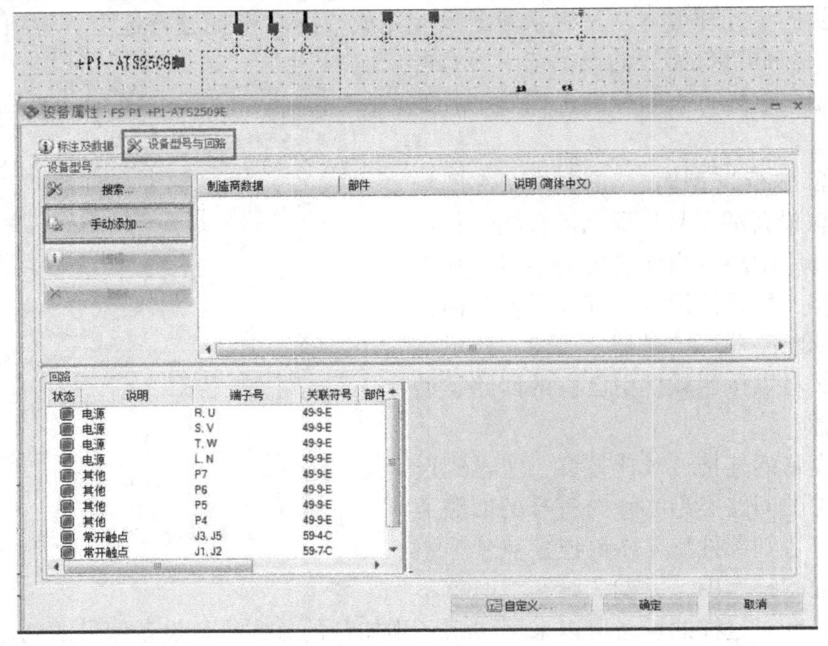

图 6-22　手动添加型号

在弹出的【设备型号属性】对话框中，先在当前选项卡中输入软启动器的“部件”及“制造商数据”信息，如图 6-23 所示。

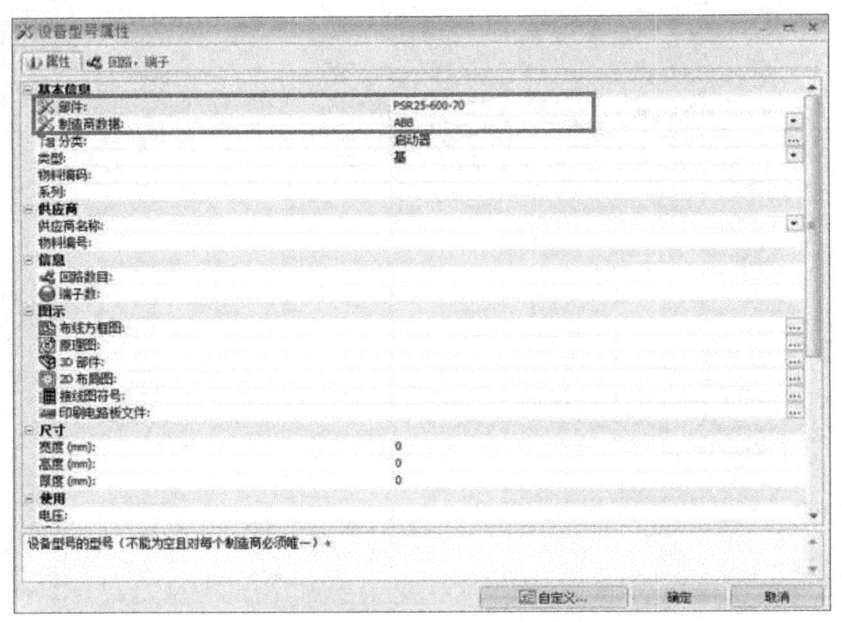

图 6-23　软启动器型号及厂家

然后在【回路，端子】选项卡中，软件“自动提取”符号中的回路类型及编辑后的端子号，如图 6-24 所示。

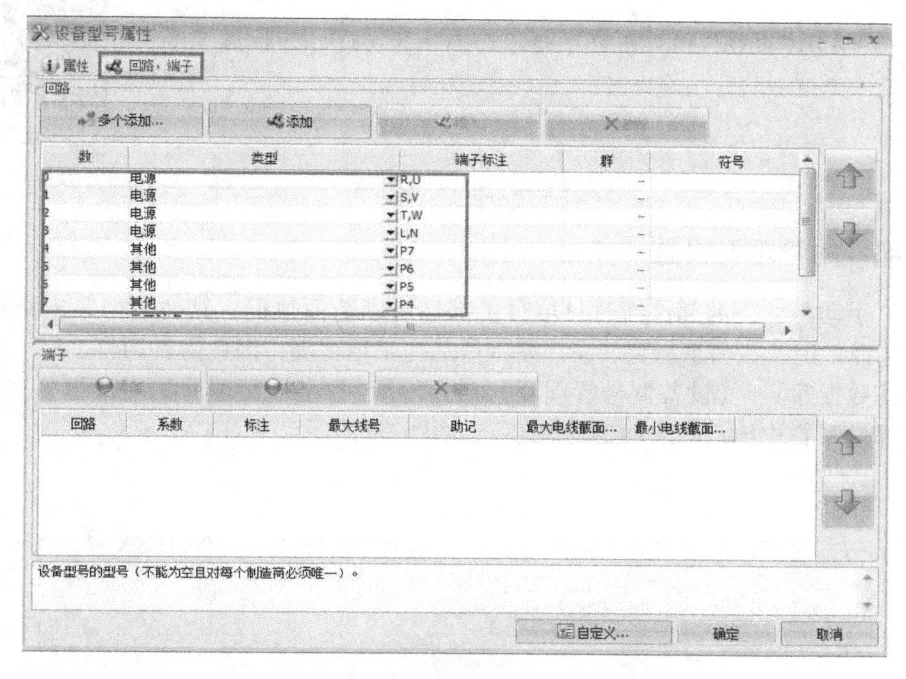

图 6-24　自动提取回路及端子号

通过“手动添加”的方式可以保证新建的设备型号与原理图符号中的回路类型及端子号完全保持一致，单击【确定】按钮，提示是否要“更新”到目录中（图 6-25），选择【更新目录】选项，这样该部件就自动更新到设备型号库中了。

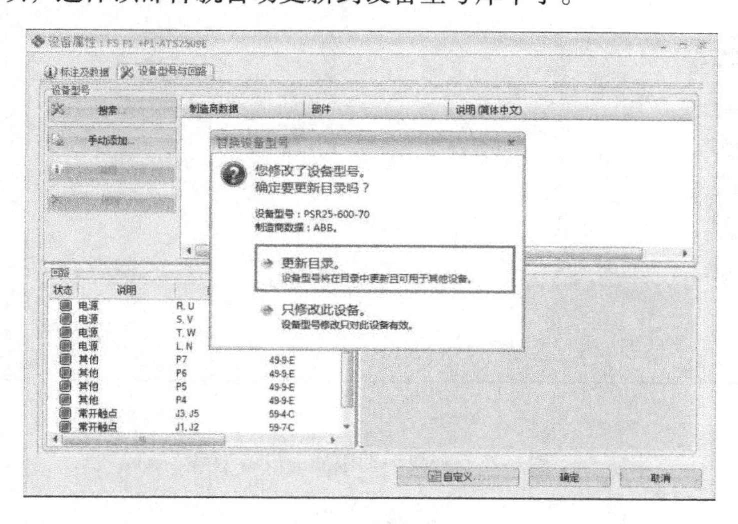

图 6-25　更新目录

关于 SOLIDWORKS Electrical 手动添加部件的功能，请扫描二维码观看操作视频。

6-4-1　手动添加部件

6.4.2　部件的管理及设置

通过“手动添加”的部件当时只填写了部件与制造商数据，其他数据并未完善，如数据库还未选择，说明栏信息与宽、高、厚等信息均未填写等，因此需要调整。

单击【数据库】/【设备型号管理器】，打开【设备型号管理器】对话框，在【筛选】面板的“部件”栏中输入软启动器的型号，如图 6-26 所示。

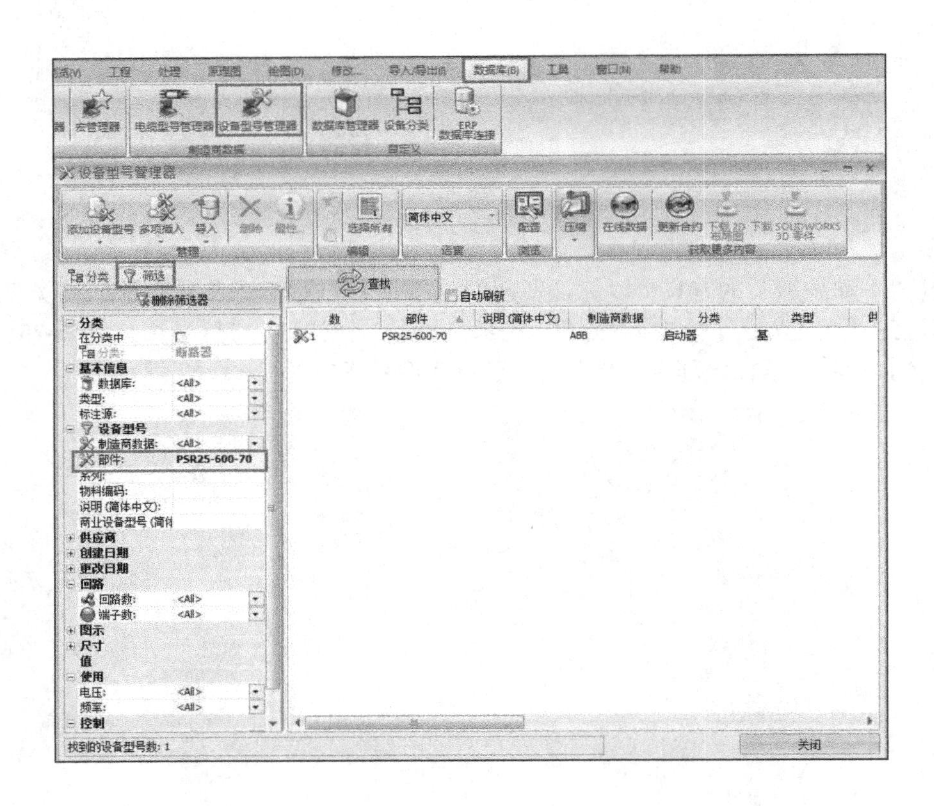

图 6-26　查找手动添加的设备型号

在部件显示界面中，双击该设备的型号，在【设备型号属性】对话框中完善该型号软启动器的制造商数据，选择“数据库”的名称，填写其“说明”内容及“尺寸”信息，如图 6-27 所示。

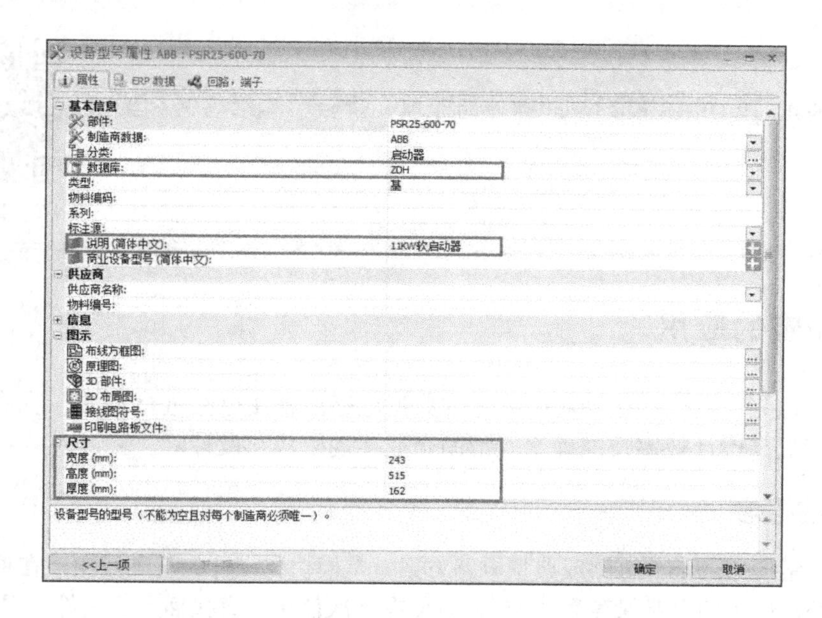

图 6-27　部件的设置

项目设计完成后，可将该项目中所有设备的型号与其他工程师进行共享或导出备份。选择“ZDH-自动化项目”数据库，先单击【选择所有】图标，然后单击【压缩】图标将该数据库下的所有设备型号进行导出，如图 6-28 所示。

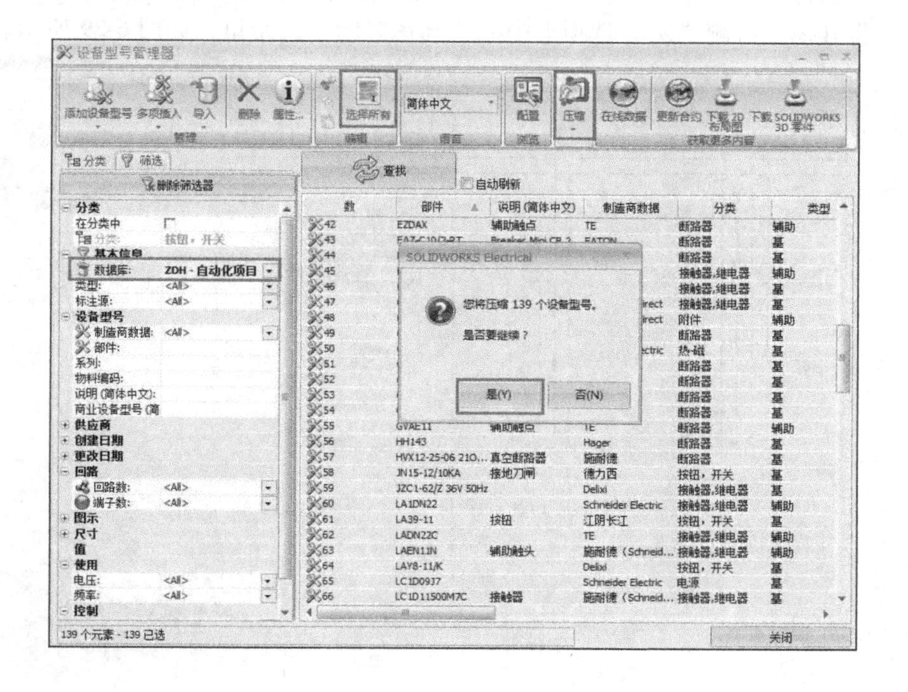

图 6-28　部件的管理

关于 SOLIDWORKS Electrical 部件的管理，请扫描二维码观看操作视频。

6-4-2　部件的管理

6.5　宏和宏的应用

原理图设计完成后，一般会对图纸中的典型电路或常用电路进行“宏”保存。“宏”的利用可大幅度提高设计效率及准确率，帮助企业实现模块化设计。

6.5.1　宏的概念

宏就是经常使用的部分电路或典型电路方案，是模块化设计的基础数据。在项目设计过程中，可以将经常使用的电路保存为“宏”，以便在下次使用时直接插入宏文件，提高设计效率。

6.5.2　宏的创建

在 SOLIDWORKS Electrical 软件中“宏”主要包括原理图宏和工程宏。

将一页图纸上的典型电路或整页原理图保存为宏称为“图纸宏”。图纸宏的最小范围为一个回路，最大为一张原理图。这里将 P0 柜中的“控制泵电机”主回路保存为宏，框选该主回路后，将其拖至右侧“宏”选项卡中的“马达启动”群组里，如图 6-29 所示。

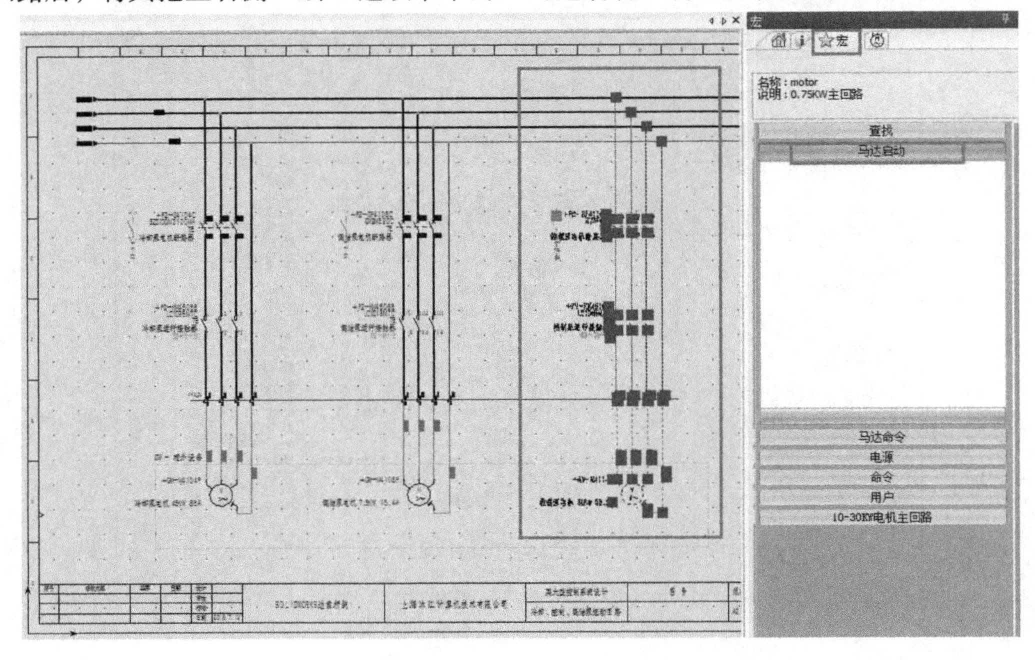

图 6-29　创建电机主回路宏

在弹出的【宏】对话框中，定义宏的“名称”为“30kW_Motor_01”，选择“分类”为“马达启动”，选择“数据库”为“ZDH-自动化项目”。在“信息”栏中，可以看到“宏类型”为“原理图”，在“说明（简体中文）”栏中填写“30kW 电机主回路”。单击【确定】按钮后原理图宏即可创建完成，如图 6-30 所示。

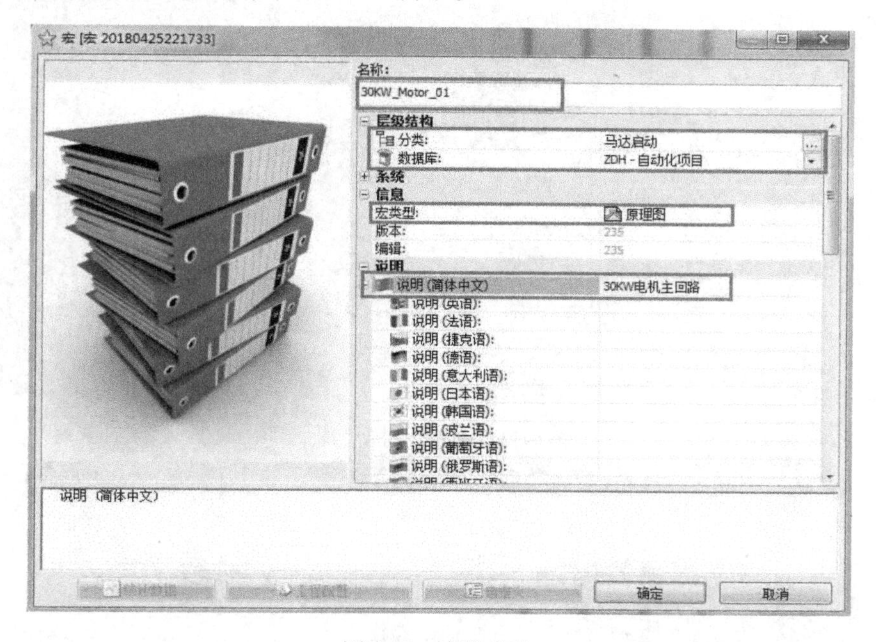

图 6-30　宏的定义

另外，在右侧“宏”选项卡中的空白处右击新建“宏群组”，如软启动器，如图 6-31 所示。

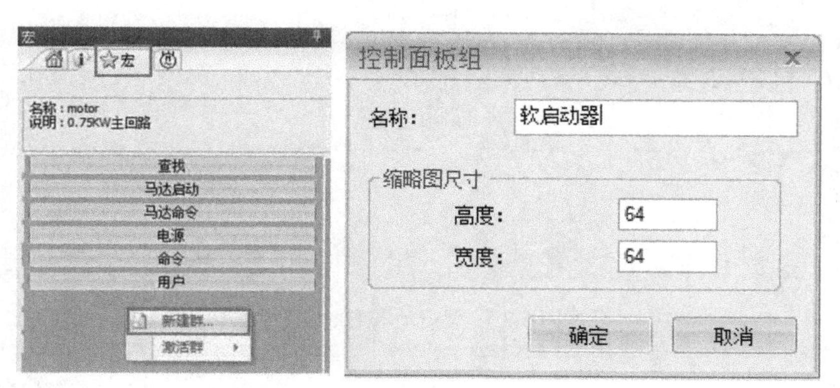

图 6-31　新建“软启动器”宏群

框选 P1-供液系统中的“软起控制回路”的整页图纸，将其拖至新建的“软启动器”宏群中，如图 6-32 所示。

在弹出的【宏】对话框中定义宏的名称，若宏“分类”选择中没有“软启动器”分类，可暂时先不选择分类，其他属性的定义如图 6-33 所示。

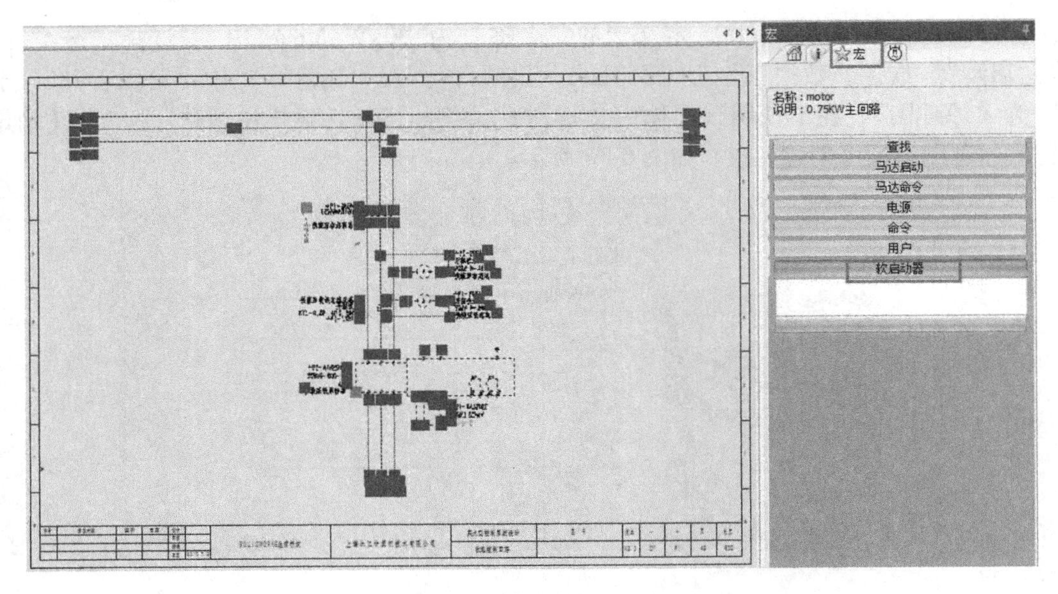

图 6-32　创建软启动器宏

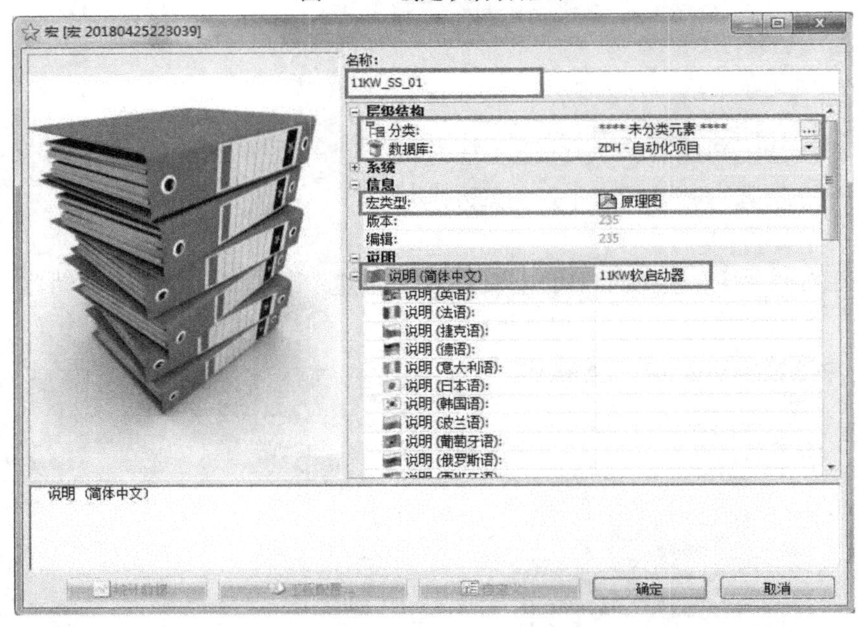

图 6-33　软启动器宏的定义

关于 SOLIDWORKS Electrical 原理图宏的创建，请扫描二维码观看操作视频。

6-5-2a　原理图宏的创建

在比较复杂的原理图设计电路中，往往需要将两页或两页以上的图纸保存为宏，该宏称为“工程宏”。P1-供液系统中的“1#供液泵启动回路”与“1#供液泵控制回路”共同完成供液泵的启停控制，在此将这两张图纸创建为“工程宏”。在项目树中选中这两张原理图后右击选择【创建工程宏...】选项，如图 6-34 所示。

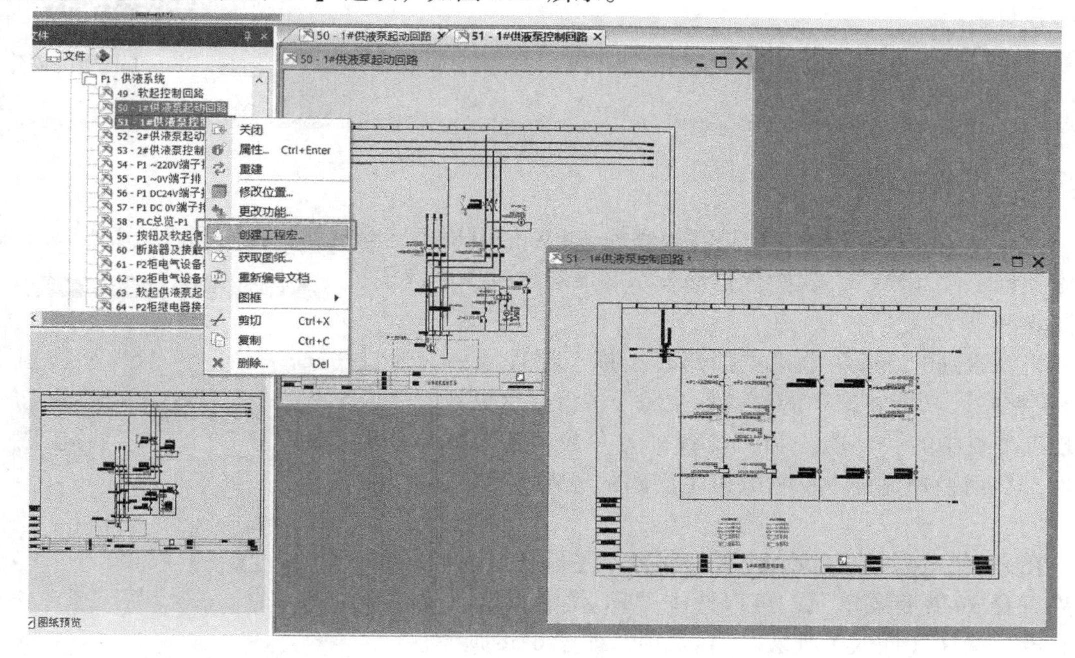

图 6-34　创建工程宏

在弹出的【宏】对话框中，定义宏的名称及其他属性，需要注意的是此时创建的宏类型应为“工程”，如图 6-35 所示。

图 6-35　工程宏定义

关于 SOLIDWORKS Electrical 工程宏的创建，请扫描二维码观看操作视频。

6-5-2b　工程宏的创建

6.5.3　宏的应用

在原理图设计过程中，如果需要添加30kW 的电机主回路电路，在右侧【宏】选项卡中搜索关键字“30kW”，软件会自动显示 30kW 电机主回路宏，如图 6-36 所示。

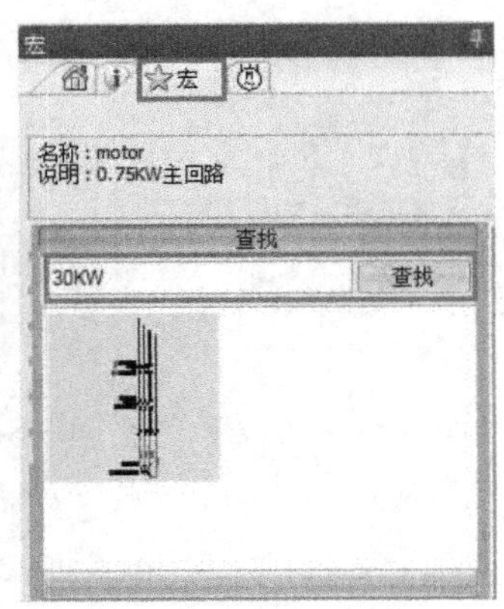

图 6-36　搜索宏

将搜索到的 30kW 电机主回路直接拖至原理图中，通过“特定粘贴”功能将宏中的设备标注编号进行自动更新，并根据现有项目中的“功能”和“位置”等参数替换宏中的相关属性，从而快速完成 30kW 电机主回路的绘制，如图 6-37 所示。

在 P1-供液系统中已有 1#和 2#供液泵主回路及控制回路，如果需要 3#供液泵单元，可以选中“P1-供液系统”文件夹后右击，选择【插入工程宏...】选项，如图 6-38 所示。

在弹出的【宏选择器】对话框的“马达启动”分类中选择宏“7. 5kW 供液泵单元”，如图 6-39 所示。

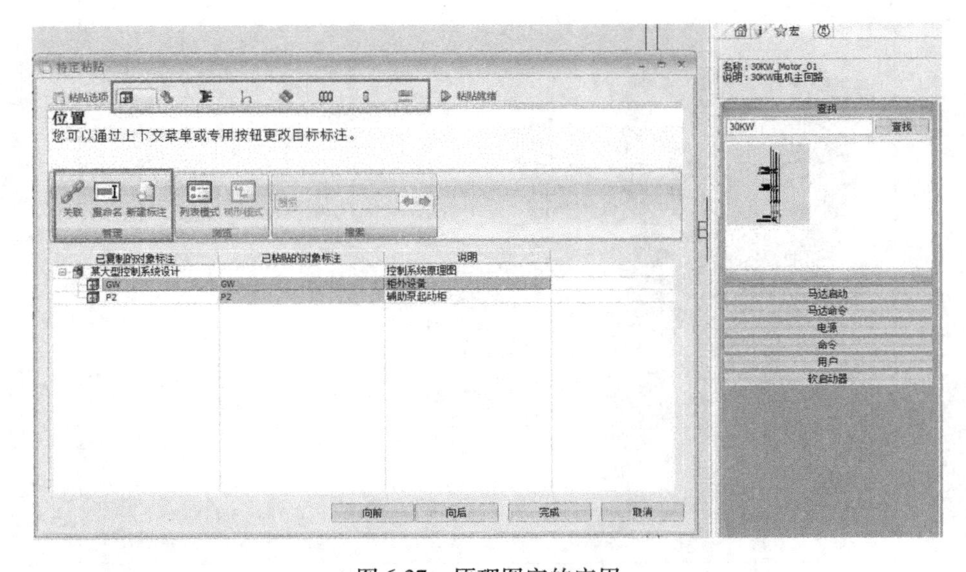

图 6-37　原理图宏的应用

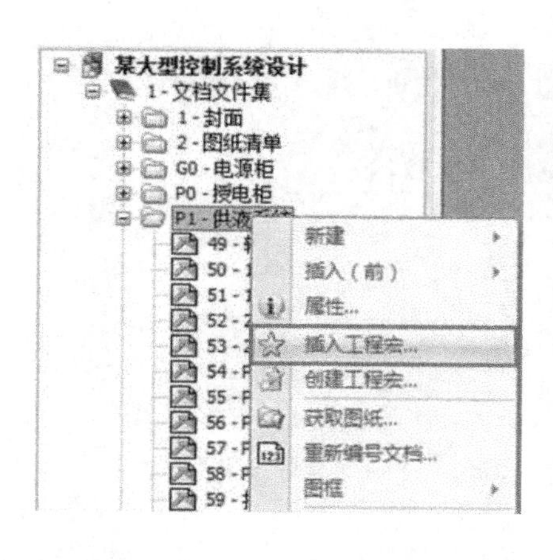

图 6-38　插入工程宏命令

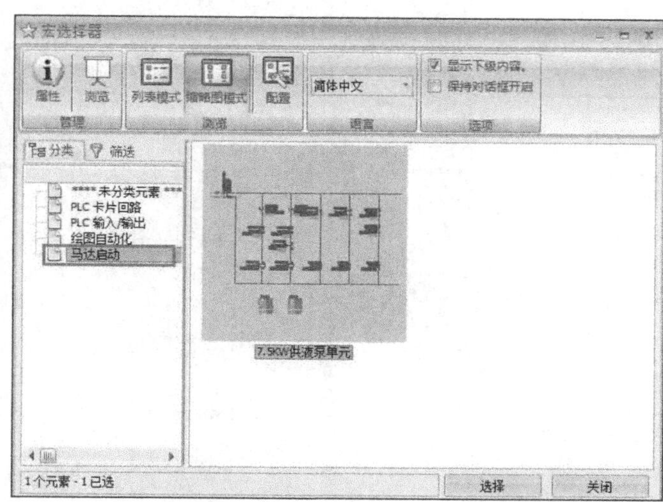

图 6-39　选择工程宏

单击【选择】按钮，在弹出的【特定粘贴】对话框中修改图纸的页码及其他属性，从而快速完成供液泵单元的原理图设计，如图 6-40 所示。

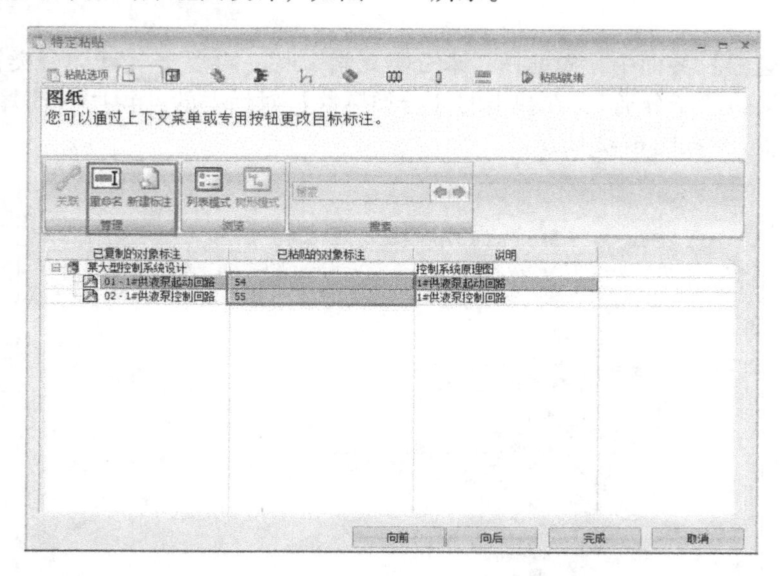

图 6-40　工程宏的应用

6.5.4　宏的管理及标准化

在不同项目的原理图设计过程中，为了提高设计效率及准确性，这里创建了大量的原理图宏和工程宏。在【数据库】菜单下的【宏管理器】中，对已创建的宏进行了分类及标准化管理，如图 6-41 所示。

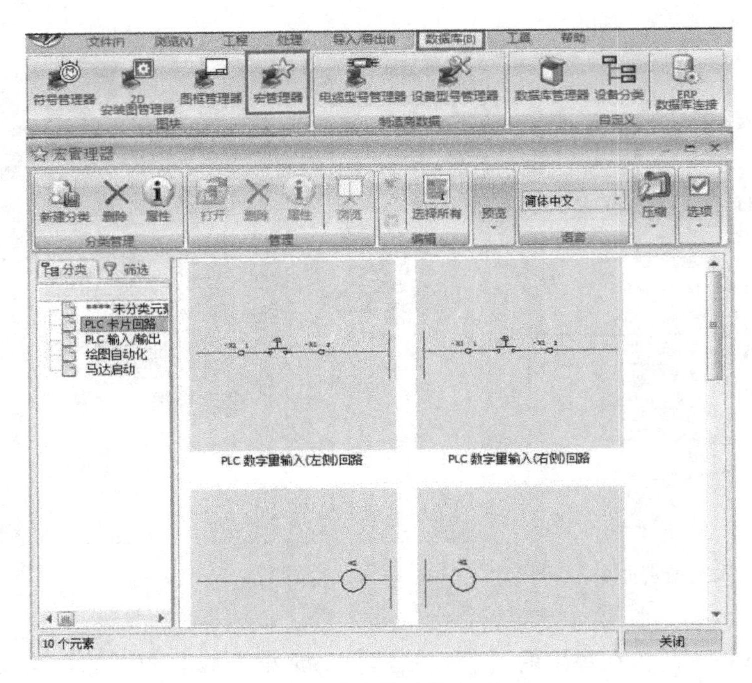

图 6-41 【宏管理器】界面

在【宏管理器】界面中，先选择“未分类元素”栏，再单击【新建分类】图标，否则会建成已有分类的“子分类”，在弹出的【分类属性】对话框的“说明（简体中文）”栏中填写“软启动器”，如图 6-42 所示。

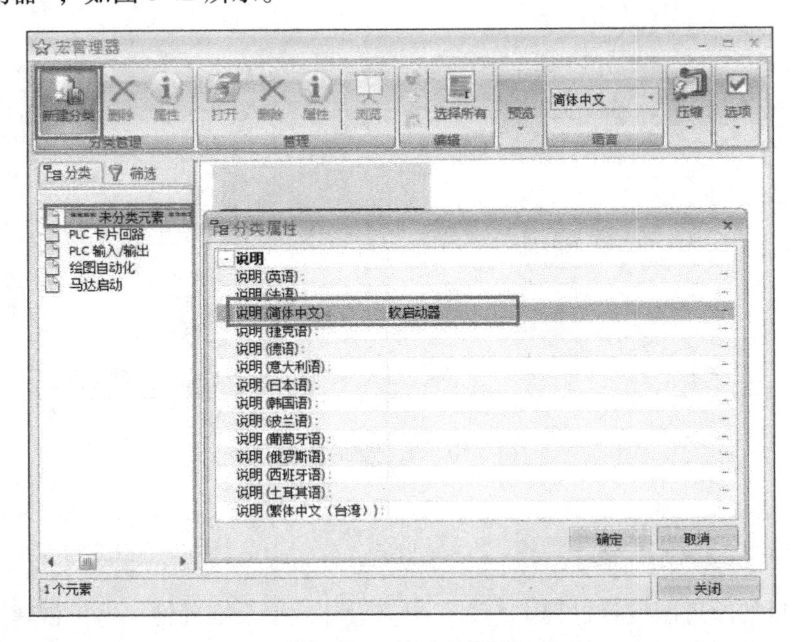

图 6-42 新建宏分类

单击【确定】按钮，完成“软启动器”宏分类的新建。在“未分类元素”栏中选中11kW软启动器回路，右键属性设置分类为“软启动器”，如图6-43所示。

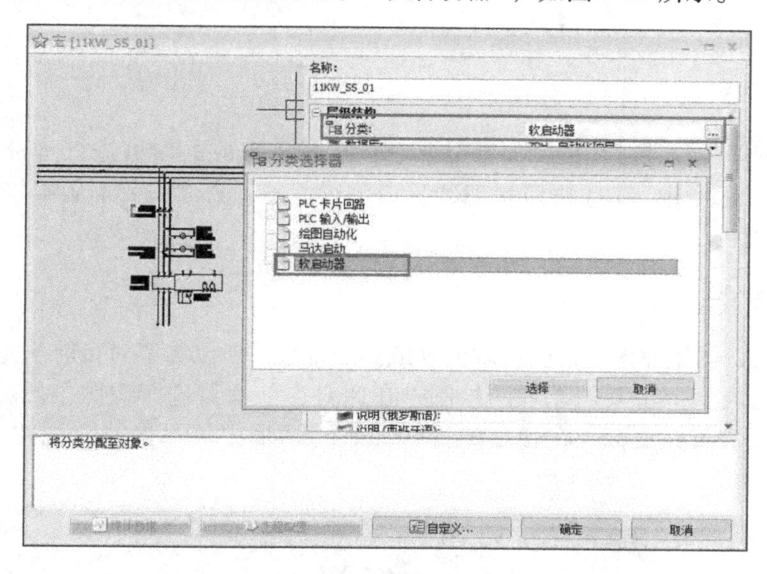

图 6-43　选择宏分类

在标准化管理宏的过程中，除了新建分类之外就是“宏名称”的定义，宏名称的定义必须符合规律，便于搜索及直观等特点，并且数据库中的宏名称不能重复。在第 7 章讲到Excel 自动生成原理图时就是通过加载不同宏名称的标准电路进行原理图的自动生成，通常可以使用宏电路的“电气参数”“英文名称缩写”“两位数编号序号”等字段组成，如图 6-44 所示。不同的公司对宏的命名规则都不相同，因而只要把握宏名称的命名特点即可。

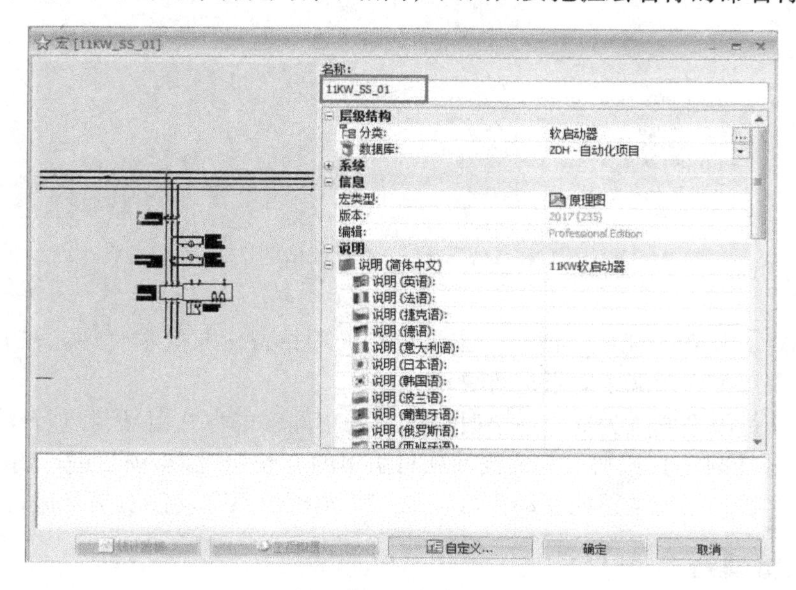

图 6-44　宏命名规则

6.6 快照

6.6.1 快照的意义

在项目原理图的设计过程中，如果需要对特定时间完成的项目进行备份，可采用“快照”功能进行校对索引。在【快照管理器】中可以恢复项目之前的旧版本，不同于项目压缩及项目复制功能。

6.6.2 拍摄快照

在本项目中，图纸原理经常会出现变动或修改现象，所以需要对目前已完成的图纸进行备份。目前已完成 4 个主泵的原理图绘制，在此对当前项目进行快照拍摄。单击【处理】菜单下的【拍摄快照】图标，在弹出的【快照】对话框中填写快照“说明（简体中文）”为“4 个主泵原理”，如图 6-45 所示。

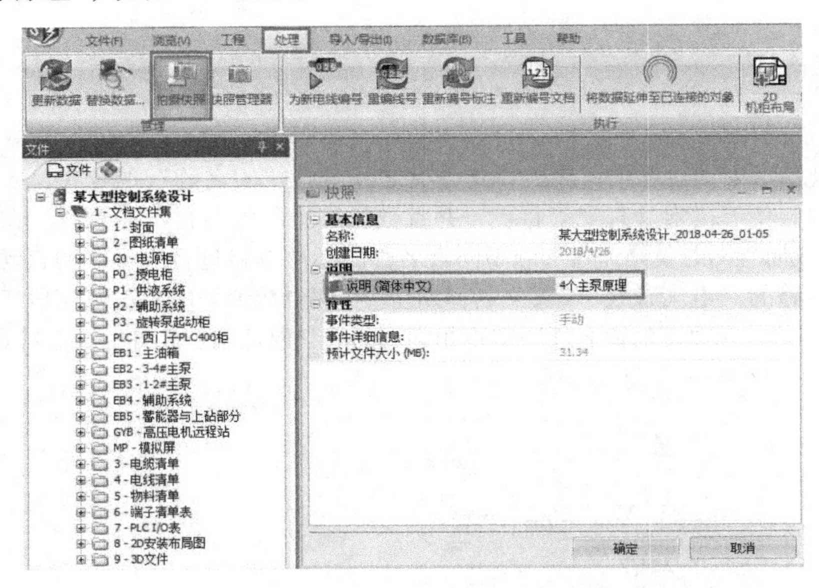

图 6-45　4 个主泵电路拍照

单击【确定】按钮，完成当前 4 个主泵电路的项目备份及版本管理。在“快照”过程中可以选择是否对报表及端子图纸进行更新。

当后期将项目原理修改为 6 个主泵时，可以采用同样的方式对项目进行“快照”，如图 6-46 所示，单击【确定】按钮，完成当前项目版本的“快照”。当项目进行到后期原理图设计阶段时，每次的大幅度调整或变动都可以采用“拍摄快照”功能对项目进行备份。

6.6.3 快照管理器

在项目的不同设计阶段，对项目进行了多次“快照”处理，单击【处理】/【快照管理器】，在打开的【快照管理器】对话框列表中可以看到已创建的项目“快照”，如图 6-47 所示。

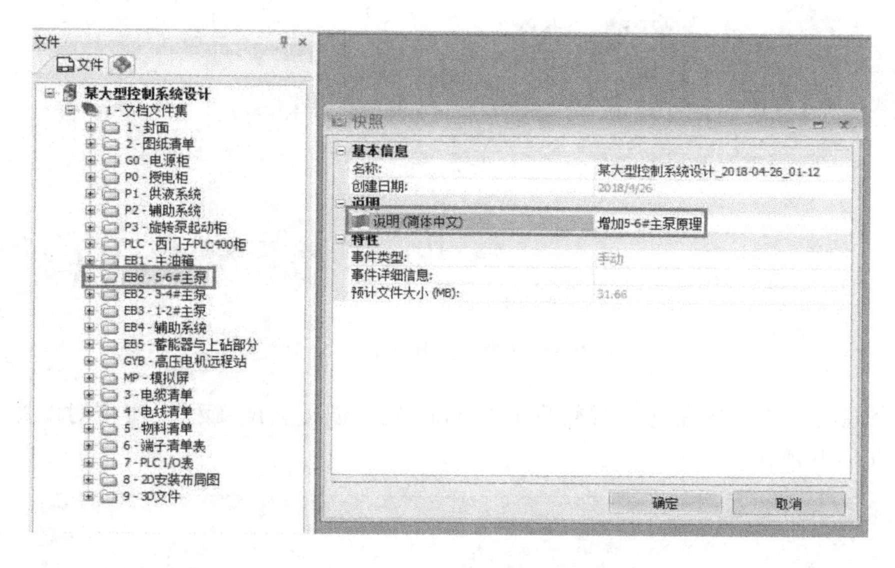

图 6-46　项目新版本拍照

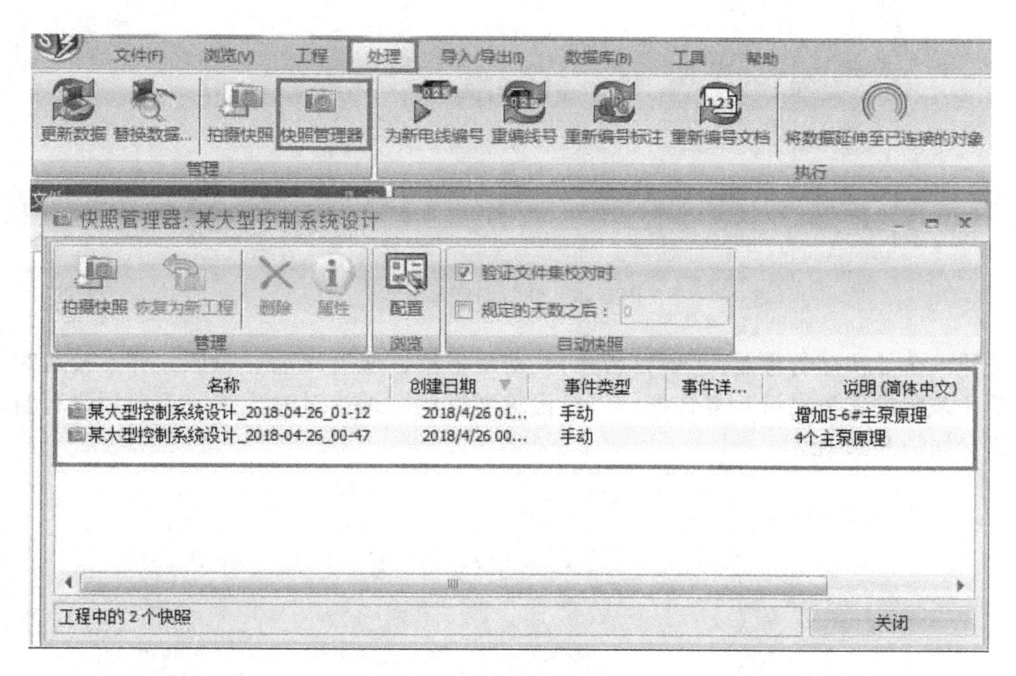

图 6-47　快照管理器

在【快照管理器：［项目名称］】对话框中，要将项目图纸恢复到“4 个主泵原理”版本时，选中列表中的“快照”项目，单击菜单中的【恢复为新工程】图标，如图 6-48 所示。

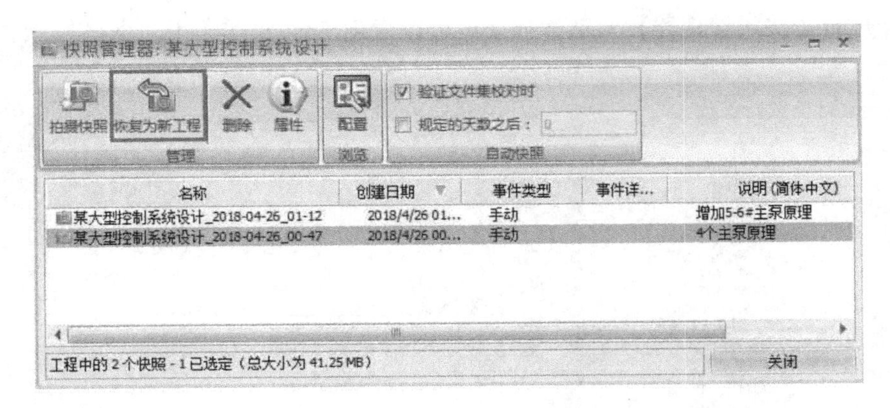

图 6-48 【恢复为新工程】命令

单击完成后，软件将在【工程管理器】对话框中创建新的工程，实现对旧版本项目的恢复，如图 6-49 所示。

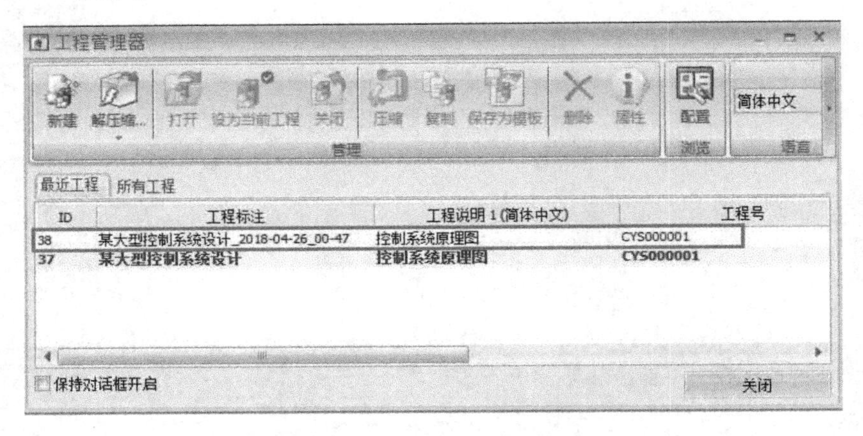

图 6-49 恢复旧版本项目

另外，在【快照管理器：[项目名称]】对话框中，通过勾选“验证文件集校对时”复选框及“规定的天数之后”复选框，可以设置文件集图纸校对时或规定天数后进行自动拍摄快照，如图 6-50 所示。

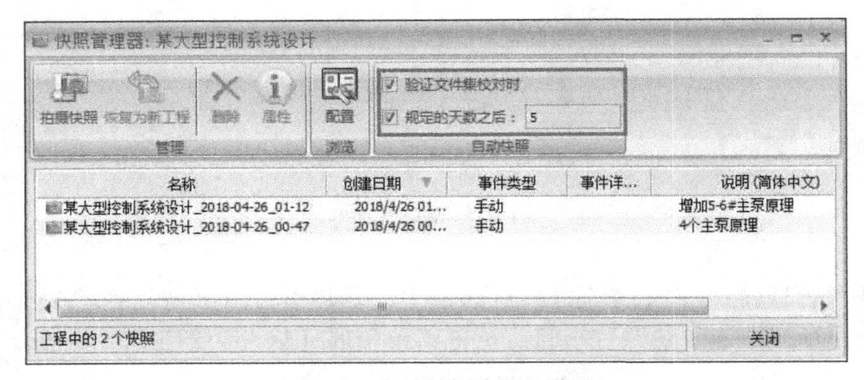

图 6-50 自动拍摄快照的设置

关于 SOLIDWORKS Electrical 快照功能，请扫描二维码观看操作视频。

6-6-3　快照功能

6.7　项目的导入/导出

6.7.1　项目 PDF 格式文件的导入/导出

在项目设计过程中，为了方便查阅重要设备的选型手册，通常将 PDF 技术手册以附件形式导入到项目树中。在项目树中，右击文件集，从弹出的快捷菜单中选择【新建】下的【附件...】选项，便可以选择指定目录中的 PDF 文件进行导入，如图 6-51 所示。

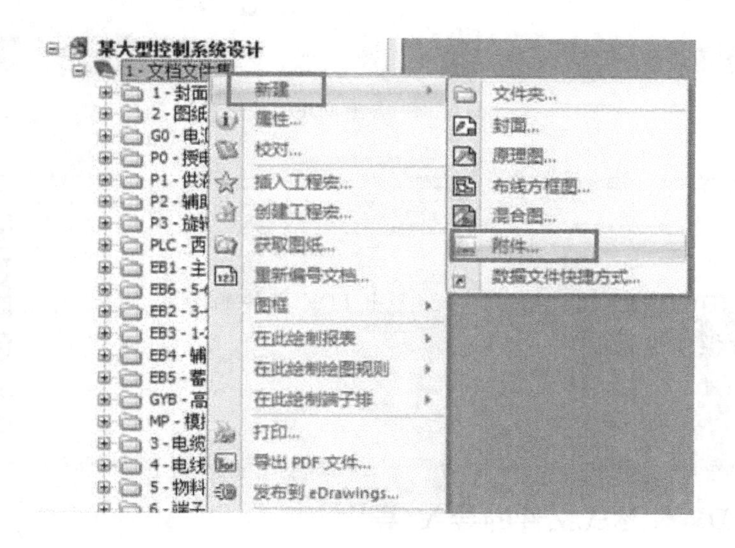

图 6-51　PDF 文件的导入

项目原理图设计完成后，有时需要将项目图纸转换为 PDF 格式进行打印或者交付第三方进行查看。单击【导入/导出】菜单中的【导出 PDF 文件】图标，在弹出的【打印图纸】对话框中定义 PDF 的导出路径及“文件名”，选择需要导出的项目图纸，并勾选“创建书签和超链接”和“按文件集导出一个 PDF 文件”复选框，如图 6-52 所示。

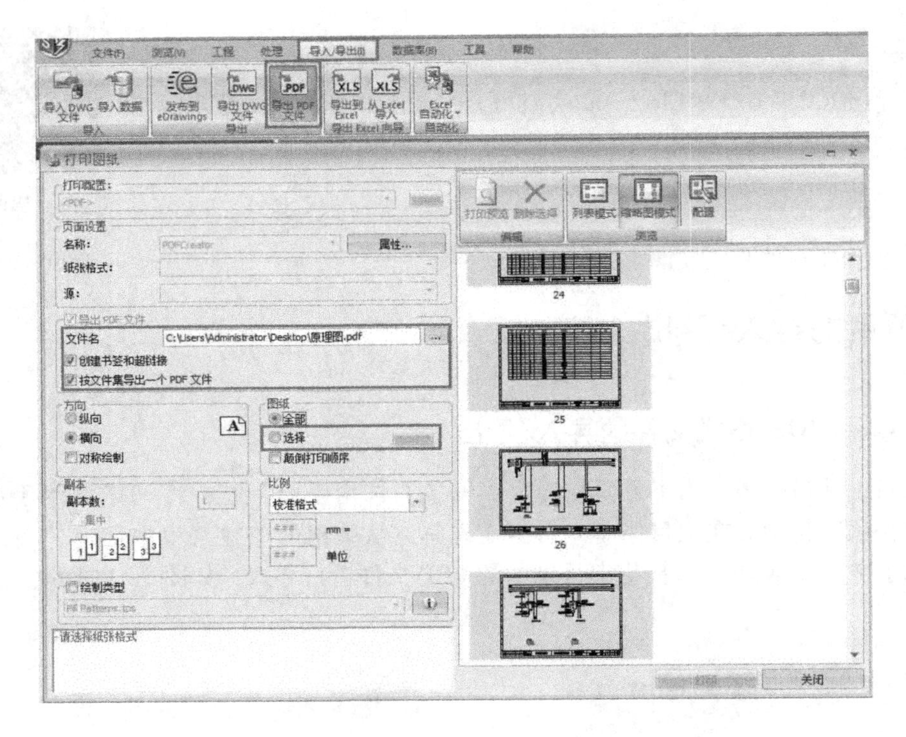

图 6-52　导出 PDF 文件

关于 SOLIDWORKS Electrical 导入/导出 PDF 文件的功能，请扫描二维码观看操作视频。

6-7-1　导入/导出 PDF 文件

6.7.2　DXF/DWG 格式文件的导入/导出

在制作图框或符号时，如需将之前的 DXF/DWG 文件导入到 SOLIDWORKS Electrical 软件中，可将 DXF/DWG 文件放置在桌面上的“文件夹”中，单击【导入/导出】菜单下的【导入 DWG 文件】图标，在弹出的【导入文件】对话框中选择 DXF/DWG 文件所在的“文件夹”，选择“Electrical Designer 导入”配置，单击【向后】按钮依次完成导入，如图 6-53 所示。

当项目中的原理图纸需要导出为 DXF/DWG 格式时，单击【导入/导出】菜单下的【导出 DWG 文件】图标，在弹出的【导出 DWG 文件】对话框中设置文件导出的路径，以及图纸的格式和选择要导出的图纸，如图 6-54 所示。

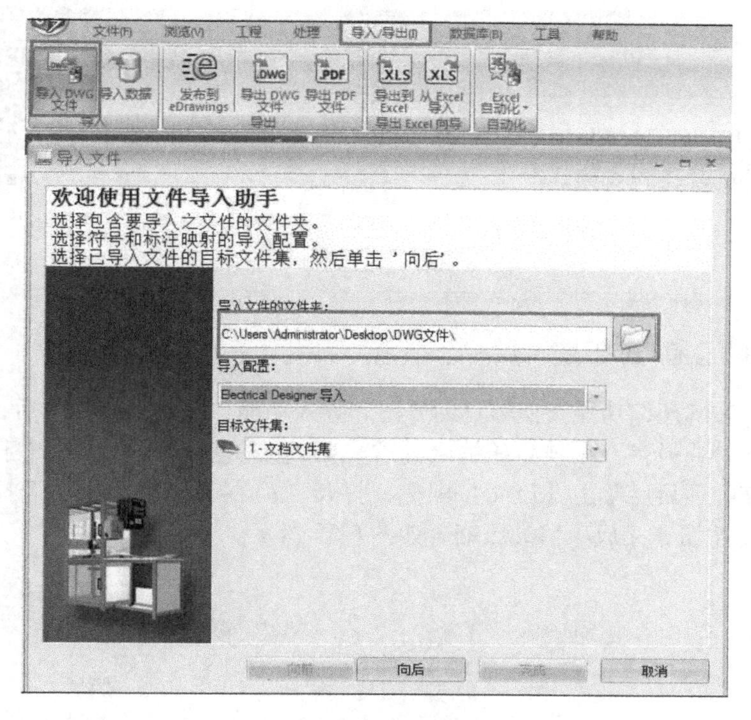

图 6-53　DXF/DWG 文件的导入

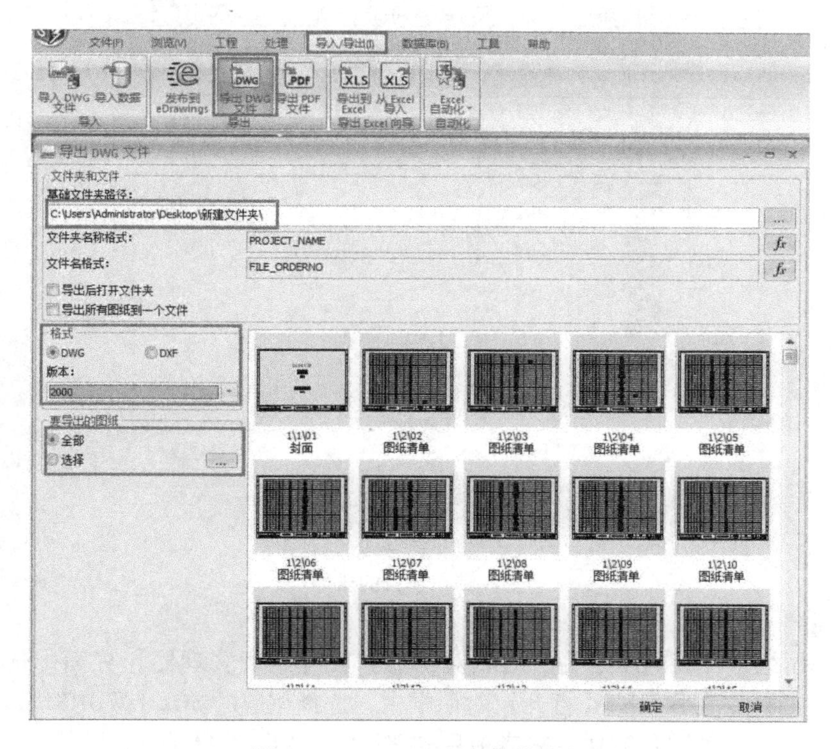

图 6-54　DXF/DWG 文件的导出

关于 SOLIDWORKS Electrical 导入/导出 DXF/DWG 文件的功能，请扫描二维码观看操作视频。

6-7-2　导入/导出 DXF/DWG 文件

6.7.3　项目的压缩/解压缩

项目的压缩和解压缩功能类似项目的导出和导入功能。项目设计完成后，接下来需要对项目进行本地备份或另存，在项目压缩之前首先必须关闭项目，然后在【工程管理器】界面中选中要压缩的项目后单击【压缩】图标，打开【另存为】对话框，选择要导出的路径后单击【保存】按钮，完成项目的压缩，如图 6-55 所示。

图 6-55　项目的压缩

项目的解压缩与项目的压缩为一对相对功能。在【工程管理器】界面中选中文件后单击【解压缩】图标，在弹出的【打开】对话框中，选择相应的 SOLIDWORKS Electrical 项目压缩包文件后单击【打开】按钮，完成项目的解压缩，如图 6-56 所示。

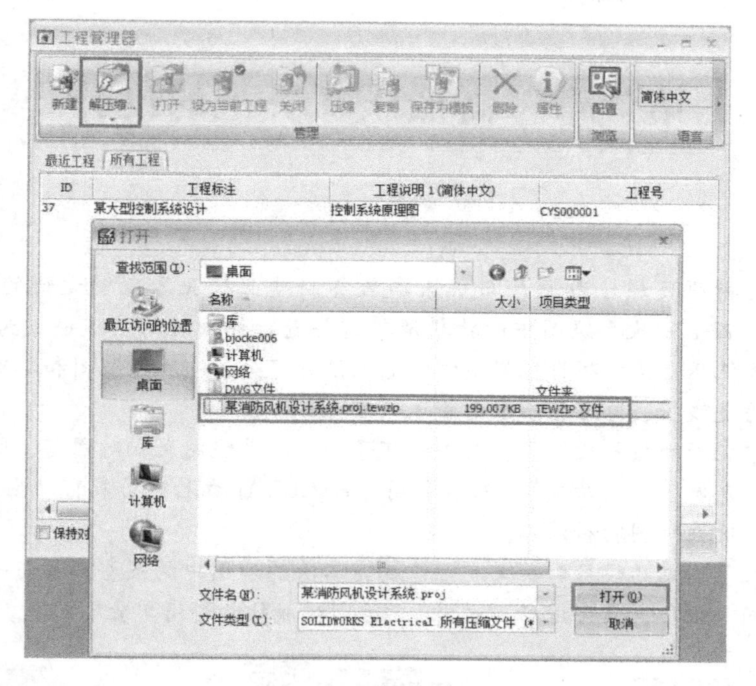

图 6-56　项目的解压缩

关于 SOLIDWORKS Electrical 项目的压缩及解压缩功能，请扫描二维码观看操作视频。

6-7-3　项目的压缩及解压缩

6.8　总结

本章重点介绍了大型项目在多人协同设计环境下，通过“功能”和“位置”规划项目结构，确立项目组成员的任务，建立项目标准。

在搭建协同平台时，需要将其中一台计算机作为“服务器”，并将 SOLIDWORKS Electrical 文件夹设为共享。在配置“协同服务器”时，一定要关闭“服务器”和“客户端”的所有防火墙。

在多人创建项目的基础数据时，一定要设立建库标准，否则在原理图设计过程中会因符号大小不一，部件库回路类型与符号回路类型不匹配，使用的线型不同，造成后期原理图无法拼接。

宏的创建和管理是实现模块化设计的基础，宏的运用可大幅度提高设计效率及准确性，利用“原理图宏”和“工程宏”可实现不同项目的原理图设计。

第 7 章　高低压开关柜的设计

项目概述

高低压开关柜项目原理图设计与机床和装备制造业行业原理图设计的区别主要在于“一次系统图”，而且一次系统图中的物料清单需要进行详细统计，这也成为高低压开关柜设计的难点。高低压开关柜项目根据图纸的原理设计可分为一次系统图和二次原理图，根据柜子种类又分为进线柜、电容柜、配电柜等（图 7-1）。

整个系统中柜子的数量比较多，而每种柜子的一次系统图又相对固定，所以在一次系统图设计过程中，定制了“一次宏”，然后采用“EXCEL 自动化”功能自动生成一次系统图，最后自动生成一次系统图物料清单。

在进行二次原理图的设计时，需要注意的是二次原理图中的某些设备与一次系统图中的某些设备属于同一设备，需要进行“关联”，否则生成的物料清单会有偏差。

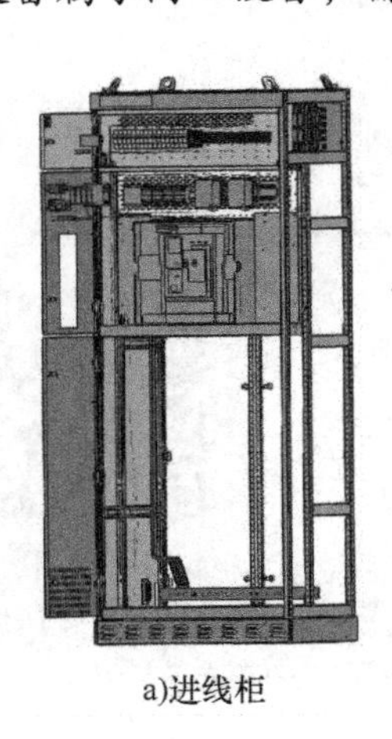

a)进线柜

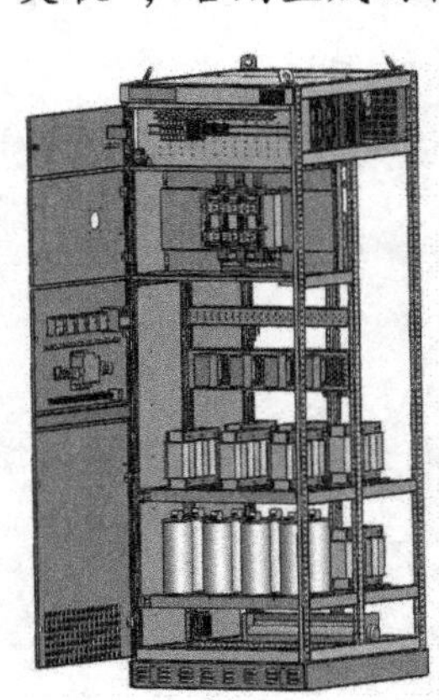

b)电容柜

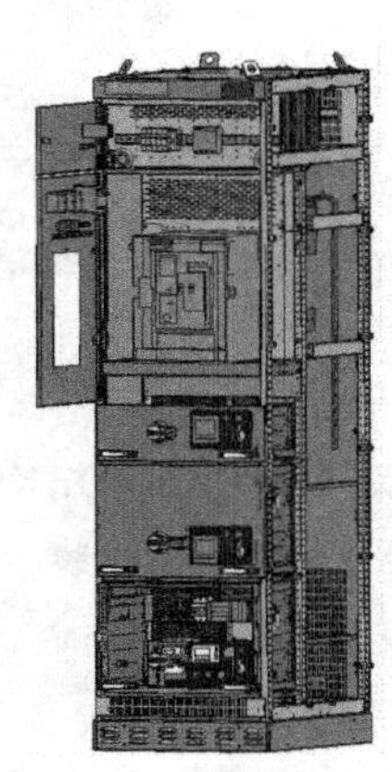

c)抽屉柜

图 7-1　不同类型的高低压开关柜

7.1　项目的新建

在【工程管理器】对话框中单击【新建】图标，弹出【新建工程】对话框，在其中选择 IEC 模板新建工程，如图 7-2 所示。

新建项目后，会自动带一个文件集。由于一次系统图和二次原理图都分别需要生成相应的报表，因而要使用两个文件集，这里新建一个文件集。如图 7-3 所示，右击该项目，在弹出的快捷菜单中选择【新建文件集...】新建文件集。

弹出【文件集［2］】对话框，其中“说明（简体中文）”项名称定义为“二次原理图”，如图 7-4 所示。

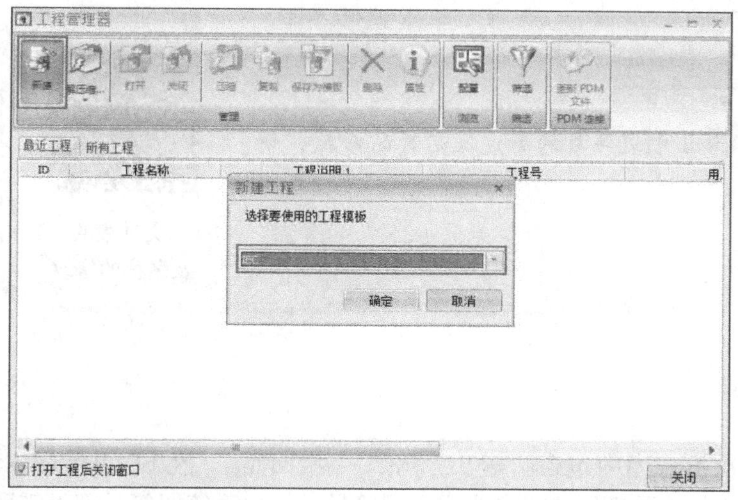

图 7-2　新建工程

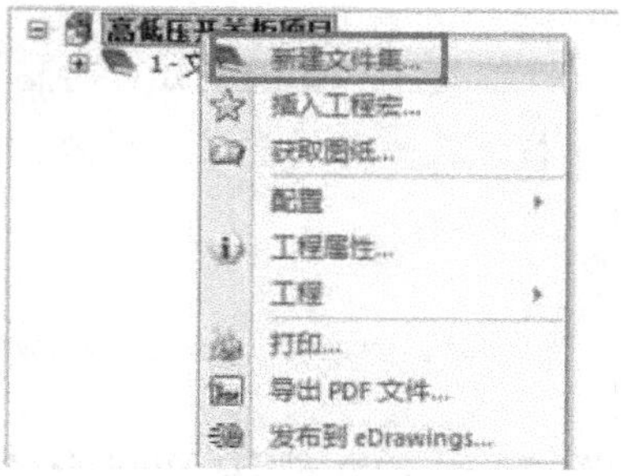

高低压开关柜项目
新建文件集...
插入工程宏...
获取图纸...
配置
工程属性...
工程
打印...
导出 PDF 文件...
发布到 eDrawings...

图 7-3　新建文件集

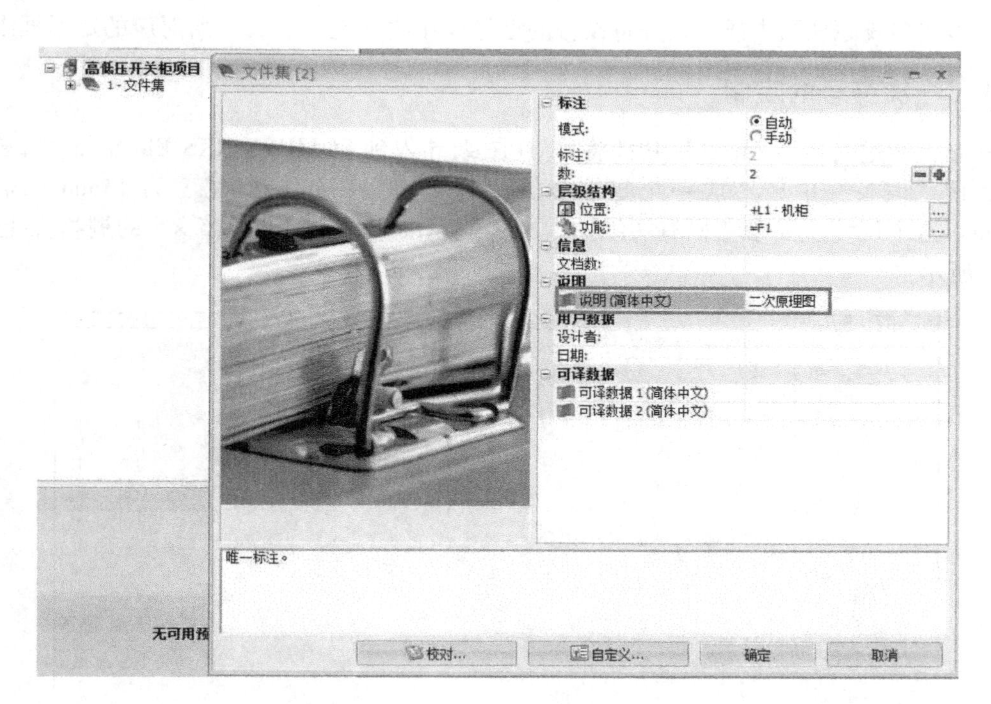

图 7-4　新建文件集名称的修改

然后，右击“1-文件集”，在弹出的快捷菜单中选择【属性】命令，修改“1-文件集”的名称为“一次系统图”。

说明：项目通过“文件集”方式来管理各类图纸，该项目在这里主要分为一次系统图和二次原理图（图 7-5）。

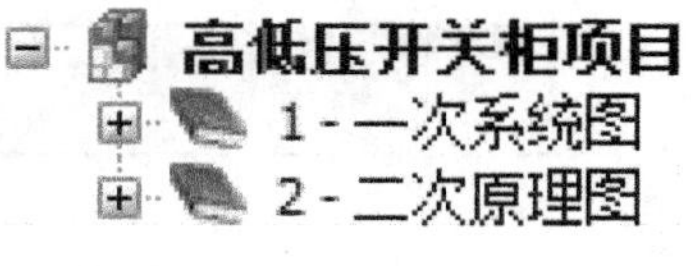

高低压开关柜项目
1 - 一次系统图
2 - 二次原理图

图 7-5　项目结构规划

关于 SOLIDWORKS Electrical 中文件集的新建及名称的修改，请扫描二维码观看操作视频。

7-1　文件集的新建及名称的修改

7.2　一次系统图的绘制

在一次系统图中，每张一次原理图中包含“表头”和“一次回路”。在 SOLIDWORKS Electrical 软件中将一次回路中的各单元模块建成多线原理图符号，一次系统图符号都不需要添加回路，只需要图形和标注。一次系统图中的矩形框先通过【绘图】菜单下的线条进行绘制，再在多线原理图中插入，并将设备的型号标注放置在“表头”所对应的矩形框中。

7.2.1　一次符号的定制

首先，通过【导入/导出】功能将 CAD 图纸导入到 SOLIDWORKS Electrical 多线原理图中，使“表头”单独形成一个矩形框，调整“表头”矩形框宽度为 45mm，高度为 195mm。这个尺寸主要参考原有图纸的大小，这里要保证矩形框在 5 × 5 的栅格点上，如图 7-6 所示。

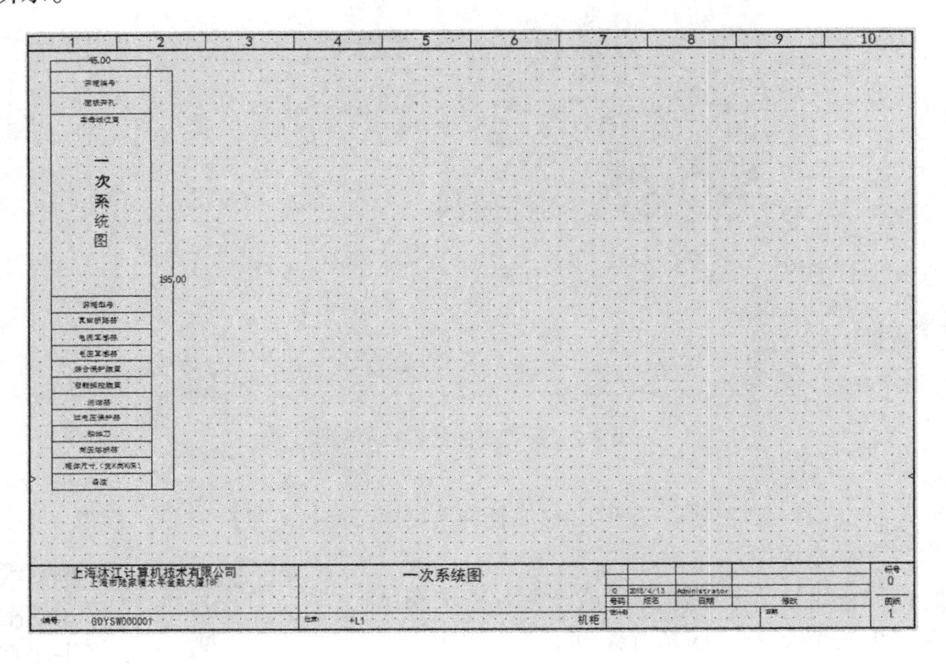

图 7-6　一次系统图表头

关于 SOLIDWORKS Electrical 中一次系统图“表头”的定制，请扫描二维码观看操作视频。

7-2-1a　一次系统图“表头”的定制

其次，除了“表头”之外，一次系统图还包含了许多柜子，每个柜子包含不同功能的回路，如断路器、避雷器、过电压保护装置等设备，因而需要在【符号管理器】对话框中新建这些符号。这些符号不需要添加回路，只要添加“型号”或“用户数据”标注即可，如图 7-7 所示。

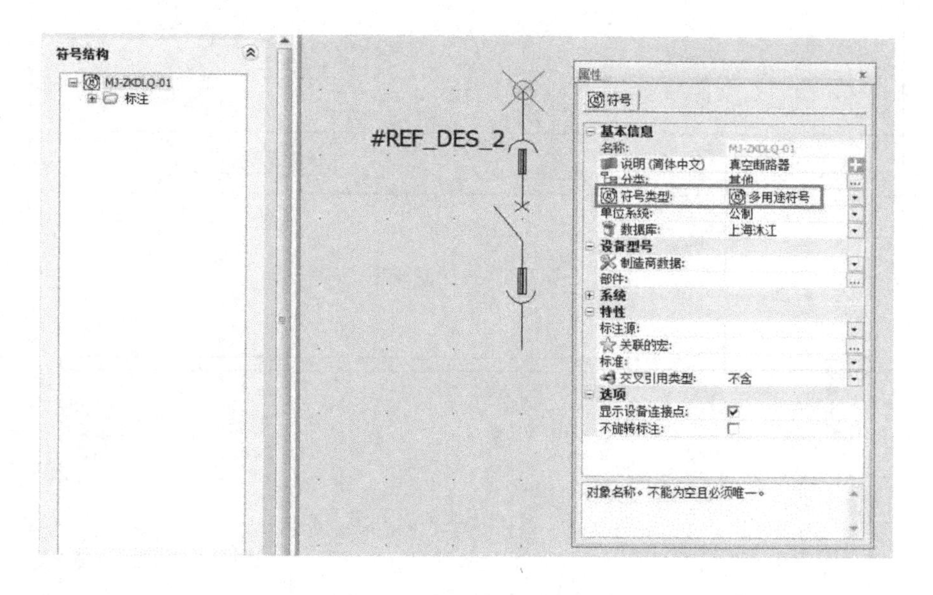

图 7-7　一次系统图回路符号

然后，依次完成一次系统图中所有的符号，再在一次回路图矩形框中【插入】一次回路符号。一次回路的矩形框根据“表头”矩形框的大小可以进行适当的调节，但是必须是 5 ×5 栅格的整倍数。这里，绘制了一个带有电流、电压互感器及过电压保护的一次回路，如图 7-8 所示。

然后，按照“表头”下方内容所对应一次回路的设备进行选型，将“型号标注”拖至下方表格中与“表头”内容中的设备对应。只要回路中有该设备，就要与“表头”的内容其对应。例如，对真空断路器进行选型，然后将“型号”标注拖至“表头”和“真空断路器”对应的行中，如图 7-9 所示。

最后，其他一次回路图按照此方法一一进行绘制，并将绘制完成的一次回路图保存为“宏”。

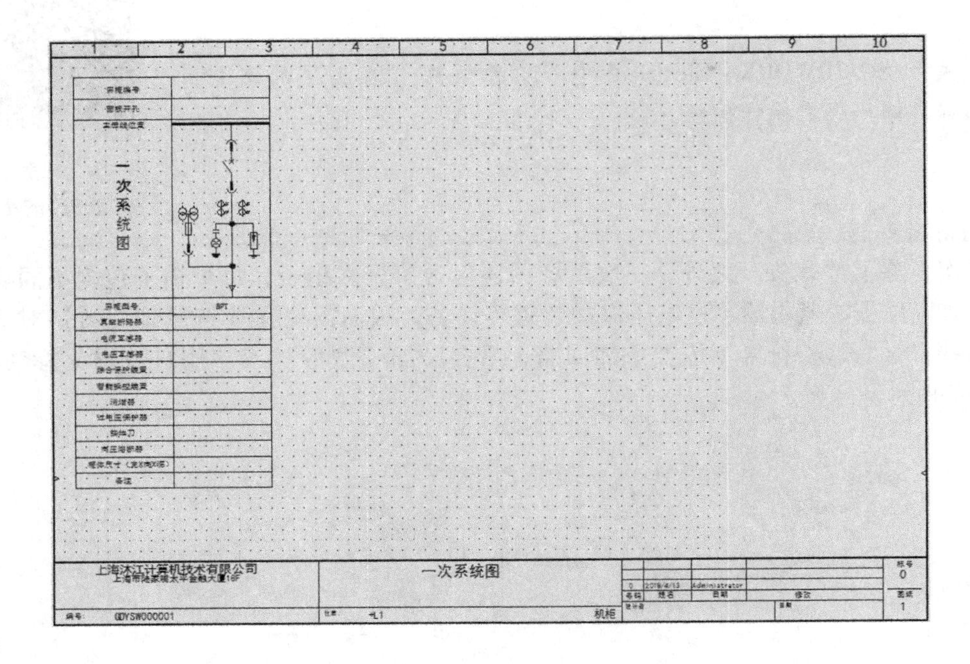

图 7-8　一次系统图

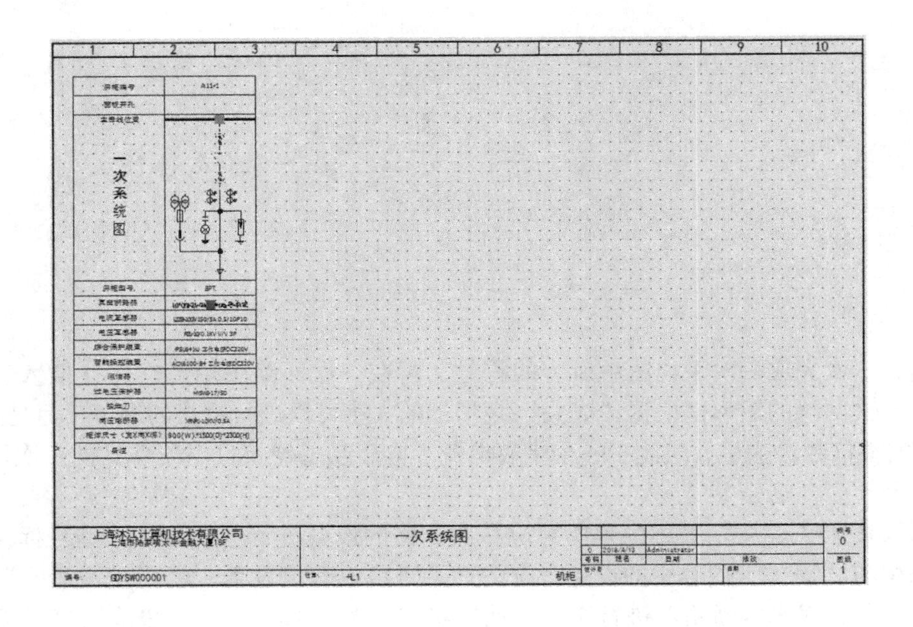

图 7-9　一次回路设备型号与表头对应

关于 SOLIDWORKS Electrical 中一次回路图的定制，请扫描二维码观看操作视频。

7-2-1b　一次回路图的定制

7.2.2　一次系统图中宏的处理

首先，将“表头”图形拖至【宏】选项卡中，在弹出的【宏】对话框中，“名称”定义为“GGD-8PT-Head”（宏名称格式定义主要根据企业命名规范，该项目中依据的是柜子类型、型号及序号名称规范格式），“分类”项选择“绘图自动化”，“说明（简体中文）”项填写“表头”，如图 7-10 所示。

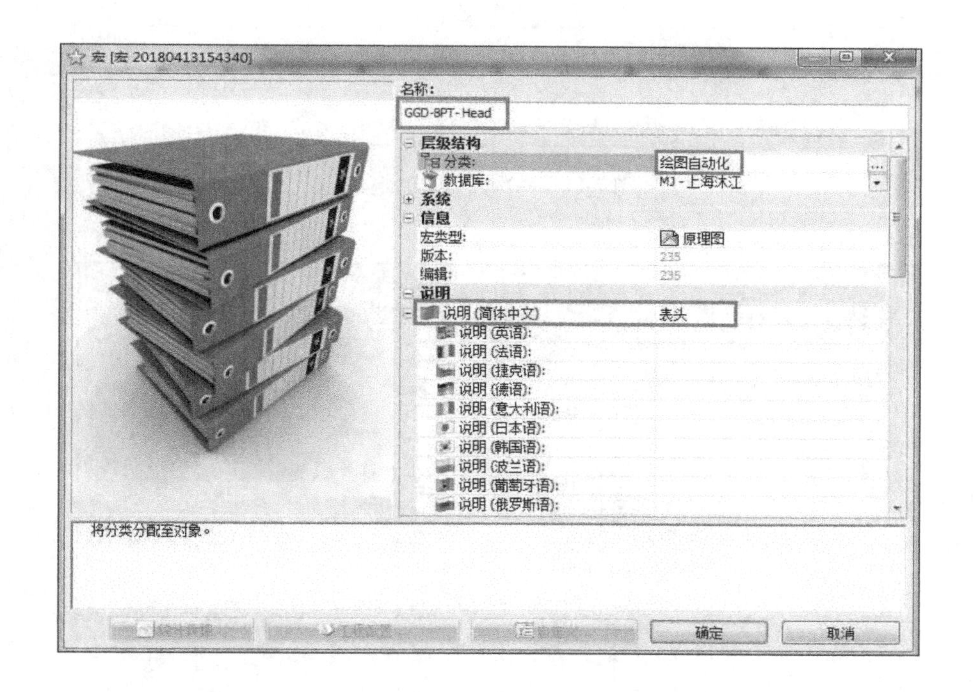

图 7-10　“表头”宏定义

然后，将带电流、电压互感器及过电压保护的一次回路图也拖至【宏】选项卡中，定义宏的名称及说明，如图 7-11 所示。

按照以上方法，将一次系统图中的所有一次回路都创建为“宏”，如图 7-12 所示。

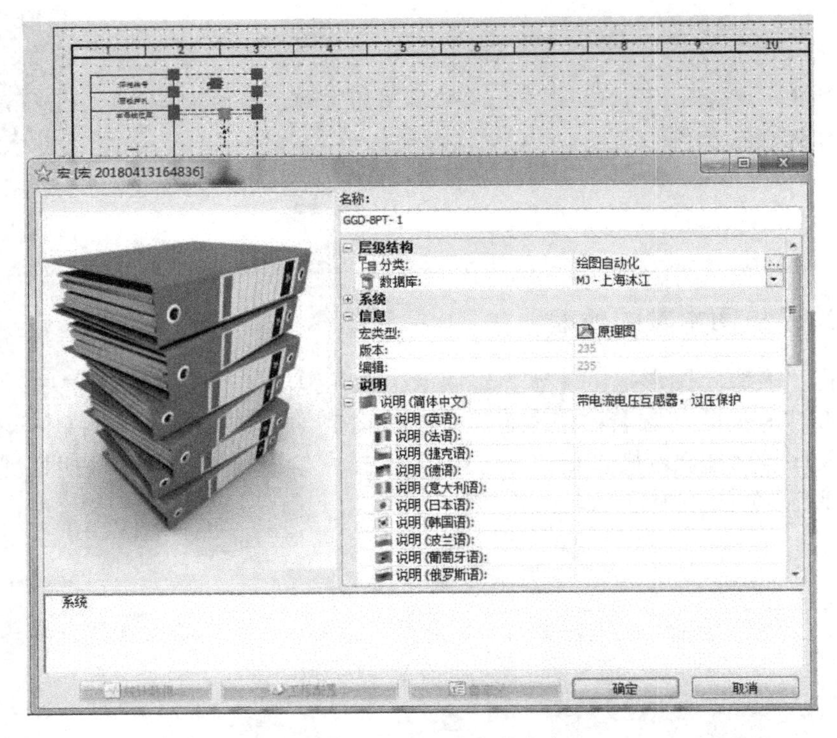

图 7-11　一次回路宏的定义

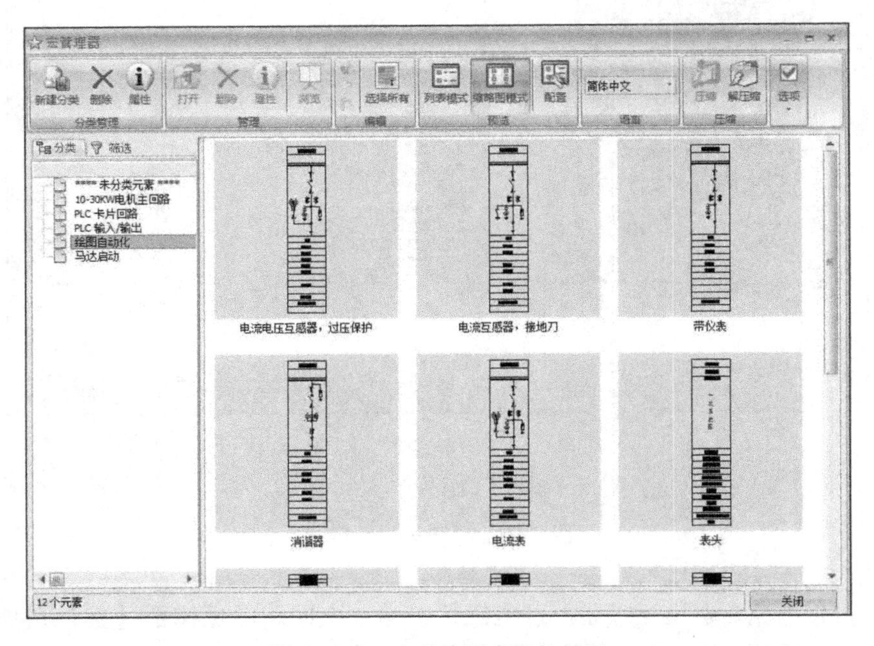

图 7-12　一次系统图中宏的处理

关于 SOLIDWORKS Electrical 一次系统图中宏的处理，请扫描二维码观看操作视频。

7-2-2　一次系统图中宏的处理

一次系统图的功能相对独立，回路被经常复制与调用，数量也比较多，所以创建“一次宏”，以减少重复回路，通过【导入/导出】菜单下的【Excel 自动化】功能可以自动生成一次系统图，完成一次系统图的快速设计。

7.2.3　自动生成电路图的应用

1. 使用软件自带模板

步骤 1，打开软件安装目录下的 XlsAutomation \ Template 文件夹，找到软件自带的 Excel 自动导入模板，如图 7-13 所示。

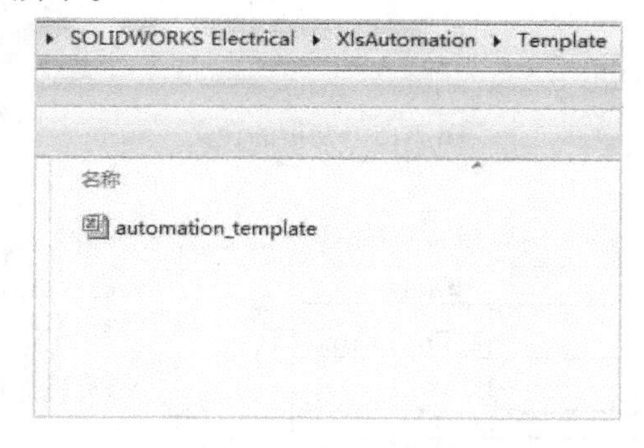

图 7-13　Excel 导入模板

步骤 2，打开软件自带的 Excel 表格，它包含 Sheet1 和 MacroList 两张表，其中 Sheet1 表包含宏、图纸、文件、位置、功能等所对应的各种“变量”，如图 7-14 所示。

A	B	C	F	G	H	I	J
Macro			File			Book	
Macro	X Position	Y Position	Mark	Type	Description	Mark	Description
#mac_name	#mac_posx	#mac_posy	#fil_title	#fil_filetype	#fil.tra_0.l1	#bun_tag	#bun.tra_0.l1

图 7-14　Sheet1 表格内容

变量含义及不同图纸类型所对应的编号如图 7-15 所示。要了解这些变量的含义，请在软件“帮助”中搜索“Excel 自动化”关键词。

注意，Sheet1 表格的第一列“宏名称”会以下拉菜单的形式显示 Macro list 的宏名称，如图 7-16 所示。

宏

字段名	说明	必需
#mac_name	宏的名称	是
#mac_posx	宏要插入的 X 坐标	是
#mac_posy	宏要插入的 Y 坐标	是
#mac_insert	如果此列存在、未隐藏并包含 0 或为空，则不处理宏。	否

关于数据库的其他字段，SOLIDWORKS Electrical 仅接受图纸（‘fil’）、包（‘bun’）、位置（‘loc’）和功能（‘fun’）表的字段。
唯一所需的字段是 #fil_title，即要插入宏的图纸的标题。但是，如果您插入诸如文件集、位置或功能的任何其他字段，则需要相应表格的标记。例如，如果您插入任何位置字段，则需要字段 #loc_text。

支持的字段如下表所示：

图纸

字段名	说明	必填
#fil_filename	磁盘中文件的名称	否
#fil_title	图纸的标注	是
#fil_filetype	图纸类型（*）	否
#fil_manual	手动或自动标记	否
#fil.tra_0.xx	图纸的说明，其中 xx 为语言代码	否
#fil.use_data0	图纸的用户数据	否

（*）该文件类型支持的值有：
0：原理图图纸
1：布线方框图
5：封面
9：机柜布局图纸
12：混合原理图图纸

文件集

字段名	说明	必填
#bun_tag	文件集的标注	是（如果已使用任何文件集）
#bun_manual	手动或自动标记	否
#bun.tra_0.xx	文件集的说明，其中 xx 为语言代码	否

位置

字段名	说明	必填
#loc_text	位置的标注	是（如果已使用任何位置）
#loc_tagmanual	手动或自动标记	否
#loc_tagpath	标注路径（完整标注）	否

图 7-15　变量的含义

	A	B
1		Macro
2	Macro	X Position
5	#mac_name	#mac_posx
6		
7	Demo_Simple_1	
8	A	
	Demo_Simple_2	
9		
10		
11		
12		
13		
14		

	A
1	Macro list
2	Demo_Simple_1
3	A
4	Demo_Simple_2
5	
6	
7	
8	
9	
10	
11	
12	

图 7-16　宏名称的交叉引用

关于 SOLIDWORKS Electrical 自带 Excel 模板路径及表格内容，请扫描二维码观看操作视频。

7-2-3a　Excel 模板路径及表格内容

2. 自定义模板

为了更切实地应用模板，需要对软件自带的Excel表格进行定制。按图7-17所示进行编辑，定制自己公司的模板。

宏名称	X轴	Y轴	页码	页面类型	页面说明	文件集	文件集说明
#mac_name	#mac_posx	#mac_posy	#fil_title	#fil_filetype	#fil.tra_0.l1	#bun_tag	#bun.tra_0.l1

图7-17　自定义Excel模板

步骤1，将一次宏电路的名称依次填写到MacroList中，如果用户对数据库比较熟悉，可以将软件实例名称下的宏的数据快速导入到Excel表格中；如果宏的数量不是很多，可以按图7-18所示手动依次输入宏的名称。

MacroList	
GGD-8PT-Head	表头
GGD-8PT-1	电流电压互感器，过电压保护
GGD-8PT-2	电流互感器，过电压保护
GGD-8PT-3	带仪表
GGD-8PT-4	消谐器
GGD-8PT-5	电流电压过电压熔断

图7-18　宏列表

这时，在Sheet1表的“宏名称”下拉菜单中可以看到刚才填入的宏名称，如图7-19所示。

Excel自动导入模板中还自带了含“%”的变量，如图7-20所示。

用户可自定义“%”中间的变量名称，将“宏”中的变量名称也修改为指定的变量。当Excel表格的变量被赋予不同的值后，导入Excel表格，软件会自动将该值赋予该设备。

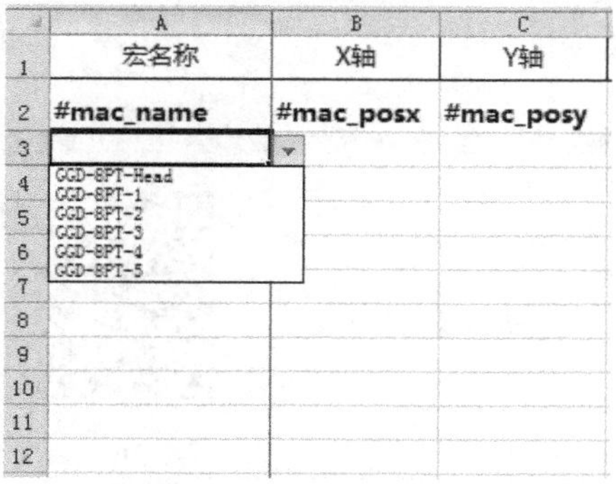

宏名称	X轴	Y轴
#mac_name	#mac_posx	#mac_posy

GGD-8PT-Head
GGD-8PT-1
GGD-8PT-2
GGD-8PT-3
GGD-8PT-4
GGD-8PT-5

图7-19　宏的下拉菜单

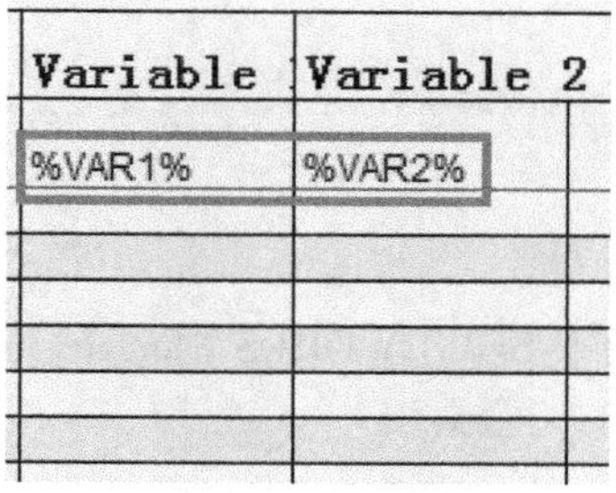

Variable	Variable 2
%VAR1%	%VAR2%

图7-20　自定义变量

步骤2，通过在Excel表格中输入一个设备的符号、型号及制造商数据来修改一次系统图中各设备的型号。

首先，在Excel表格中定义9组符号、型号、制造商列，如图7-21所示。

P	Q	R	S	T	U	V	W	X
符号1	型号1	制造商1	符号2	型号2	制造商2	符号3	型号3	制造商3
%SYMBOL1%	%REFE1%	%MANU1%	%SYMBOL2%	%REFE2%	%MANU2%	%SYMBOL3%	%REFE3%	%MANU3%

图 7-21　定义变量名称

其次，在【设备属性】对话框中依照“表头”设备与一次回路中设备的对应关系，依次修改一次回路宏中各设备的符号标注、型号及制造商名称为% SYMBOL%、% REFE%、% MANU%，如图 7-22 所示。

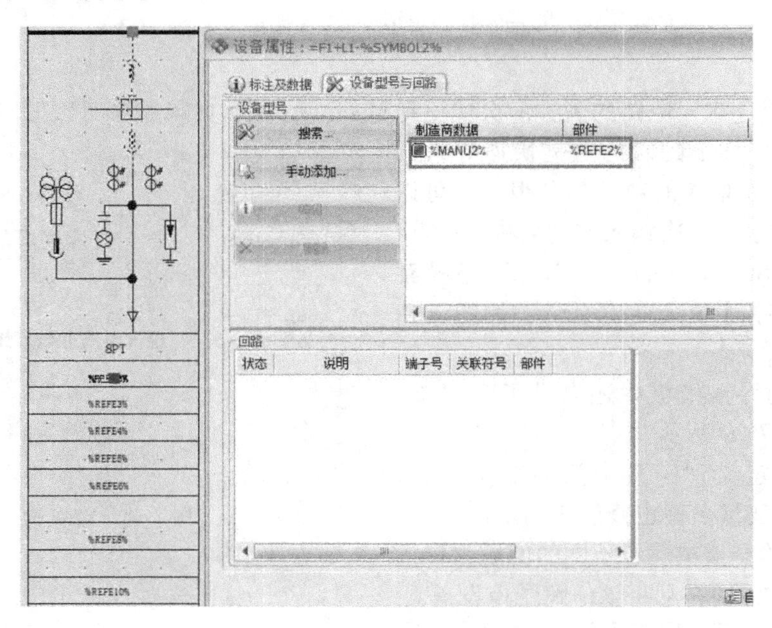

图 7-22　设备中的宏变量

关于 SOLIDWORKS Electrical 一次宏的变量设置，请扫描二维码观看操作视频。

7-2-3b　一次宏的变量设置

步骤 3，按上述修改完【宏管理器】所有一次宏的变量名称，在 Excel 表格中设置参数。

首先，在 Excel 表格中选择“宏名称”列，依次设置 X、Y 轴坐标值，统一宏的宽度为 45mm，所以相邻宏之间的 X 轴坐标值增加 45mm。为了防止“表头”与图框边沿重叠，“表头”已设 20mm 偏移。

生成的图纸类型：原理图代号选择 0，定义图纸说明及文件集的说明为“一次系统图”（图 7-23）。

	A	B	C	D	E	F	G	H	I	J	K	L
1	宏名称	X轴	Y轴	页码	页面类型	页面说明	文件集	文件集说明	位置	位置说明	功能	功能说明
2	#mac_name	#mac_posx	#mac_posy	#fil_title	#fil_filetype	#fil.tra_0.l1	#bun_tag	#bun.tra_0.l1	#loc_text	#loc.tra_0.l1	#fun_text	#fun.tra_0.l1
3	GGD-8PT-Head	0	-10	1	0	一次系统图	1	一次系统图				
4	GGD-8PT-1	65	-10	1	0	一次系统图	1	一次系统图	L1		F1	
5	GGD-8PT-2	110	-10	1	0	一次系统图	1	一次系统图	L1		F1	
6	GGD-8PT-2	155	-10	1	0	一次系统图	1	一次系统图	L1		F1	
7	GGD-8PT-3	200	-10	1	0	一次系统图	1	一次系统图	L1		F1	
8	GGD-8PT-4	245	-10	1	0	一次系统图	1	一次系统图	L1		F1	
9	GGD-8PT-2	290	-10	1	0	一次系统图	1	一次系统图	L1		F1	
10	GGD-8PT-5	335	-10	1	0	一次系统图	1	一次系统图	L1		F1	
11												

图 7-23　属性定义

其次，如图 7-24 所示，在“变量”列中填入设备的标注、型号及制造商数据。需要注意的是，填写的制造商数据必须是在软件部件库中已存在的数据，否则在 Excel 导入时会提示报错。

	A	V	W	X	Y	Z	AA	AB	AC
1	宏名称	型号2	制造商2	符号3	型号3	制造商3	符号4	型号4	制造商4
2	#mac_name	%REFE2%	%MANU2%	%SYMBOL3%	%REFE3%	%MANU3%	%SYMBOL4%	%REFE4%	%MANU4%
3	GGD-8PT-Head								
4	GGD-8PT-1	HVX12-25-06 210mm 手车式	施耐德	AP1	LZZB-10GY 150/5A 0.5/10	德勒浦	VP1	RZL-10/0.1KV V/V 3P	德勒浦
5	GGD-8PT-2	HVX12-25-06 210mm 手车式	施耐德	AP2	LZZB-10GY 150/5A 0.5/10	德勒浦			
6	GGD-8PT-2	HVX12-25-06 210mm 手车式	施耐德	AP3	LZZB-10GY 150/5A 0.5/10	德勒浦			
7	GGD-8PT-3	HVX12-25-06 210mm 手车式	施耐德	AP4	LZZB-10GY 150/5A 0.5/10	德勒浦			
8	GGD-8PT-4	HVX12-25-06 210mm 手车式	施耐德				VP2	REL-10 3级 10√3/0.1/√3/0.1/3	德勒浦
9	GGD-8PT-2	HVX12-25-06 210mm 手车式	施耐德	AP5	LZZB-10GY 150/5A 0.5/10	德勒浦			
10	GGD-8PT-5	HVX12-25-06 210mm 手车式	施耐德	AP6	LZZB-10GY 150/5A 0.5/10	德勒浦	VP3	RZL-10/0.1KV V/V 3P	德勒浦
11									

图 7-24　变量赋值

最后，设置完 Excel 表格参数后保存模板。

步骤 4，单击【导入/导出】/【Excel 自动化】命令，如图 7-25 所示。

图 7-25　Excel 自动化

然后，在弹出的【打开】对话框中选择 Excel 导入模板，如图 7-26 所示。

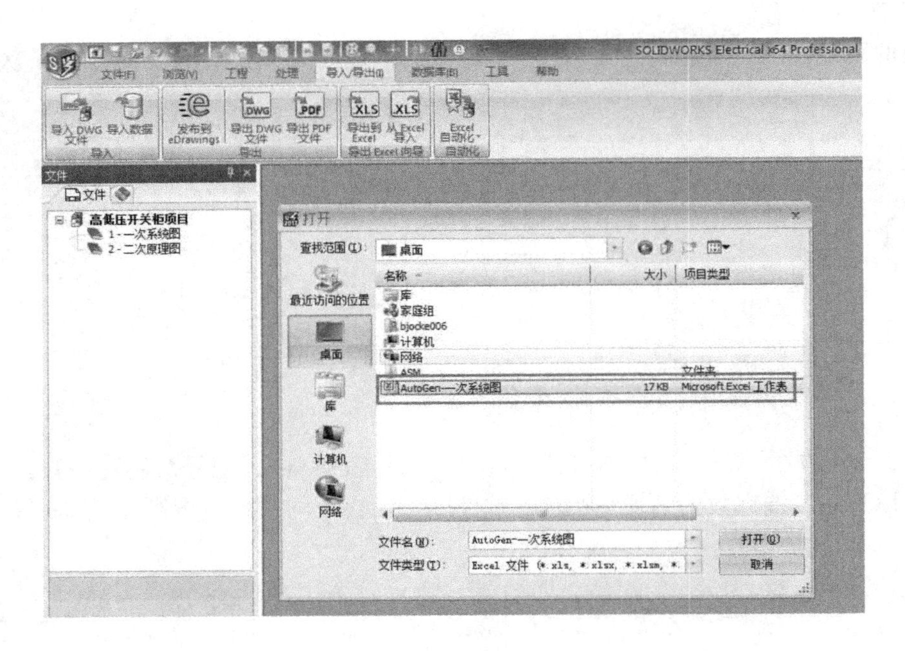

图 7-26　Excel 导入文件的选择

单击【打开】按钮，命名后，软件会自动导入已设置的宏，如图 7-27 所示。

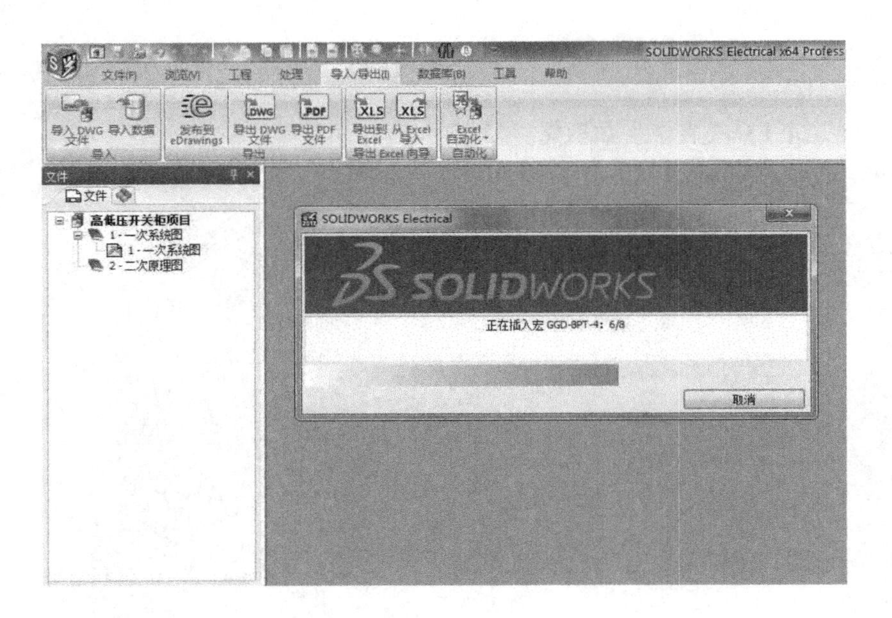

图 7-27　自动导入宏

导入完成后，软件会自动生成一次系统图，并匹配 Excel 表格里设置的设备型号，如图 7-28 所示。

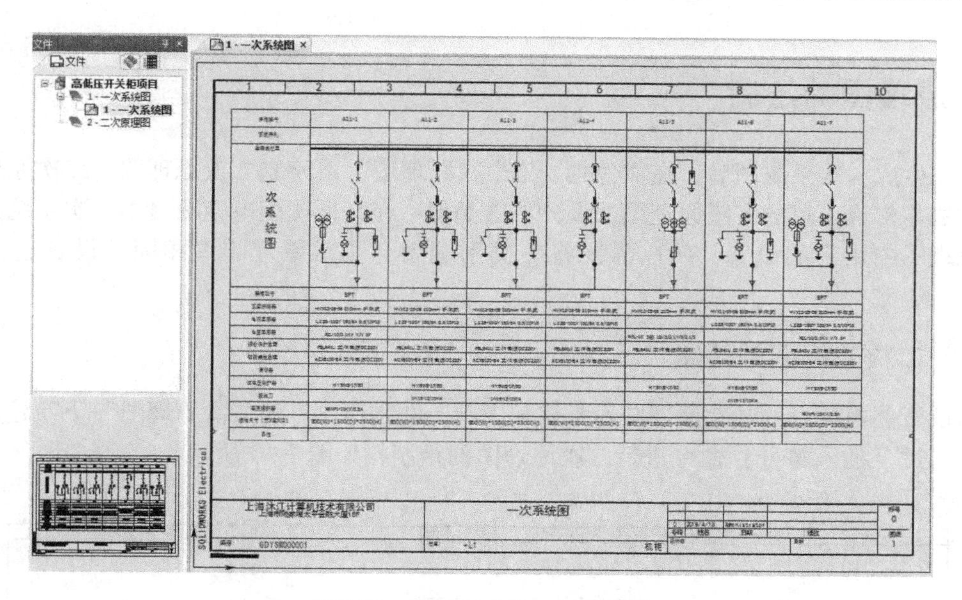

图 7-28　自动生成的一次系统图

关于 SOLIDWORKS Electrical 中 Excel 自动生成一次系统图，请扫描二维码观看操作视频。

7-2-3c　自动生成一次系统图

步骤 5，自动生成一次系统图后，需要对一次系统图中的设备进行统计：通过【报表】/【报表管理器】自动生成“制造商物料清单”，如图 7-29 所示。

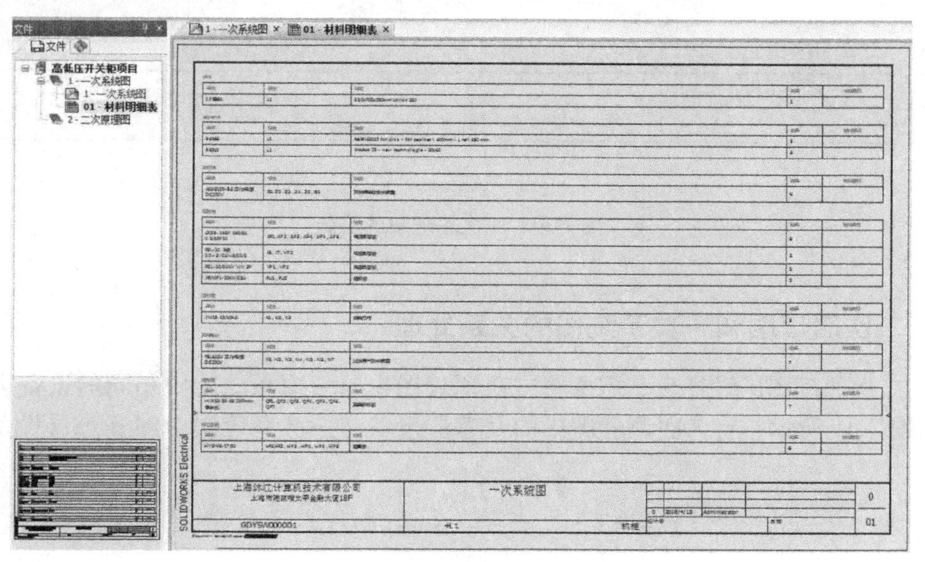

图 7-29　制造商物料清单

7.3 原理图的绘制

自动生成一次系统图后，在文件集“2-二次原理图”下绘制二次原理图。二次原理图的绘制方法与常规项目的多线原理图的设计方法类似，在高低压配电柜项目中一次系统图中有二次原理图中用到的设备，所以需要将一次系统图与二次原理图中相同的设备进行“关联”。

7.3.1 二次原理图的绘制

高低开关柜项目的二次原理图通常比较简单，在文件集“2-二次原理图”下新建多线原理图，通过【插入符号】命令进行二次原理图的绘制，如图 7-30 所示。

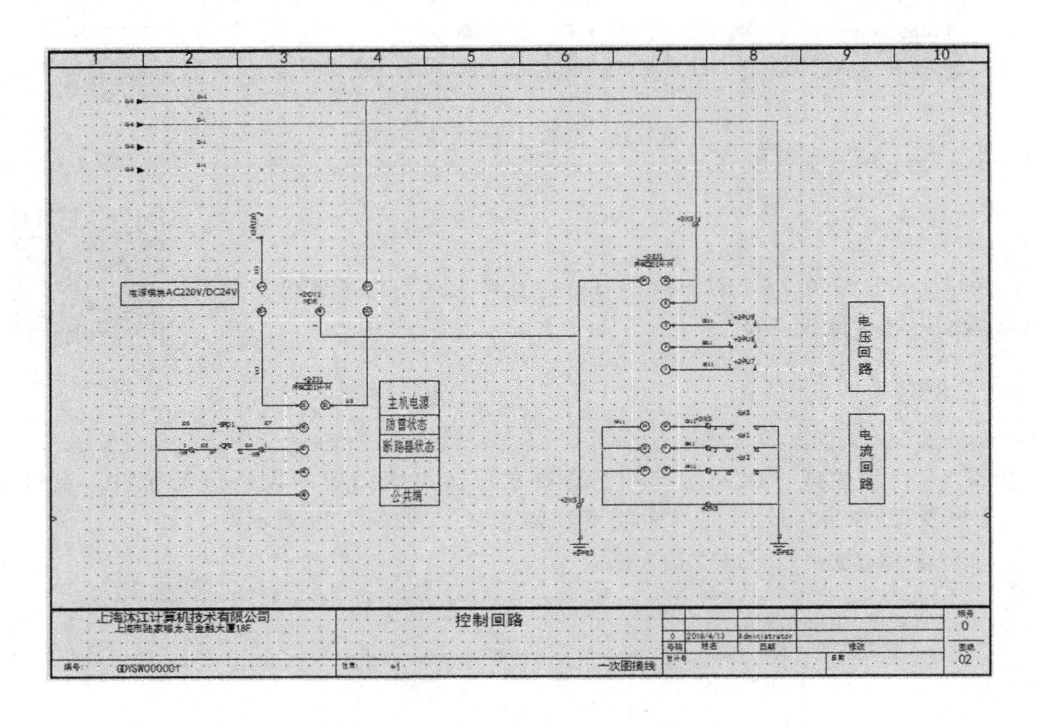

图 7-30　二次原理图的绘制

7.3.2 二次原理图和一次系统图的关系处理

完成二次原理图的设计后，需要将二次原理图中与一次系统图中相同的设备进行“关联”。如图 7-31 所示，将二次原理图中的互感器设备与一次系统图中的互感器设备进行关联。

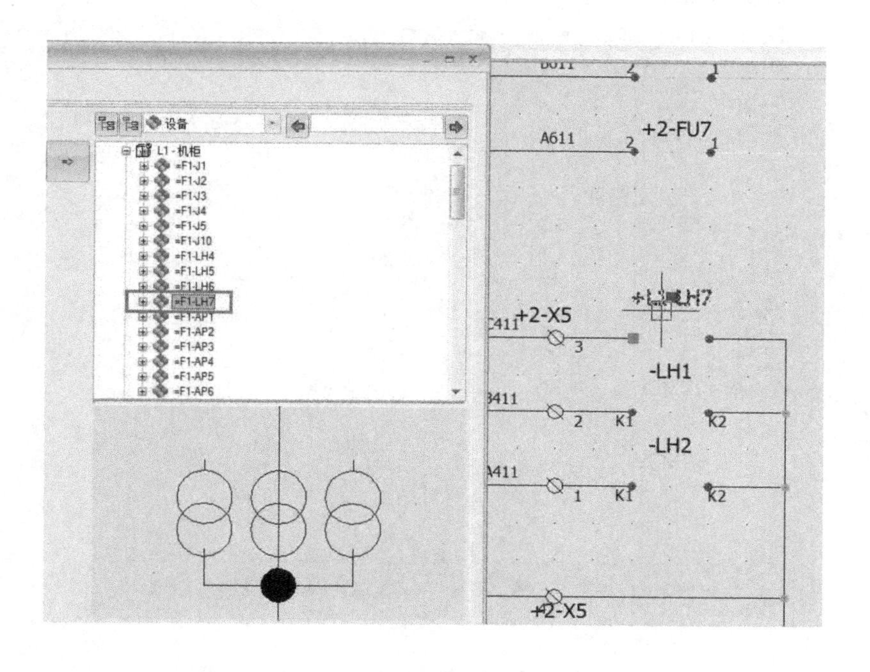

图 7-31　二次原理图与一次系统图中的设备关联

关于 SOLIDWORKS Electrical 二次原理图与一次系统图中的设备关联，请扫描二维码观看操作视频。

7-3-2　二次原理图与一次系统图中的设备关联

7.3.3　二次原理图接线方向的处理

SOLIDWORKS Electrical 2017 版本增加了“节点指示器”显示接线方向的功能。使用该功能，需要首先激活：在【工程配置】对话框的【图表】选项卡下，勾选“自动显示节点指示器”复选框，如图 7-32 所示。

激活节点指示器功能后，原理图中电线与电线之间的连接，由“红点”变成了“节点指示器”图形（图 7-33）。通过节点指示器，可以很直观地看到设备之间的连接关系及设备端的电线连接数量。

在实际项目中，一般需要编辑“节点指示器”的方向，方法如下：

首先，如图 7-34 所示，选中“节点指示器”任意端的一根电线，右击，从弹出的快捷菜单中选择【编辑连接路径...】命令。

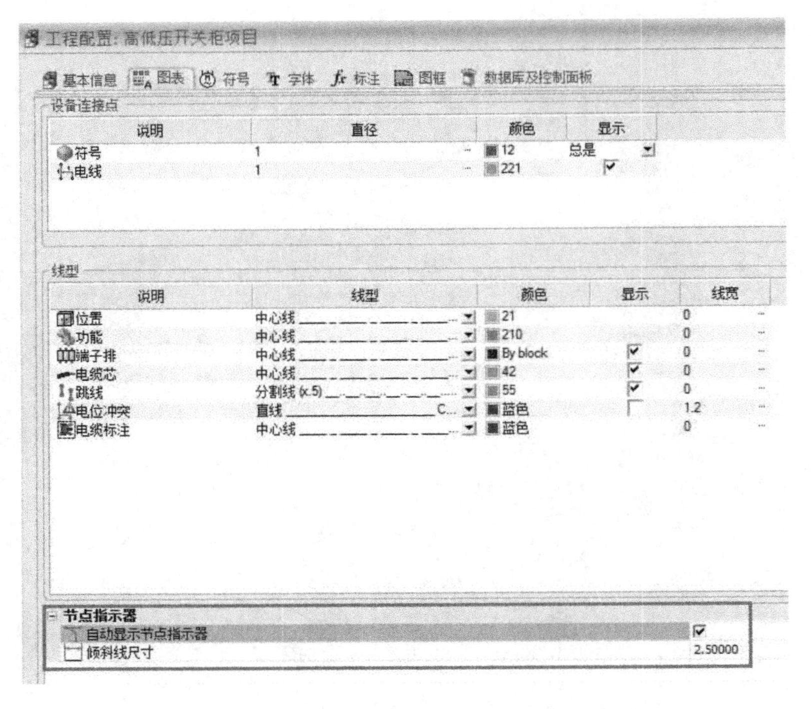

图 7-32　激活节点指示器功能

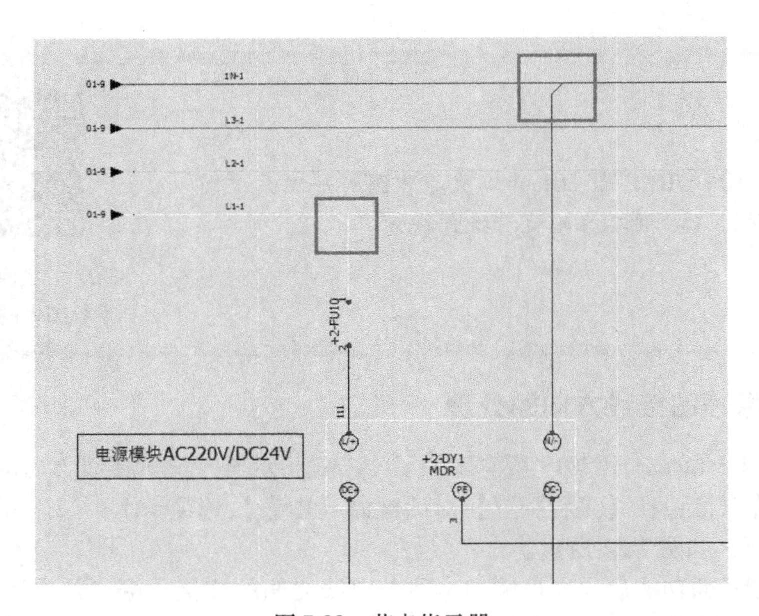

图 7-33　节点指示器

完成上述操作后，在软件左侧栏中会显示“新接线方向”（图 7-35），单击要选择的接线方向，然后单击按钮完成编辑。

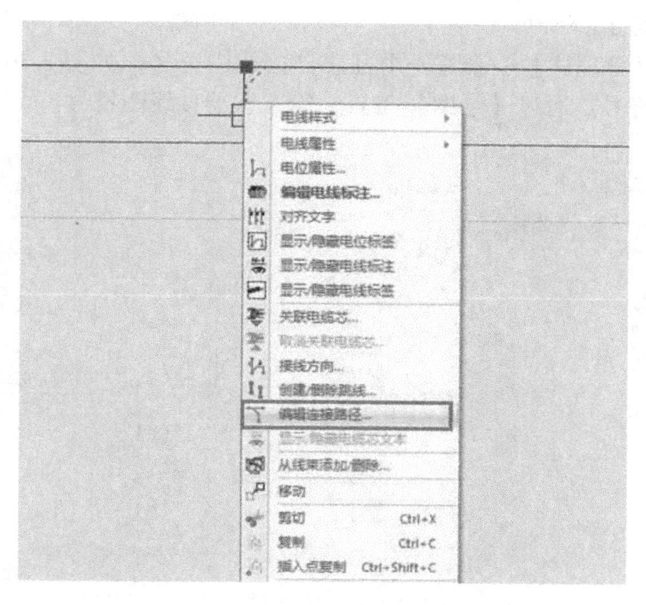

图 7-34 【编辑连接路径...】命令

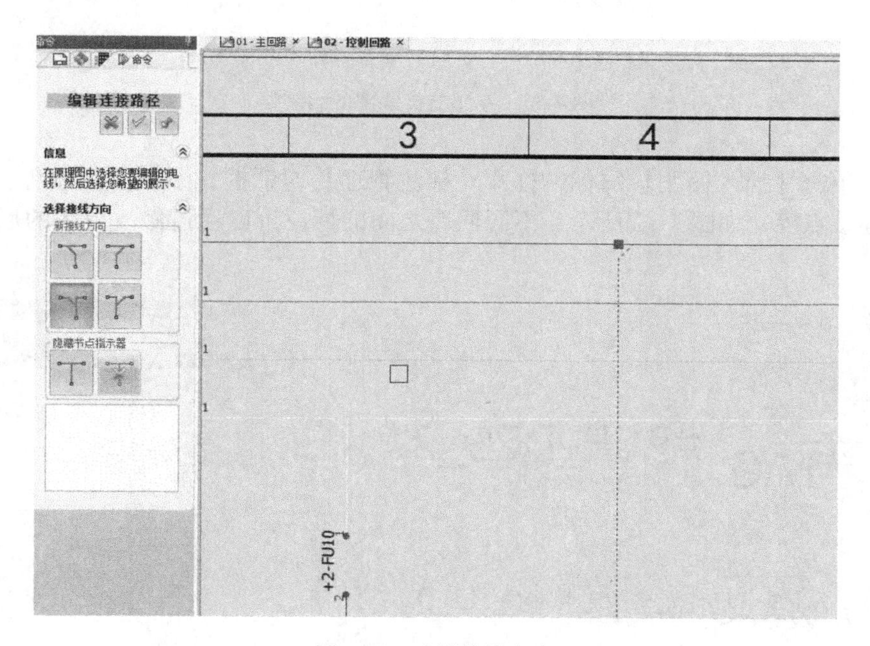

图 7-35 选择接线方向

7.4 生成报表

7.4.1 接线图的符号定制与接线图的生成

在高低压开关柜项目中，设备之间的连接关系通常使用“接线图”方式。

1. 接线图的符号定制

首先，在【符号管理器】中新建一个互感器接线图符号，如图 7-36 所示，选择符号的类型为“接线图”符号。通过【绘图】工具绘制互感器接线图符号。

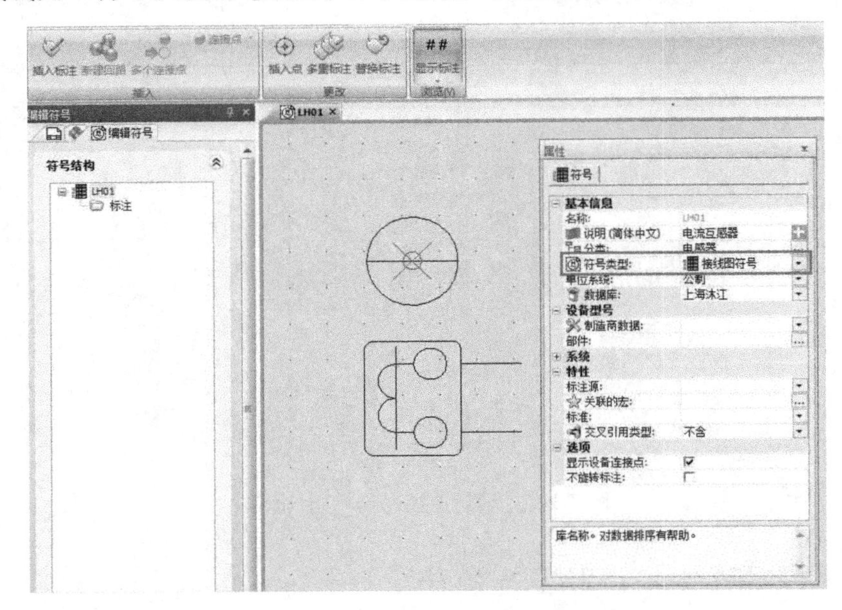

图 7-36　互感器接线图的绘制

其次，单击【插入标注】图标，打开【标注管理】对话框，添加设备标注、型号、线号、设备连接点等，如图 7-37 所示。不同回路之间的标注可以通过修改标注的后缀编号进行区别。

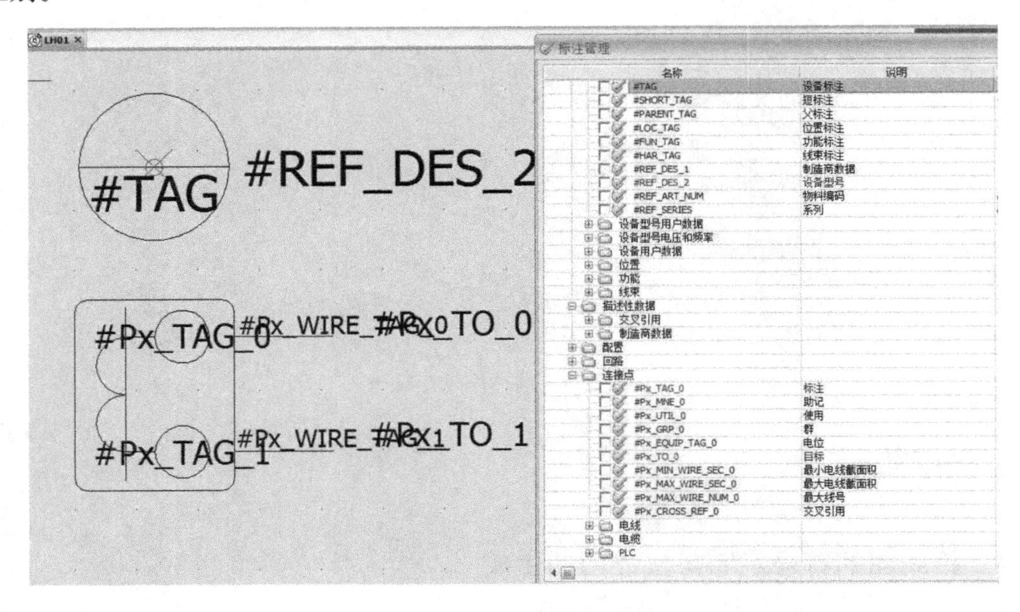

图 7-37　接线图的标注

关于 SOLIDWORKS Electrical 接线图的定制，请扫描二维码观看操作视频。

7-4-1a 接线图的定制

然后，在互感器的制造商数据中关联该接线图符号，如图 7-38 所示。

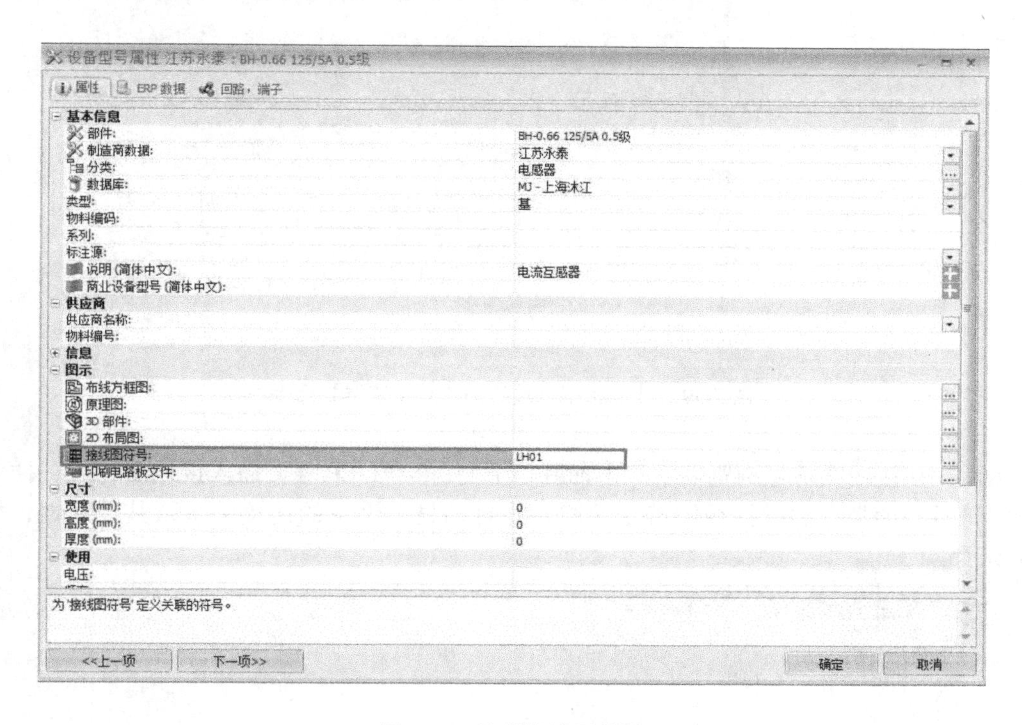

图 7-38 关联接线图符号

关于 SOLIDWORKS Electrical 部件接线图数据关联，请扫描二维码观看操作视频。

7-4-1b 部件接线图数据关联

2. 接线图的生成

首先，在二次原理图中，单击原理图菜单下的【接线图符号】/【设备型号接线图符号浏览器】命令，如图 7-39 所示，在软件左侧显示接线图符号浏览器。

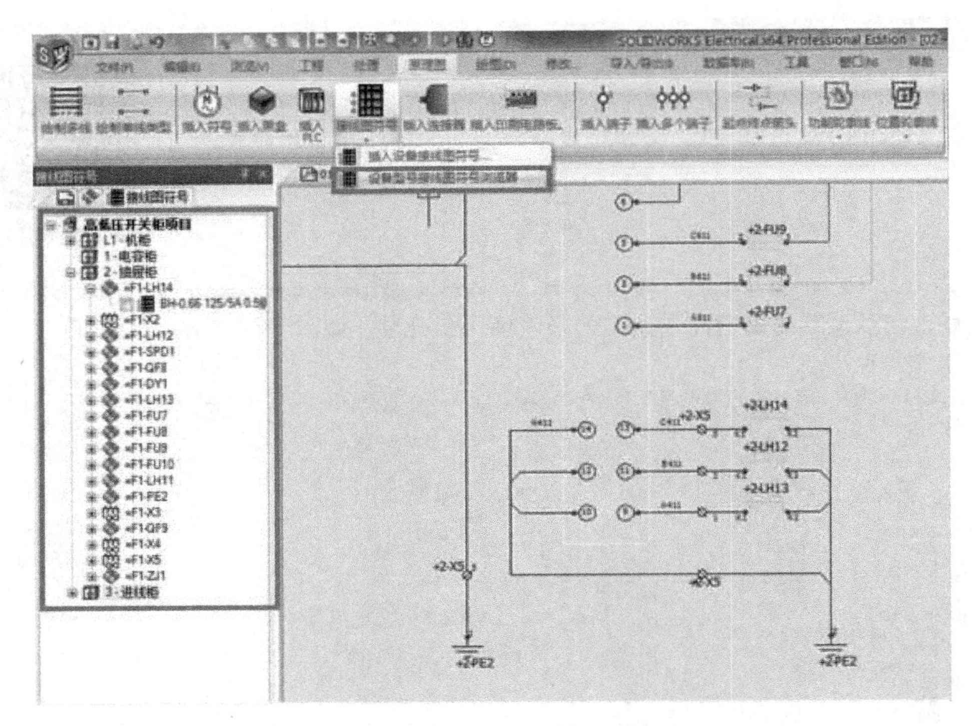

图 7-39　【设备型号接线图符号浏览器】命令

然后，在接线图符号浏览器中双击抽屉柜下的“ = F1-LH14”插入接线图符号，插入的接线图符号自动与定制的接线图符号关联，并自动显示设备的连接关系及其他属性，如图 7-40 所示。

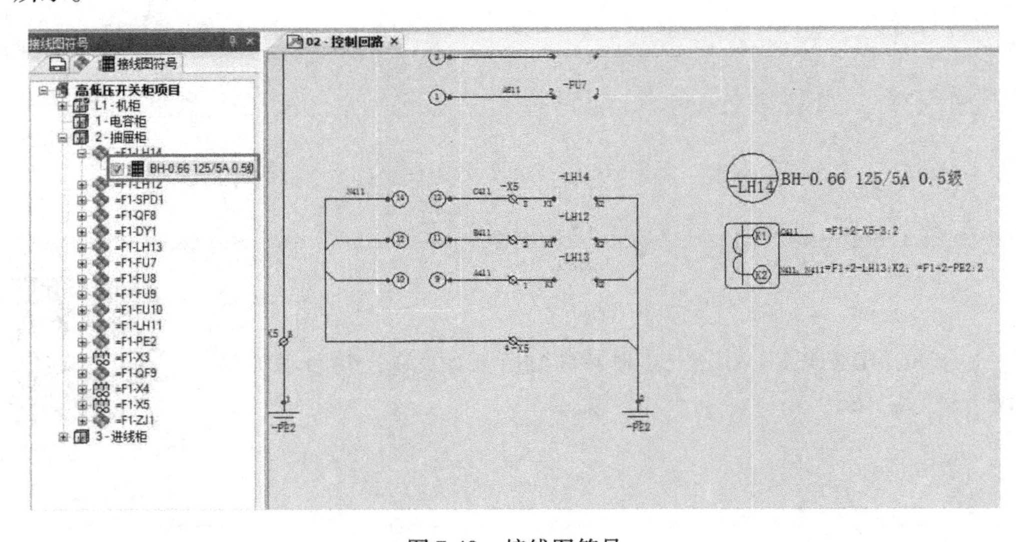

图 7-40　接线图符号

在原理图中也可批量地插入接线图符号。

首先，如图 7-41 所示，在接线图符号浏览器中按住 Ctrl 键的同时选择多个设备后右击，从弹出的快捷菜单中选择【插入设备型号的多个接线图标注】命令。

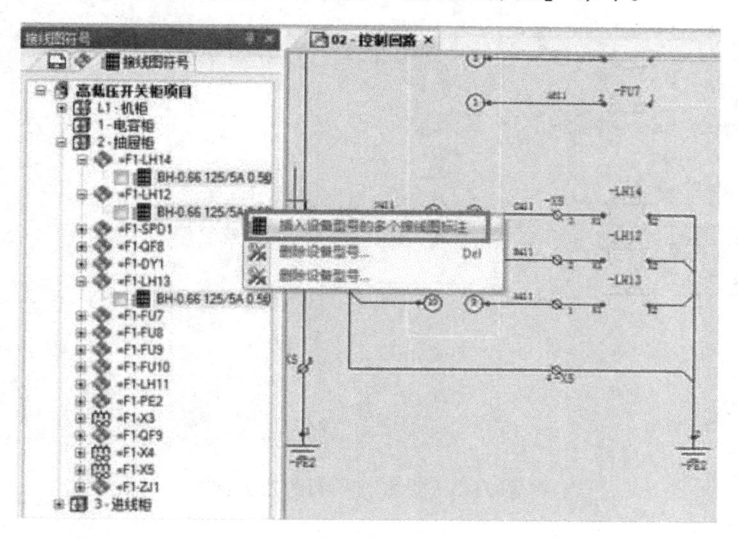

图 7-41　插入多个接线图符号

其次，在弹出的【插入顺序】对话框中，通过【上移】和【下移】命令可以调整接线图的插入顺序，如图 7-42 所示。

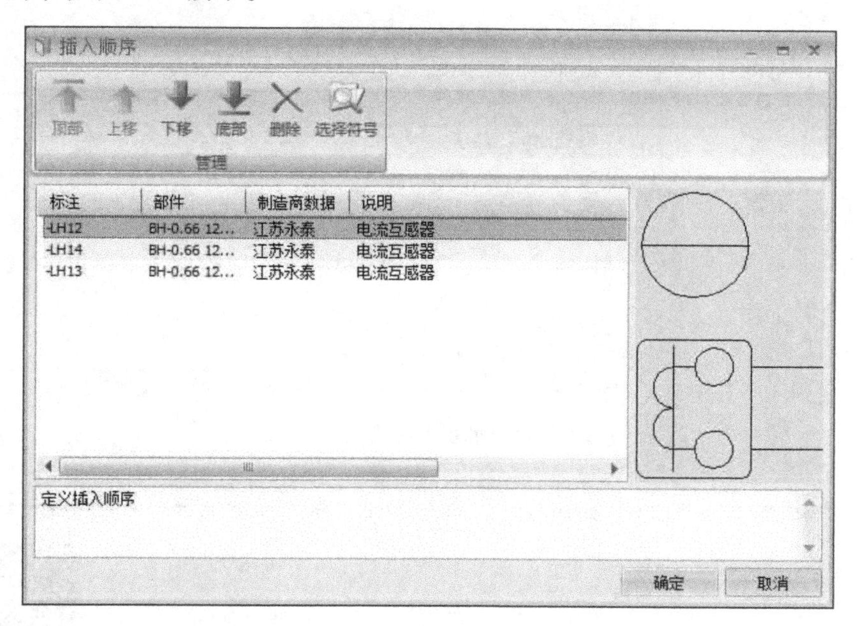

图 7-42　调整插入顺序

然后，单击【确定】按钮结束插入顺序的调整，接下来设置多个接线图符号的间距及生成方向，如图 7-43 所示。

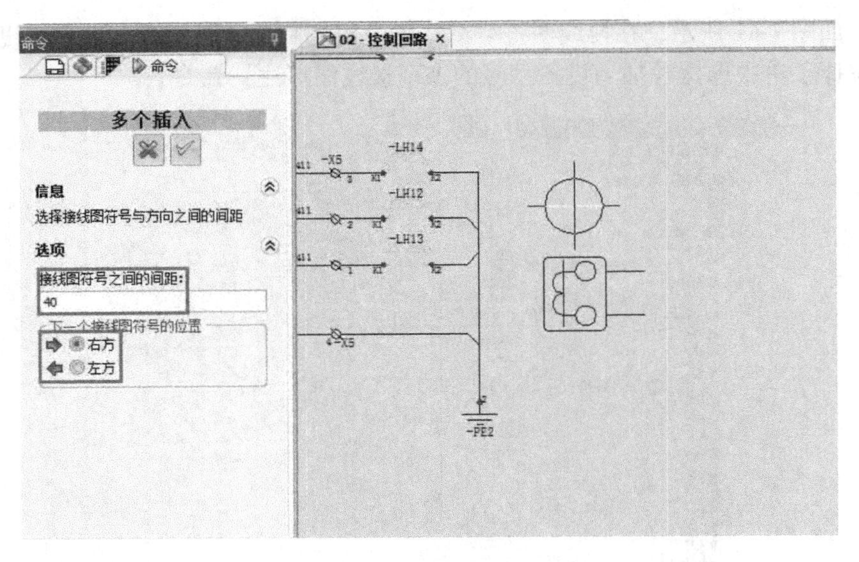

图 7-43　设置符号间距及方向

最后，单击☑命令，完成接线图符号的批量生成，如图 7-44 所示。

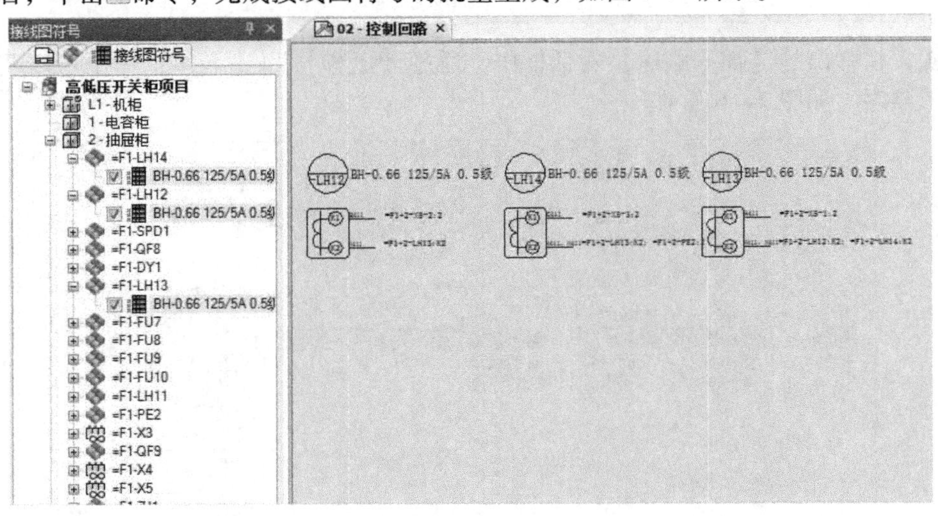

图 7-44　批量生成接线图符号

关于 SOLIDWORKS Electrical 批量插入接线图符号的功能，请扫描二维码观看操作视频。

7-4-1c　批量插入接线图符号

7.4.2　BOM 的定制与生成

1. BOM 的定制

完成高低压开关柜的二次原理图设计后（图 7-45），单击【工程】/【报表】，弹出【报表管理器】界面后，在其中选择【按制造商的物料清单】报表类型，预览项目中的设备清单。

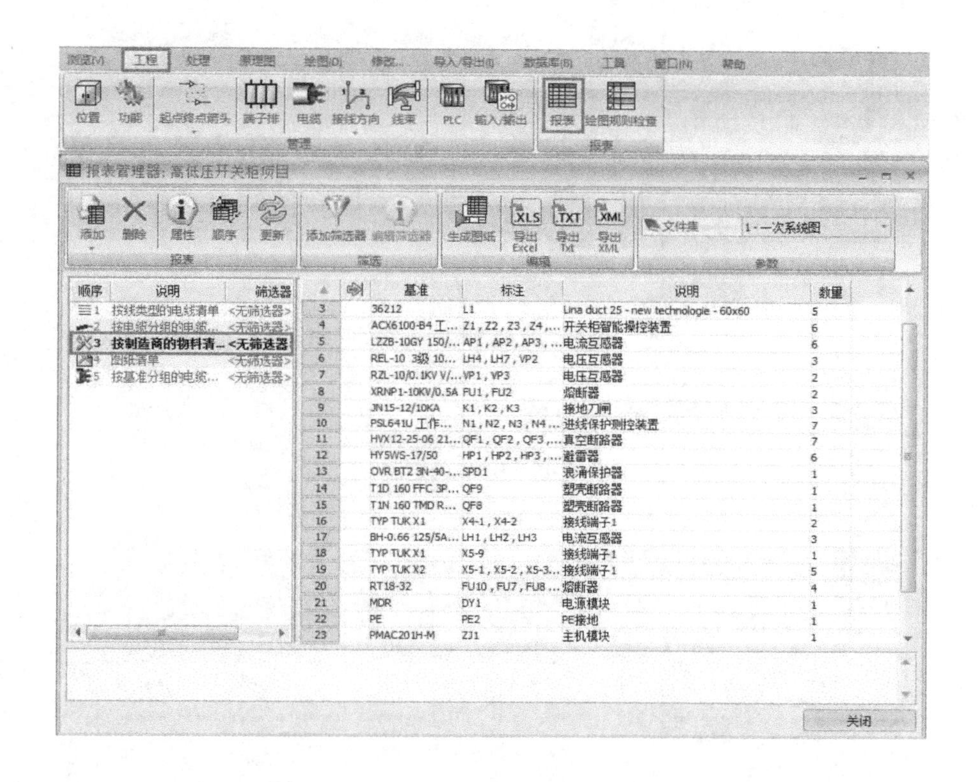

图 7-45　选择报表的类型

选中【按制造商的物料清单】报表后单击【属性】图标，弹出【编辑报表配置：［项目名称］】对话框，在【列】标签中增加一列“物料编码”，如图 7-46 所示。

单击【应用】按钮完成 BOM 的定制。

2. BOM 的生成

首先，在【报表管理器：［项目名称］】界面中单击【生成图纸】图标，弹出【报表图纸目标】对话框。如图 7-47 所示，在其中勾选【按制造商的物料清单】复选框。

然后，单击【确定】按钮，软件自动在文件集 2 下生成 BOM 清单，如图 7-48 所示。

7.4.3　导出 Excel 格式

首先，在【报表管理器：［项目名称］】界面中单击【导出 Excel】图标，弹出【导出 Excel 向导】对话框，如图 7-49 所示，在其中勾选第 3 项“按制造商的物料清单”。

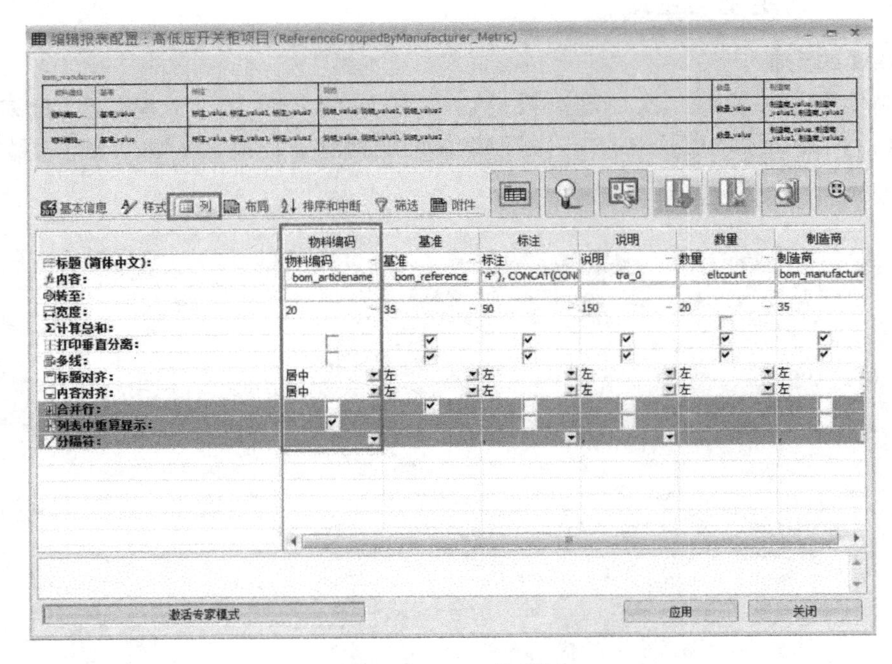

图 7-46　BOM 的定制

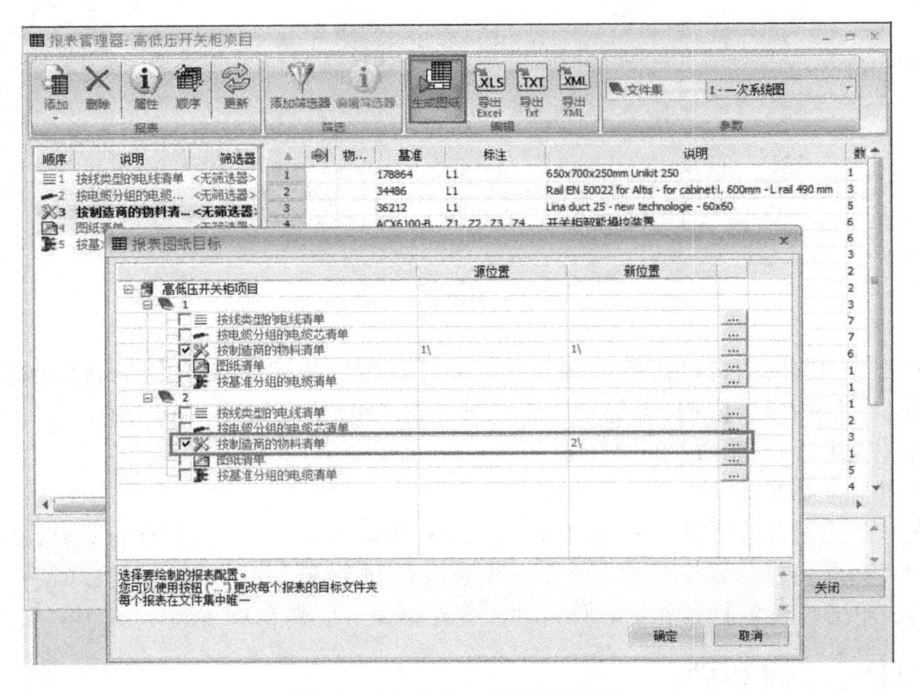

图 7-47　文件集 2 中的物料清单

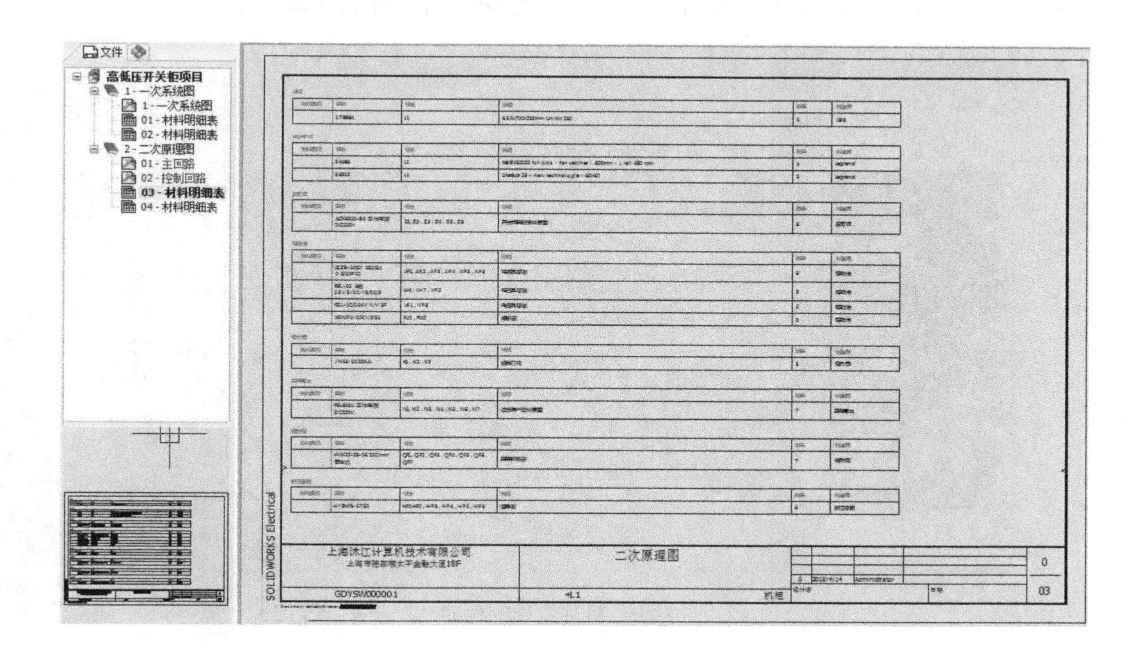

图 7-48　BOM 清单

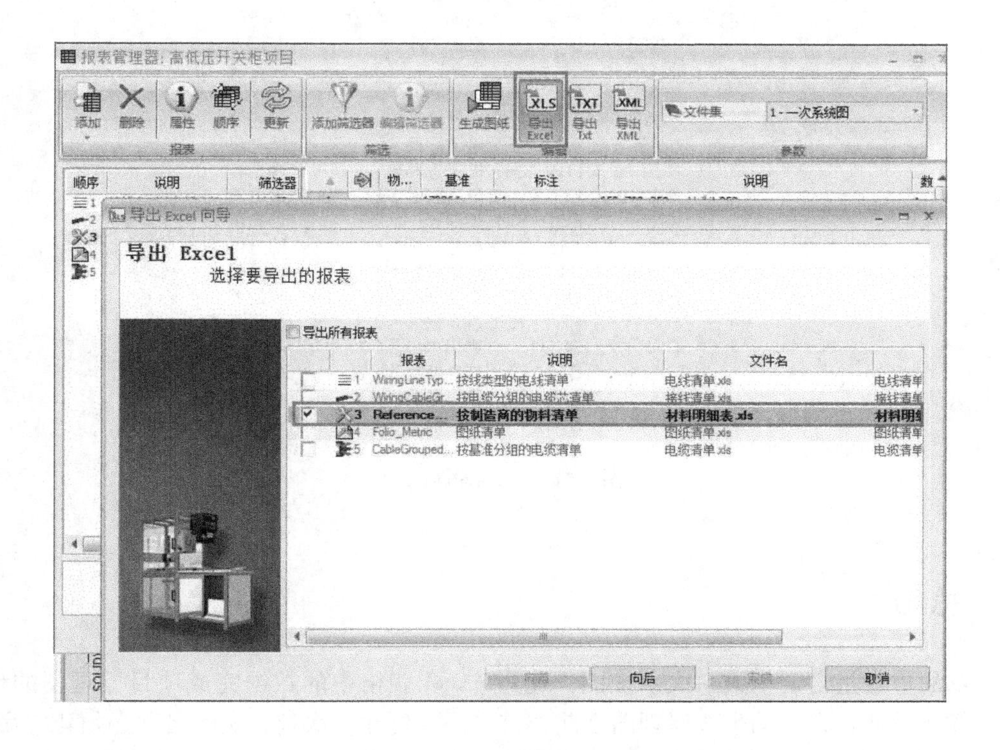

图 7-49　选择要导出的报表

其次，单击【向后】按钮，如图 7-50 所示，选择输出文件的存储目录。

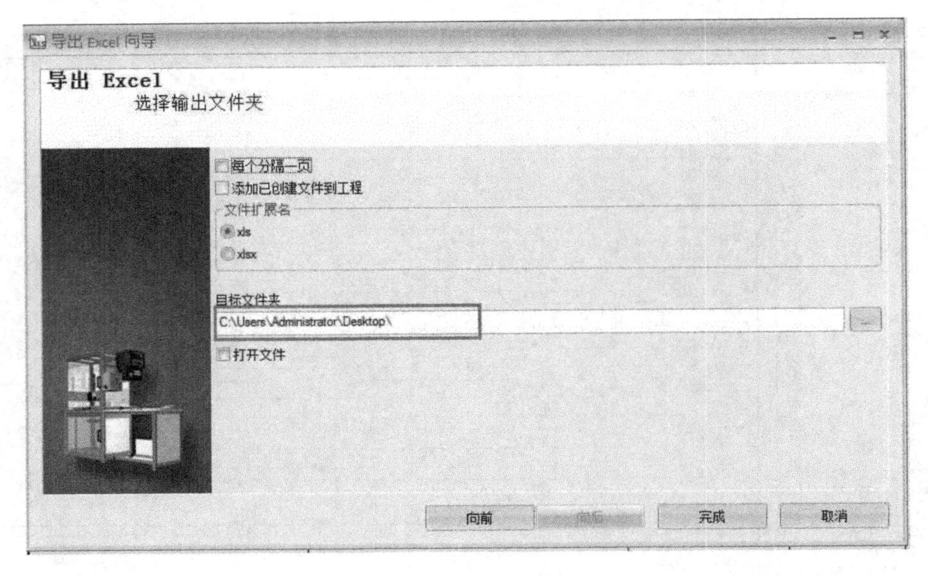

图 7-50　目标文件的存储

最后，单击【完成】按钮，如图 7-51 所示，即可完成 Excel 的导出。

	A	B	C	D	E	F
1	物料编码	基准	标注	说明	数量	制造商
2		178864	L1	650x700x2	1	ABB
3		34486	L1	Rail EN 50	3	Legrand
4		36212	L1	Lina duct 2	5	Legrand
5		ACX6100-E	Z1，Z2，Z	开关柜智能	6	爱可信
6		LZZB-10G	AP1，AP2	电流互感器	6	德勒浦
7		REL-10 3	LH4，LH7	电压互感器	3	德勒浦
8		RZL-10/0.1	VP1，VP3	电压互感器	2	德勒浦
9		XRNP1-10	FU1，FU2	熔断器	2	德勒浦
10		JN15-12/1	K1，K2，K	接地刀闸	3	德力西
11		PSL641U	N1，N2，N	进线保护	7	国电南自
12		HVX12-25-	QF1，QF2	真空断路器	7	施耐德
13		HY5WS-1	HP1，HP2	避雷器	6	浙江高瓷
14		OVR BT2	SPD1	浪涌保护器	1	ABB
15		T1D 160 F	QF9	塑壳断路器	1	ABB
16		T1N 160 T	QF8	塑壳断路器	1	ABB
17		TYP TUK	X4-1，X4-2	接线端子1	2	ABB

图 7-51　Excel 物料清单

7.5　总结

本章的重点是自动生成一次系统图，通过 Excel 表格中的数据完成项目原理图的设计，实现参数化设计。在自动生成原理图之前，首先需要创建一次宏，宏的名称必须建立命名规范，以方便后期宏的选择及功能识别。在创建一次系统回路符号时，需要注意一次系统图符号不需要添加回路，只需添加“型号”或“用户数据”标注。一次系统图符号的矩形框宽度数值必须是5×5栅格间距的整倍数，这样在Excel表格中才方便设置宏X轴坐标值及自动生成原理图后一次系统图之间紧密相贴。

Excel导入模板可以根据用户需求自定义模板格式，模板中的变量名称及图纸类型代号可查看软件“帮助”信息。

在二次原理图的设计过程中，接线图的定制及批量插入为重点内容。在新建接线图符号时，符号的类型要选择“接线图符号”，不同回路之间的标注通过修改标注后缀的编号进行区别。将定制完成的接线图符号与部件库中的图示数据进行关联，这样在批量插入接线图符号时，不同型号的设备插入不同格式的接线图符号。

第 8 章　电气项目设计方法概论

大多数的电气工程师对于使用 SOLIDWORKS Electrical 软件都感觉非常的困惑。大家感觉掌握一种软件应该不难，但实际上使用它进行项目设计时却感觉很难，即使是接受过 SOLIDWORKS Electrical 专业培训的很多工程师，想要非常好地使用它也不容易，问题在哪里呢?

大多数电气工程师在使用 SOLIDWORKS Electrical 软件的时候容易犯的一些错误通常有以下几点：

第一，延续原 CAD 绘图习惯，经常将这类使用方式形象地比喻为“马拉汽车”，如符号的滥用，一旦遇到找不到的符号便使用“黑盒”进行代替。

第二，对于项目结构没有规划。电气工程师们在设计过程中，基本上仅仅是对位置进行一定的规划，而对功能基本上不做规划。这样的话，在 SOLIDWORKS Electrical 软件环境下进行设计肯定会遇到很大的问题，要知道，功能规划是对项目进行合理规划的必要手段之一。

第三，对各种连接点的定义不了解。很多人在使用软件时对电位的定义、连接点的定义等，都没有正确地应用。

第四，对元器件符号以及与之关联的相关设备的运用也存在比较大的问题，尤其符号的新建也是比较令人困扰的问题。

以上只是列举其中的某些问题，鉴于大家在使用软件时出现的问题比较多，在此专设设计方法一章，主要帮助电气工程师学会如何更好地设计和规划项目，掌握基于 SOLIDWORKS Electrical 软件的设计思路和方法。

专业设计软件的设计方法主要包括以下几个方面的工作：一、基础数据库的构建；二、项目结构规则的建立；三、标准化平台的搭建；四、共享数据平台的搭建；五、协同设计。只有在这几个方面都搭建相应的环境之后，专业设计软件的能效才可以发挥出来。当然，相对于个人或者规模比较小的企业，后面两个部分的内容就不需要了。那么这一章就主要介绍前面三个部分的主要内容。

8.1　基础数据的构建

8.1.1　基础数据简介

基础数据主要是指专业电气设计软件中所需要的符号库、部件库、图框、线型、各种模版和宏。数据库主要分为两个大的方面，一个是基础数据库，另一个是项目数据库。进行电气设计的过程，就是大家在利用基础数据库中的数据，根据项目结构来构建一个项目数据库的过程。那么基础数据库的重要性就不言而喻了。

在这些基础数据中，最为常用的是符号库和部件库（图 8-1)。下面就针对这两种基础数据进行讲解。

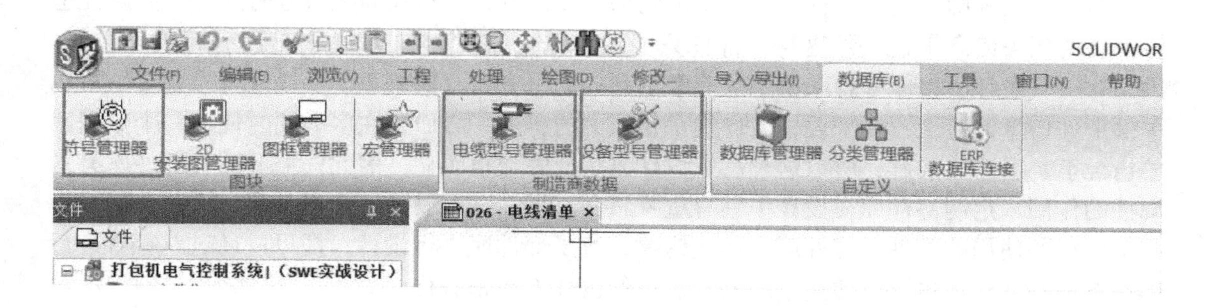

图 8-1　常用数据库

1. 符号库

符号库是专业电气设计软件的核心内容之一，也是标准化的主要内容之一，因此企业自定义自己的符号库的重要性是不言而喻的。由于 SOLIDWORKS Electrical 软件自带了大量的基于不同标准的符号库，因此，企业只需要定制符合自己要求的部分符号库即可。

注意：

（1）在新建符号之前，需要先打开符号所在的符号库，如图 8-2 所示。

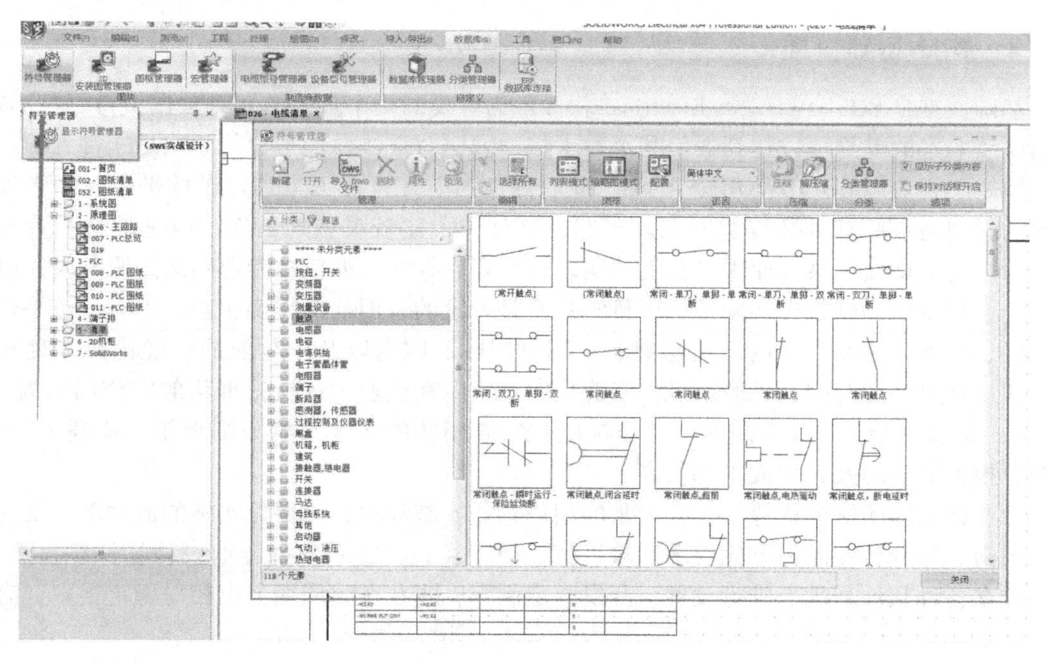

图 8-2　打开符号库

（2）选用符号是在原理图绘制界面中插入符号，而新建符号则要在【符号管理器】中进行。自定义新建符号是一项非常重要的工作，也是标准化实施的重要内容。

2. 部件库

但很多工程师在设计过程中，并不定制部件库信息，而是在插入符号时在符号的属性里将部件的相关信息填进去。这样，部件只能在图纸上体现，在 BOM 中是没有相关信息的，因此对电气设计的整体平台来说也是非常不利的。一方面，如果每一次插入符号都要填写相关的部件信息，对工程师来说，工作量是相当大的；另一方面，在多人同时使用一个数据库的情况下，会造成混乱，所以这种后置设计方法的弊端很明显。因此，需要明确部件库有基础性的作用，定制部件库在设计中具有重要意义。那么，在设计一个电气项目之前，最好将整个项目要使用的部件以部件库的形式构建，有了部件库再行设计，即可以通过对符号进行部件选型的方式，也可以通过直接插入设备的设计方式来进行。

在 SOLIDWORKS Electrical 软件中，部件库被称为“设备型号库”，具有专门的设备型号管理器，如需新建设备型号，可以在【设备型号管理器】中进行操作。

基础数据除了上述两种重要数据，还有一些数据也是需要前期定制的，如图框。每个企业对图框的要求基本上都是个性化的，这就需要将软件自带的图框进行一些修改，以适用于本企业的项目。在构建图框时，比较重要的是尺寸的确定和变量数据的调用（这里所说的变量是指特殊文本，即包含属性信息的文本，可以调取与文本相关的参数和数据）。这些工作其实在前面的章节中都基本已经介绍过了，这里不再赘述。完成这个工作，不仅需要大量的时间和人力物力，还需要非常专业的相关技术和知识，因此这样的工作一般都需要找专业的团队进行辅导或者咨询。

8.1.2 构建基础数据

基础数据是 SOLIDWORKS Electrical 软件最为重要的一个环节，基础数据做得好与不好，影响设计效率的差异可以达到数倍甚至数十倍，因而对整体设计平台的影响是非常大的。因此，当一个企业以 SOLIDWORKS Electrical 软件作为电气设计工具搭建设计平台时，必须花足够的时间将这些基础数据建起来。当然，这是一个比较艰难的工作，但是却是一劳永逸的，所以企业即使因某种原因自身无法实现，也要想办法，如依靠专业团队的服务来完成。

企业自身做基础数据实施是否可行？答案是肯定的，但前提需要企业：①对设计平台有关设置、开发、定制化的内容足够熟悉；②对国际、国内以及本行业的标准化要求足够熟悉；③规划足够的时间，一般来说，专业化实施团队在企业中进行标准化的实施周期为 3 ~ 6 个月，需要参与人员 3 人左右，而非标准化实施团队的实施周期短则半年，长则 2 ~ 3 年不等，投入的时间及人力成本都很高。

专业化实施团队的优势：①有大量的用户企业实施经验，以保障实施的成功率；②对国际、国内、部分行业的标准化要求比较了解，便于实施；③对各种专业设计软件比较熟悉，尤其是在各种软件基础上进行设置、开发、定制等；④在实施周期上也相对稳定得多，有所保障。

因此，这项工作需要专业团队来实施，也需要企业领导层给予足够的重视和支持。一方面，需要安排一个对企业各种业务流程和企业设计流程熟悉的人员参与项目，以及对相关的标准和要求提出意见和建议；另一方面，还需要企业领导给予足够的支持，需要对实施过程中出现的各种人为障碍进行沟通和协助。

8.2　项目结构规则的建立

设计一个项目时，应当先行对项目进行合理的分析和科学的规划，这样才能更有效地完成设计，也能使项目更加清晰和完整。不论电气的还是机械的项目，都需要进行非常细致而科学的规划，即使是非常小的项目，经过规划再行设计，都能避免很多问题，带来的效益也是显而易见的，因此一定不能忽略。那么如何进行相关的规划呢？或者如何开始做一个项目呢？这一节主要就这一点进行讲解。

8.2.1　项目结构的规划

对一个项目进行规划，主要分为按功能规划和按位置规划两种。

1. 功能规划（图 8-3）

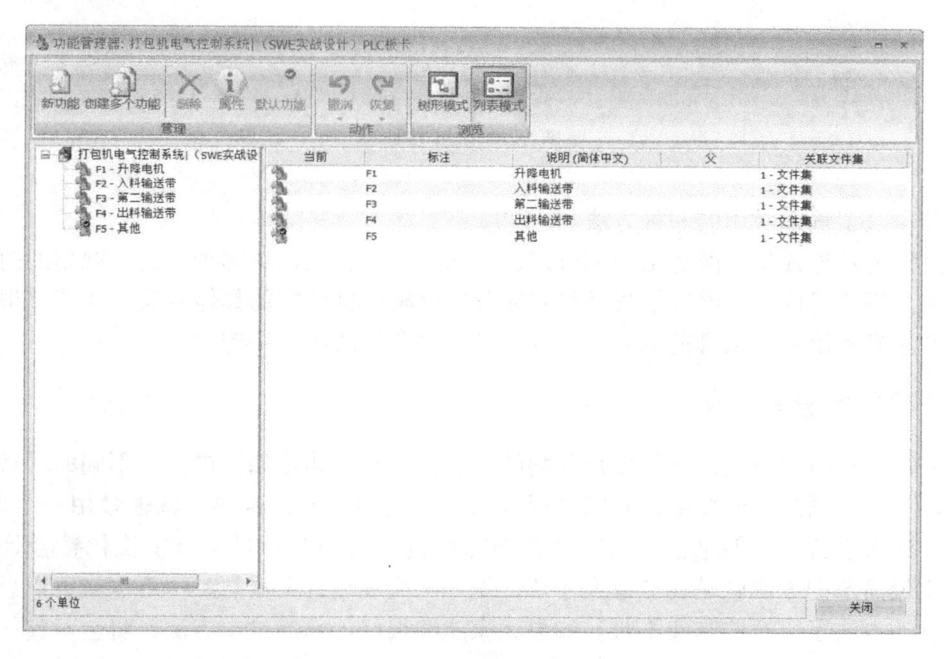

图 8-3　功能规划

功能规划就是从功能角度对项目进行管理，把整体项目按功能来进行分割。对于功能规划，简单地来理解，就是假设一个项目正处于调试或者整修维护阶段，工程师需要知道某一个设备所关联的所有相关器件，那么，这些相关器件所组成的图纸集，便可以定义为一种功能，用来管理这个图纸集。通常在规划过程中，也可以把图纸的分类作为一个功能规划，如目录、图纸规范、不同类型的图纸及相关的报表等，都可以作为功能的内容。

2. 位置规划（图 8-4）

位置规划就是从位置角度对项目进行管理，把整体项目按位置来进行分割，即通过位置代号的方式进行规划。位置代号主要是根据设备或者项目的物理结构进行区分的，常用的是柜内（包括不同的控制柜）和柜外。从位置结构的角度规划项目比较容易理解，这也是国

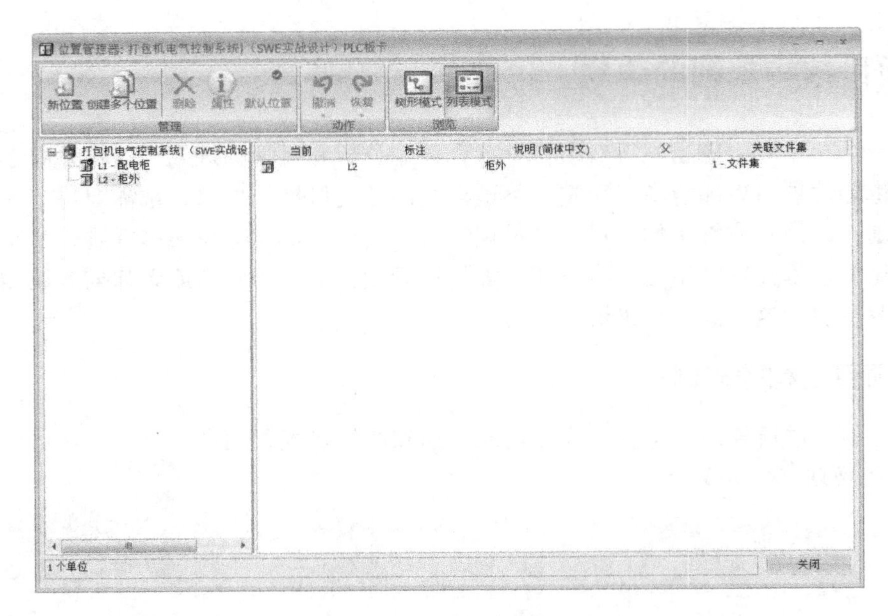

图 8-4　位置规划

内大部分电气工程师常用的一种方法。

通过以上功能或位置两种结构都可以进行项目规划，无论从哪个角度，规划的内容都会因人而异、因项目而异。电气工程师只有充分地理解两种结构的具体意义，才能够根据具体的项目要求判断出一种最合适的方法，以便规划出合理的项目结构。

8.2.2　项目的分割

在前面的章节中已经涉及了项目分割的方法，但是具体该如何进行，不同的项目，不同的设计环境，不同的企业标准，不同的行业都有很大的差异，这样，就很难用一个确定的、具体的方法来进行。一般来说，同时结合功能和位置代号对项目进行模块化整合是最佳手段。其实最简单的方法就是找专业人才帮忙做一两次规划，大家熟悉一下也就可以总结出来适合自己的方法了，这些其实不难。如果大家能够很好地掌握这个方法，将会对整体项目的设计，电气设计平台的搭建，以及数据的共享有非常大的帮助。当然，如果想结合使用这些方法，首先要有标准化规范，也就是经常所说的电气设计标准化。

8.3　标准化平台的搭建

电气设计标准化是一个非常庞大的内容，它属于设计方法的延伸应用，或者电气设计方法的基础，很多电气设计软件里面的高层功能或者高效的功能都是和电气设备标准化密不可分的。例如，SOLIDWORKS Electrical 软件里面的宏的应用、图纸的复制、主数据的共享、项目的重复利用等，这些都是建立在标准化的基础之上的。

这一节总体上来简单探讨一下关于电气设计标准化的基本知识，当涉及某实际企业或者具体的项目实施时，会根据实际情况，有针对性地对企业进行标准化的规划与设计，并提供相应的服务。

8.3.1　基础数据的标准化

基础数据的构建主要是针对主数据中的符号库和部件库，即 SOLIDWORKS Electrical 软件中最基础的数据信息。在该软件中，符号库和部件库都自带了一些数据，但是对于大多数企业来说，这些都是不够的，总需要自定义构建一些数据，尤其是数据类型和产品分类及编码规则，存储文件及存储文件夹，等等。

8.3.2　建库方法

建库的顺序及主要工作如下：

（1）查找产品的 PDF 手册资料。

（2）录入设备型号库、电缆型号库。

（3）绘制 3D 模型。

（4）保存图片。

（5）新建布线方框图、原理图符号。

（6）新建 2D 布局图符号。

（7）关联设备型号库中的图示文件。

8.3.3　项目标准化

在一个企业中，项目的规划都是有相关的标准要求的，但是很多设计人员对于这些理解不够，总是觉得只要将项目做出来就行了，具体的规划不重要。这就是工程师和企业整体意识的差异化，站在企业角度，更需要实现的是“资源共享”。

那么作为电气设计人员，做好整体项目的规划，又能使其有利于各类数据的共享就是一个比较难掌握的事情，最佳的手段当然是用企业已有的设计平台构建模板来进行，这样对于工程师来说，只需要在相关产品线的模板下进行新建项目就可以了。SOLIDWORKS Electrical 软件提供了多种模板的基础，但是往往在实际设计过程中，需要进行一定的规划和处理，细节工作很多，但是绝对是不容忽视。当然，这些规划工作需要针对具体项目具体分析，这本书的主要项目中也体现了一些标准化的做法和模板的应用，掌握这方面的相关方法和应用，既有利于理解标准化的意义，也有利于规范自己的设计，使设计人员的项目或者产品能满足企业要求和市场要求，更重要的是避免错误。

专业的电气设计软件在标准化设计方面都有一些具体的差异化做法，但是主导思想都是一样的，那就是在国际和国家的相关标准下，基于行业的一些基本的要求和设计习惯，建立企业内部的标准化体系，这里把这个过程称为企业的电气设计标准化实施。

8.3.4　电气工艺

很多业内的朋友经常会聊一个话题，那就是为什么我们设计制造的设备或者配电柜从外观上似乎要比国外的差。有时大家针对布线做了很多的要求，也未能达到预期的效果。这样的现象原因何在呢？

笔者的观点是，首先需要一个职能的划分工作，在很多产品做得比较好的企业，电气方面的职能划分比较明确，由3个主要的部分构成，首先是电气设计，其次是电气工艺，最后是电气装配。其中，电气设计主要负责的是电气原理图设计、技术要求的实现、控制系统编程等；而电气工艺需要做的是将电气原理图变成可实现的制造过程，这个过程对设备的安装制造、电线电缆的制造和安装等都有标准的技术要求，形成统一规范的标准化要求；而电气装配就是将这些要求具体实现。

这三个环节分别所占的比例大概为电气设计20%，电气工艺50%，电气装配30%。也就是说在一个产品中，专业的电气工艺决定产品的质量。我国的企业往往将这个环节省略了，或者有很多企业根本达不到这个水平。因此，大家生产的产品从设计端就直接到了装配端，装配工人就像是艺术家一样，随着自己对产品或者设计要求的理解，根据自己的兴趣和习惯，像是制作艺术品一样的在制造每一个产品，没有统一规范的技术要求和依据。这样，不同的装配工、不同的设备都是不同的接线方式，同一批次的多台设备每台都不一样。这样的产品也会给后期的售后和调试带来很大的困难和麻烦，使得交货周期延长或者在客户那边进行售后服务的时间变长。解决这类问题比较好的方式就是加入电气工艺，由工艺人员在产品制造阶段负责控制，装配人员只是严格执行统一的标准，这样设计生产出来的产品同一批次完全一样，即便是不同批次，按照统一的技术要求和相关工艺控制下来，也可以在外观上加以约束，使得产品更上一个台阶。

8.4 电气设计的现状与未来

经过前面几章的讲解，读者可以对SOLIDWORKS Electrical软件有一个比较系统化的学习和了解，但是电气设计软件的探索之路还是比较艰辛的，除了学习软件，后面还需要掌握的知识也是非常多的，这一节就和大家一起探索一些更有挑战性的一些话题。

8.4.1 企业电气设计标准化的实施问题

现代企业越来越倾向于“自动化”，电气自动化的权重越来越大，电气设计对产品的影响也越来越大，那么企业用类似SOLIDWORKS Electrical软件这类专业的电气设计工具进行设计时，搭建标准化设计平台也就变得越来越重要。但是，由于很多人对于这些工作理解和重视的程度不同，导致大多数企业中的标准化工作仍处于一种初级的、朦胧的阶段。这方面做得比较好的却是一些外国企业、合资企业以及有一定影响力的国有企业，这些企业大多数都有专门的人员从事这项工作。这种现状，一方面是因为大多数企业对标准化设计平台的意识较弱或者没有，另一方面原因还在于企业的标准化工作涵盖的范围一般都比较广泛，包括机械、仪表、电气、制图、研发、工艺等各个方面，这就容易导致企业的电气标准化工作和实际设计生产有所出入，以至于很多企业即使制定了标准化相关的工作规定，也很难严格执行。执行困难还体现在，目前的大多数企业还都没有使用专业的电气设计工具，大量的基础工作都是通过比较原始的手段实现的，遇到企业设计工具升级，给大家带来的工作量就非常大，技术人员也容易抵触。

事实上，电气设计标准化实施完成后，电气设计工作在这种平台环境下就要轻松很多：一方面很多技术要求在软件的标准化模板中就已经做好了，并且也会有大量的数据可以调用，如标准的符号库、部件库、图框等；另一方面，在网络环境下还可以进行基础数据的共享，在企业内部可以形成统一的设计标准和统一的共享数据，这样一来，完全可以大幅度地提高设计效率。

在电气设计标准化实施过程中，最为重要的是解决沿用的标准与以往设计习惯的冲突，很多企业里的电气设计工程师目前习惯于闲散的设计风格，完全按照自己的习惯来进行设计，从项目的规划到项目的细节设计都没有统一标准，导致企业设计出来的图纸各具特色，本应在设计上处理的很多技术细节下放到了生产部门。原理图的设计没达到细致，给生产部门的安装人员有了很大的发挥空间，容易形成的结果就是一台设备一个样，每一台设备就像是一个艺术家的作品一样，很具个性化。这无疑给企业带来极大的后期成本，如现场调试成本以及后期的维护成本。解决这种问题，必须改变现状，意识到电气设计标准化的重要性，从全局性、适用性考虑，形成企业的统一设计规范，从而使企业能够生产出真正标准化的产品。

8.4.2　机电一体化设计的趋势和基本要求

在现在的大多数企业中，机械设计大多数都已经进入三维设计时代，甚至到了更高的无纸化、无2D的时代。3D打印技术的大量使用，使得机械设计工具也开始了全面的升级，设计思想也发生了翻天覆地的变化。然而，电气设计大多数还都停留在2D图纸时代，虽然电气3D早在21世纪初期都已经得到了应用，但是大多数还是在一些高端的设计领域，如航空、汽车、高铁等行业，在传统的装备制造业和自动化行业还应用得比较少。

随着企业的意识不断提高，大家也都开始意识到机电一体化的设计模式是必经之路，在2D环境下进行电气原理图的设计，在3D环境下进行装配和布线，已成为很多企业愿意去追求的目标。SOLIDWORKS在这个领域进行了一些尝试，推出了SOLIDWORKS Electrical软件3D模块，可以在3D环境下进行装配和布线，使很多有这方面需求的企业看到了希望。

3D布线给电气工艺带来了前所未有的机遇，使得以前难以实现的很多电线工艺得以实现。但是实现这个目标是需要做些准备的，主要是基础数据的完整度以及3D模型库的构建。SOLIDWORKS Electrical软件可以将各种3D设计软件的模型通过中间格式进行读取，并且添加电气属性（也就是电气接线的电气连接点信息），从而实现读取2D原理图的逻辑关系，建立2D元器件和3D模型的关联，做到在三维环境下进行自动布线，算出电线的长度，从而达到更为精准的生产要求及工艺需求。

机电一体化设计模式虽然只是初级阶段，很多功能也许还难以满足企业的要求，但是这个方向还是不可逆的，希望在今后的发展过程中可以看到SOLIDWORKS Electrical软件更为优秀的表现。

8.4.3　未来设计模式和设计方法

本节是笔者对产品理解后的一些揣测和遐想，希望可以给大家一些方向性的意见。

其实，说起来是未来的设计模式，事实上部分企业已经实现或者正在向这个方向发展，本人认为电气设计的未来是大设计时代，或者是基于大数据结合人工智能技术的设计时代，这个时代的电气工程师大多数不在企业工作，而是独立的自由职业者，在网络上提供自己的设计思想和方法，经过一些平台和大数据的收集，将自己的技术和收入进行挂钩。企业也无须招聘很多电气工程师，只需要几个甚至一两个项目经理即可，在得到产品需求的时候，通过大数据平台获取设计方案，项目经理只需要实现设计方案和进行个性化修改，然后由专业的电气工艺软件快速形成生产可利用的工艺文件，下发到生产单位即可，或者直接和专业设备进行关联，进行生产，项目经理的主要工作是确定方案和后期的调试工作。

至于设计平台，可以根据各类产品的属性，尤其是各类较大的器件厂商所推出的元器件的新特性和新功能，通过元器件厂商推出一些标准接口和接口电路，先自动形成电气软件所需要的宏模块，再通过软件的一些参数化设计的功能将这些模块进行结合，形成设计方案，这样一个新的设计方案就产生了，整个过程的关键就是“标准化”。这里所说的不仅仅是涉及一个企业的标准化，其实是一个国家或者一个行业的标准化体系。

目前，我国多数企业开始思考自己的标准化之路，这是一个相当漫长而艰辛的过程，但是相信不久的未来，企业、行业以至我们的国家会形成有序稳定的标准化体系，为我们的设计人员搭建良好的设计环境。届时，我们的电气工程师可以不必拘泥在目前的工作环境下，将以更开放的视野，开阔的思路，将自己的设计能力提高一个台阶。而我们的企业也将为之受益，在标准化设计的大范围下，可以跻身于更有竞争力的市场当中。